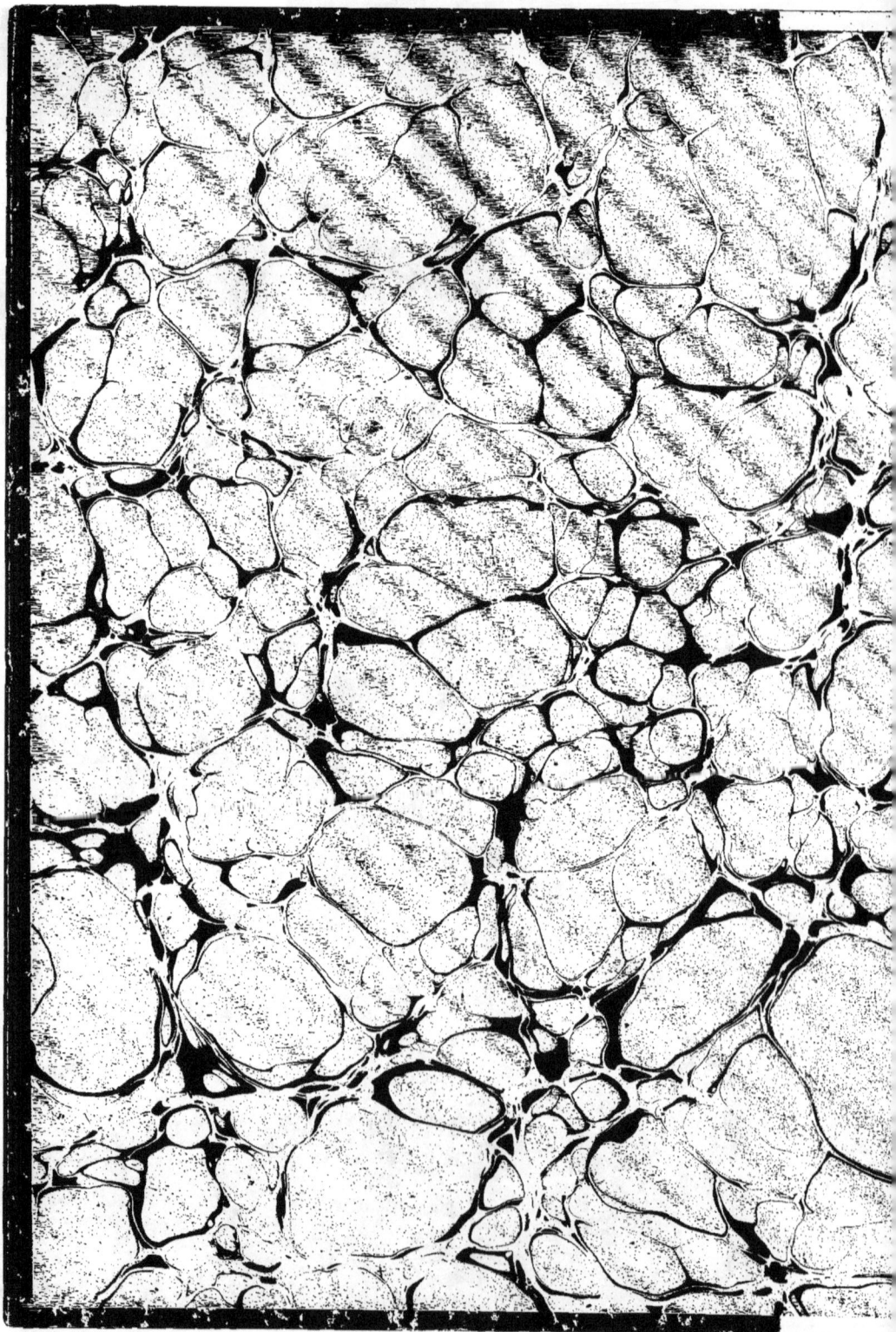

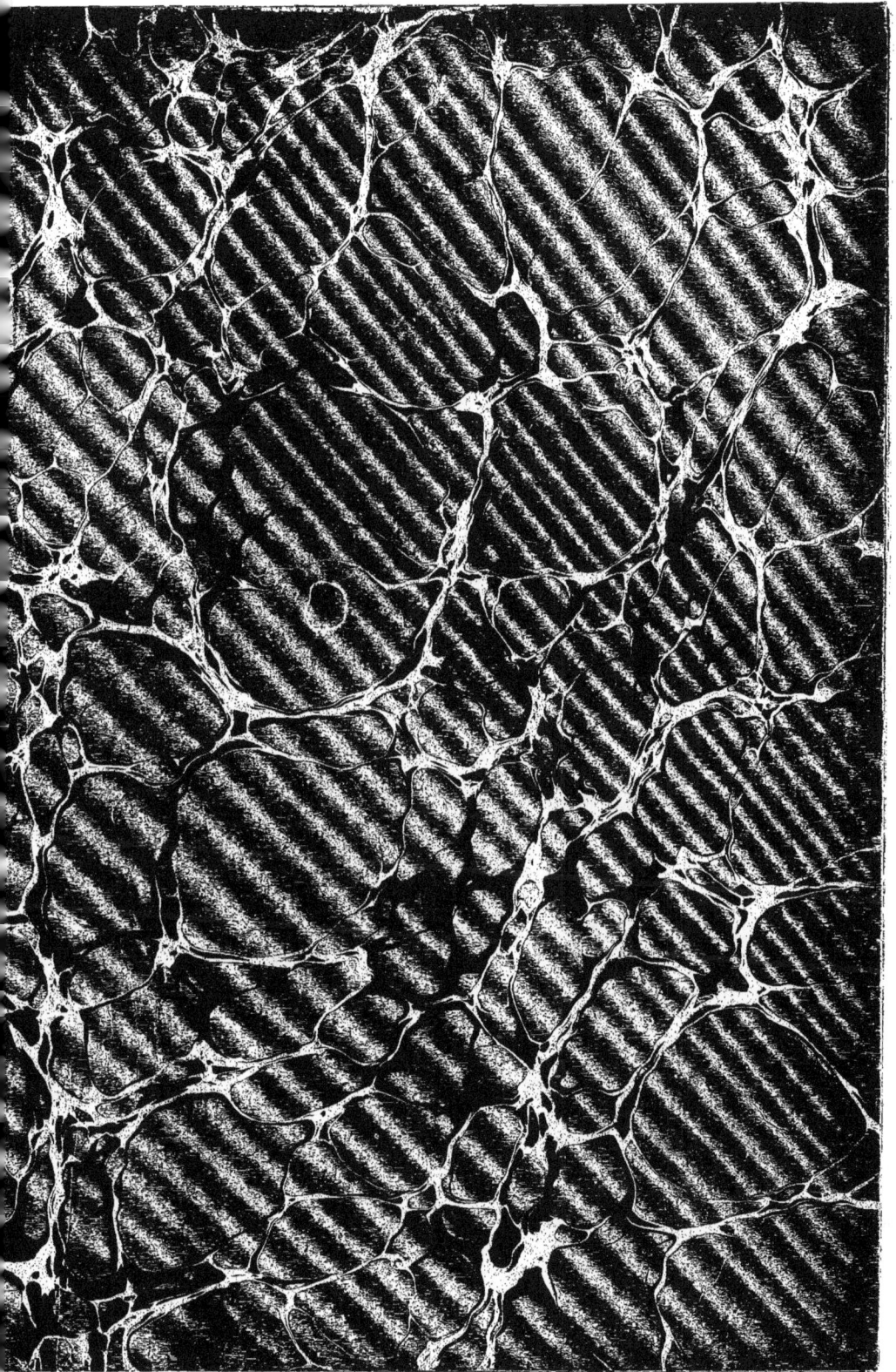

MATÉRIAUX

POUR LA

CARTE GÉOLOGIQUE DE LA SUISSE

PUBLIÉS

PAR LA COMMISSION GÉOLOGIQUE DE LA SOCIÉTÉ HELVÉTIQUE DES SCIENCES NATURELLES

AUX FRAIS DE LA CONFÉDÉRATION

HUITIÈME LIVRAISON

PREMIER SUPPLÉMENT

(JOINT À LA DEUXIÈME ÉDITION DE LA FEUILLE VII)

STRUCTURE ET HISTOIRE GÉOLOGIQUES

DE LA

PARTIE DU JURA CENTRAL

COMPRISE ENTRE

LE DOUBS (CHAUX-DE-FONDS), LE VAL DE DELÉMONT,
LE LAC DE NEUCHÂTEL ET LE WEISSENSTEIN

PAR

Louis ROLLIER

BERNE
EN COMMISSION CHEZ SCHMID, FRANCKE & Co,
1893

Bis Juni 1893 ist im Kommissionsverlag von **Schmid, Francke & Co.**, ehemals J. Dalpsche Buchhandlung, in **Bern** erschienen:

Beiträge zur geologischen Karte der Schweiz,

herausgegeben von der

geologischen Commission der schweiz. naturforschenden Gesellschaft.

Text in-4°.

Erste Lieferung: *A. Müller, Geologische Beschreibung des Kantons Basel und der angrenzenden Gebiete,* mit einer geognostischen Karte in 4 Blättern und zwei Profiltafeln. Zweite, vom Verfasser revidirte Auflage des Textes. 1884.   Fr. 5. —
      Die Karte ist vergriffen. Der Inhalt ist auf den zu Lief. 4, 7, 8 und Supplement gehörenden Karten in kleinerem Massstab zu finden.

Zweite Lieferung: *G. Theobald, Geologische Beschreibung der nördlichen Gebirge von Graubünden,* mit 2 Karten (X, XV) und 18 Profiltafeln. 1864.   Fr. 45. —
                     Jede Karte einzeln: „ 15. —

Dritte Lieferung: *G. Theobald, Geologische Beschreibung der südöstlichen Gebirge von Graubünden,* mit einer Karte (XX) und 8 Profiltafeln. 1867.   Fr. 30. —
                    Die Karte einzeln: „ 15. —

Vierte Lieferung: *C. Mœsch, Geologische Beschreibung des Aargauer Jura's,* mit 2 Karten (III und Brugg) und zahlreichen Tafeln. 1867.   Fr. 35. —
                    Blatt III einzeln: „ 10. —
               Karte von Brugg 1 : 25,000 „ 5. —

Fünfte Lieferung: *F. J. Kaufmann, Geologische Beschreibung des Pilatus,* mit einer Karte und 10 Tafeln, enthaltend geologische Durchschnitte, Gebirgsansichten und Petrefacten. 1867.   Fr. 20. —
                   Die Karte einzeln „ 5. —

Sechste Lieferung: *A. Jaccard, Description géologique du Jura vaudois et neuchâtelois et de quelques districts adjacents du Jura français et de la plaine suisse compris dans les feuilles XI et XVI de l'atlas fédéral,* 1 vol. et 2 cartes (XI, XVI). 1869.   Fr. 40. —
             Les cartes séparément, la feuille: „ 10. —

Siebente Lieferung: *A. Jaccard, Supplément à la Description géologique du Jura vaudois et neuchâtelois,* avec une carte (feuille VI), 1870.   Fr. 15. —
                  La carte seule: „ 10. —

Achte Lieferung: *J. B. Greppin, Description géologique du Jura bernois et de quelques districts adjacents compris dans la feuille VII de l'atlas fédéral,* avec une carte, une planche de profils géologiques et sept de fossiles. 1870.   Fr. 30. —
                  La carte seule: „ 15. —
         En supplément: Carte géologique (II): „ 6. —

Neunte Lieferung: *H. Gerlach, Das südwestliche Wallis mit den angrenzenden Landestheilen von Savoyen und Piemont.* Hiezu Blatt XXII und 1 Blatt Profile. 1872.   Fr. 25. —
         Die Karte einzeln mit Profilen „ 15. —
                  Ohne Profile „ 10. —

Zehnte Lieferung: *C. Mœsch, Der südliche Aargauer Jura und seine Umgebungen,* enthalten auf Blatt VIII des eidgenössischen Atlas, mit einem Anhang zur IV. Lieferung der Beiträge (Aargauer Jura). 1874.   Preis des Bandes: Fr. 10. —
                        „   der Karte: „ 15. —

Elfte Lieferung: *F. J. Kaufmann, Gebiete der Kantone Bern, Luzern, Schwyz und Zug,* enthalten auf Blatt VIII (Rigi und Mittelschweiz), mit 6 Tafeln, enthaltend Gebirgsansichten, Spezialkarten und Petrefacten, nebst einer Beilage: Systematisches Petrefacten-Verzeichniss der helvetischen Stufe der Schweiz und Schwabens, von *K. Mayer.* 1872. Hiezu Blatt (VIII) des eidgenössischen Atlas.   Fr. 40. —
                  Die Karte einzeln: „ 15. —

MATÉRIAUX

POUR LA

CARTE GÉOLOGIQUE DE LA SUISSE

PUBLIÉS

PAR LA COMMISSION GÉOLOGIQUE DE LA SOCIÉTÉ HELVÉTIQUE DES SCIENCES NATURELLES

AUX FRAIS DE LA CONFÉDÉRATION

HUITIÈME LIVRAISON

PREMIER SUPPLÉMENT

(JOINT A LA DEUXIÈME ÉDITION DE LA FEUILLE VII)

STRUCTURE ET HISTOIRE GÉOLOGIQUES

DE LA

PARTIE DU JURA CENTRAL

COMPRISE ENTRE

LE DOUBS (CHAUX-DE-FONDS), LE VAL DE DELÉMONT,
LE LAC DE NEUCHÂTEL ET LE WEISSENSTEIN

PAR

Louis ROLLIER

BERNE

EN COMMISSION CHEZ SCHMID, FRANCKE & Co.

1893

STRUCTURE ET HISTOIRE GÉOLOGIQUES

DE LA

PARTIE DU JURA CENTRAL

COMPRISE ENTRE

LE DOUBS (CHAUX-DE-FONDS), LE VAL DE DELÉMONT,
LE LAC DE NEUCHÂTEL ET LE WEISSENSTEIN

PAR

LOUIS ROLLIER

AVEC LA CARTE GÉOLOGIQUE DES ENVIRONS DE ST-IMIER AU $^1\!/_{25000}$,
QUATRE PLANCHES DE PROFILS COLORIÉS AU $^1\!/_{40000}$,
UNE DE PHOTOTYPIES ET DEUX FIGURES DANS LE TEXTE

BERNE
IMPRIMERIE KARL STÆMPFLI & Cie.
1893

TABLE DES MATIÈRES

DEUXIÈME PARTIE

TROISIÈME PARTIE

QUATRIÈME PARTIE

EXPLICATION DES PLANCHES.

PLANCHES I—IV.

13 profils ou coupes en ligne droite depuis le pied du Jura jusqu'au Doubs, à l'échelle du $\frac{1}{40000}$ pour les longueurs et pour les hauteurs. Les chiffres placés le long de la ligne du niveau de la mer indiquent les altitudes en mètres des points de la silhouette placés immédiatement au-dessus. L'orientation N W—S E est la même pour tous les profils qui se suivent dans l'ordre de leurs numéros respectifs depuis l'ouest vers l'est. Les originaux ont été construits au $\frac{1}{25000}$ sur les feuilles de l'Atlas Siegfried coloriées géologiquement, et les inclinaisons des couches mesurées sur le terrain. Les courbes pointillées représentent la surface du kimméridien qui existerait par le plissement du sol, si les érosions n'avaient pas eu lieu.

Pl. IV, prof. 14 est la coupe d'un tronc de cône suivant son axe, et le rayon de la base représentant le volume que fait à l'échelle du $\frac{1}{40000}$ la masse des sédiments mesurée sur les feuilles Siegfried d'après l'extension actuelle des terrains, abstraction faite des voussures. On y voit les érosions qu'ont subies les divers groupes.

Pl. IV, prof. 15 est la réduction au $\frac{1}{1500}$ du profil en long et plan du Tunnel des Crosettes dressé à l'échelle du $\frac{1}{500}$ au fur et à mesure de l'avancement des travaux pour le compte de la compagnie du J.-B.-L. en 1887—1888. Il traverse obliquement le décrochement horizontal du Bas-Monsieur qui produit dans le tunnel un contact anormal des marnes argoviennes et des calcaires portlandiens au km. 74,530.

PLANCHE V.

Fig. 1. Cluse de Roches. Replis bathoniens (Photogr. F. Mühlberg, août 1888).
Fig. 2. Cluse de Moutier, rampe est. Voussure argovienne au centre, séquanien marneux occupé par la forêt, kimméridien au sommet des roches (Photogr. F. Mühlberg).
Fig. 4. Courrendlin, sortie de la cluse de Choindez. Replis kimméridiens (Photogr. M. Cornu, août 1888).
Fig. 5. Entrée de la cluse de Court. Voussure kimméridienne (Photogr. A. Clément à St-Imier).
Fig. 6. Reuchenette. Entrée de la cluse de Rondchâtel (Photogr. F. Mühlberg, août 1888).
Fig. 7. Villeret. Impasse (demi-cluse) de la Combe-Grède (Photogr. A. Clément à St-Imier).

Les figures 3 et 8 se trouvent dans le texte aux pages 83 et 239.

AVANT-PROPOS.

Ce supplément décrit une région qui contribue largement, comme l'on verra, à l'histoire géogénique du Jura. Ce n'est pas une étude stratigraphique proprement dite que nous allons faire, la stratigraphie ayant été fréquemment traitée dans cette contrée, tandis que la science des montagnes y est restée en arrière. Il s'agit plutôt ici de géologie régionale, ou d'une géographie raisonnée d'une partie du sol jurassien, écrite pour ceux qui désirent connaître à fond nos montagnes. Nous pensons, en effet, qu'une étude approfondie de cette région donnera une idée plus juste de la constitution géologique et de l'histoire géogénique du Jura qu'une étude plus ou moins superficielle de toute la chaîne. Elle aura, du reste, l'avantage de laisser à d'autres le soin d'examiner d'autres rayons pour apporter leur contingent de faits et de preuves aux questions qui nous occupent, car il est évident qu'une étude d'ensemble utile à la science ne peut résulter que de la comparaison d'études locales détaillées et soignées. Le pays que nous avons exploré pendant une dixaine d'années nous a paru suffisamment étendu pour nous restreindre dans ses limites, car il renferme plus que toute autre région jurassienne une foule de faits importants concentrés sur un petit territoire. Nous n'avons certes pas perdu de vue l'ensemble du Jura, non plus que les contrées limitrophes que nous avons parcourues à plusieurs reprises, mais nous nous sommes abstenu de dépasser dans ce travail les limites de notre territoire levé géologiquement au $^{1}/_{25000}$ (33 feuilles).

On trouvera peut-être que nous sommes entré dans beaucoup de détails orographiques. Mais la série des terrains présente des alternances qui prêtent à nos montagnes tant de charme et d'intérêt, que nous ne verrions pas pourquoi il faudrait en faire une description générale qui serait sans valeur pour le pays et que les ouvrages antérieurs ont, du reste, déjà esquissée. Au point de vue scientifique actuel, le Jura central mérite une étude géologique détaillée, tant par ses variations d'assises que par sa tectonique régulière qui en font l'école pratique par excellence de la géologie.

On pourrait considérer ce livre comme une monographie dépouillée de l'appareil paléontologique habituel à ce genre de travaux. C'est qu'en effet, nous avons tenu à définir nos étages autrement qu'au moyen des faunes qu'ils renferment. La base de la stratigraphie doit être à nos yeux l'étude du terrain, et non pas uniquement celle des fossiles à laquelle échappent les phénomènes de migration des faunes et leur ré-apparition à plusieurs niveaux. Le système stratigraphique doit, en outre, reposer sur la géogénie. Ce sont, en effet, les mouvements du sol et les transgressions des anciennes mers qui ont déterminé la formation des étages, c'est-à-dire des milieux où se sont modifiées les faunes. Ils renferment aussi des faunes différentes suivant le faciès des sédiments, c'est-à-dire suivant le mode et les conditions physiques de formation des dépôts.

L'étude du terrain faite au moyen d'une topographie exacte et à grande échelle en vue d'une carte géologique détaillée, aura nécessairement pour résultat de fixer les relations des faciès. En examinant, de proche en proche, leurs transformations horizontales, on arrivera à mettre de l'ordre dans les parallélismes stratigraphiques encore si défectueux.

Quant aux listes de fossiles, nous pensons qu'elles sont inutiles dans un travail orographique ou orogénique. Pour plusieurs horizons dont l'étude paléontologique reste à faire, il est superflu de dire combien ces listes, comme celles qui ont été publiées jusqu'ici, renfermeraient de lacunes, d'erreurs ou de déterminations incertaines. L'étude des fossiles du Jura est mieux à sa place dans les belles monographies que publie la Société paléontologique suisse. Quant à une étude de paléonstatique dans le genre de ce qui existe pour les environs de Porrentruy et de Montbéliard, elle reste encore à faire dans notre territoire, et nous continuons à en rassembler les matériaux.

Nous avons démontré précédemment, au moyen de coupes détaillées prises dans des points très rapprochés les uns des autres, la composition de nos étages, et nous avons discuté leurs limites stratigraphiques. Ces études préliminaires nous dispenseront de fournir ici de nouvelles coupes. Nous pourrons donc examiner le rôle orographique des terrains dans les limites d'étages que nous avons fixées. On trouvera un résumé de la nomenclature et de la superposition de ces étages dans les légendes des cartes et des profils joints à ce mémoire.

Pour répondre aux objections qui nous ont été faites au sujet de l'introduction de nouvelles dénominations, nous dirons que l'établissement des divisions nous semble devoir procéder de la géologie régionale, où ils trouvent une réelle importance, et où on peut leur assigner des limites naturelles. Il doit, en effet, répugner au géologue pratique d'appliquer à une contrée quelconque une nomenclature artificielle et surannée qui veut introduire des divisions dans des terrains indivisibles ou faire des rapprochements qui altèrent leur âge. Ces sortes d'échelles chronologiques édifiées sur les ruines du système de d'Orbigny manquent, du reste, de base solide dès qu'on fait intervenir le principe des migrations de faunes dans l'âge des gisements qu'elles considèrent comme marquant des espaces de temps égaux. Le plus souvent ces classifications soi-disant universelles travestissent la nature des terrains plutôt que de les désigner ou de les grouper convenablement. Et malgré le peu de confiance que nous inspire cette méthode, nous avons dû l'adopter, pour autant du moins qu'elle a été généralement appliquée au Jura. Mais là où nous avons pu briser avec cette vieille routine, nous sommes revenus à des groupes naturels. Le principe d'appellation géographique étant toutefois le moins équivoque, le plus commode, et que l'usage tend à consacrer, nous l'avons suivi, en ayant soin de vérifier si la localité-type avait au moins quelques relations stratigraphiques avec l'étage auquel elle devait imposer son nom. C'est surtout dans les terrains tertiaires que les noms d'emprunt siéent mal à nos dépôts molassiques, formés dans un bassin indépendant, et si constants de caractères dans leur étendue horizontale. Ces derniers nous semblent devoir l'emporter en pratique sur leurs relations chronologiques universelles fixées au moyen de coquilles dont rien n'est moins certain que les variations de forme et les migrations. Du reste, malgré leurs relations indéniables, il convient de distinguer entre les divisions orographiques et les zones stratigraphiques qui répondent à des buts différents. C'est aux premières que nous devons rapporter les étages établis dans le Jura.

La marche que nous avons suivie dans l'orographie doit être envisagée sur la carte géologique (feuille VII, 2ᵉ édition), comme une étude préparatoire aux autres parties de l'ouvrage. Une description par localités successives nous paraît manquer d'enchaînement, et conduit nécessairement à des longueurs et à des répétitions. Sans doute, l'exploration géologique procède autrement, mais il ne s'agit pas ici d'un simple guide d'excursions. L'étude de ce livre n'aurait-elle pour objet que de faire contrôler nos observations et d'en provoquer de nouvelles contribuant à l'histoire géogénique du sol jurassien, que nous estimerions avoir atteint notre but.

En terminant, nous tenons à exprimer ici notre reconnaissance envers la Commission géologique fédérale qui a bien voulu ajouter ce travail aux nombreux et importants mémoires qu'elle a déjà publiés sur la géologie suisse.

Bâle, juillet 1893.

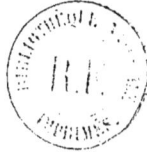

———— ➤✦◄ ————

BIBLIOGRAPHIE GÉOLOGIQUE

relative à la Feuille VII.

A. Publications principales.

1803. **L. von Buch.** Catalogue d'une collection de roches qui composent les montagnes de Neuchâtel. (Gesammelte Schriften 1, Berlin 1867.)

1821. **P. Merian.** Beiträge zur Geognosie. Uebersicht der Beschaffenheit der Gebirgsbildungen in den Umgebungen von Basel, mit besonderer Hinsicht auf das Juragebirge im Allgemeinen. (Basel 1821.)

1825. **B. Studer.** Beyträge zu einer Monographie der Molasse. (Bern 1825.)

1832—1836. **J. Thurmann.** Essai sur les soulèvemens jurassiques du Porrentruy. (Strassbourg et Porrentruy 1832—1836.)

1833. **A. de Montmollin.** Mémoire sur le terrain crétacé du Jura. (Mém. Soc. neuch. I.)

1835. **L. Agassiz.** Distribution des blocs erratiques sur les pentes du Jura. (Bull. Soc. géol. France, 1re série, t. VII, p. 30.)

1836. **J. Thurmann.** Carte géologique de l'ancien évêché de Bâle. (Coloriage géologique de la carte Buchwalder au 1/96000.)

1837. **C. Nicolet.** Essai sur la constitution géologique de la vallée de la Chaux-de-Fonds. (Mém. Soc. neuch. II.)

1838—1841. **A. Gressly.** Observations géologiques sur le Jura soleurois. (Mém. Soc. helv. sc. nat. II, IV, V.)

Renoir. Excursions de la Société géologique de France dans le Jura. (Bull. Soc. g. de Fr. 1re série, t. 9.)

1839. **A. de Montmollin.** Note explicative pour la carte géologique de la principauté de Neuchâtel. (Mém. Soc. neuch. II, avec la carte d'Osterwald au 1/96000, coloriée géologiquement.)

1844—1845. **A. Guyot.** Note sur la distribution des espèces de roches dans le bassin erratique du Rhône. (Bull. Soc. sc. nat. Neuchâtel, t. I.)

1851. **J. Siegfried.** Die Schweiz, geologisch, geographisch und physikalisch. I. Band, der schweizerische Jura. (Zürich 1851.)

1851—1853. **B. Studer.** Geologie der Schweiz. (Bd. I u. II, Bern und Zürich 1851—1853.)

1850—1853. **J. Thurmann.** Lettres écrites du Jura à la Société d'histoire naturelle de Berne. (Berner Mittheilungen 1850—1853.)

1852. Grosjean. Sur un bloc erratique au Montoz, près de Sorvilier. (Compte-rendu dans les procès-verbaux Soc. jur. émul. 1852.)

J. Thurmann et **E. Froté.** Esquisses orographiques de la Chaîne du Jura. (Porrentruy 1852.)

1855—1857. J. B. Greppin. Notes géologiques sur les terrains modernes, quaternaires et tertiaires du Jura bernois et en particulier du val de Delémont. (Mém. Soc. helv. sc. nat. XIV—XV.)

1856. J. Thurmann. Essai d'orographie jurassique. (Oeuvre posthume publiée par l'Institut genevois. Genève 1856.)

1856—1858. A. Oppel. Die Juraformation Englands, Frankreichs und des südwestlichen Deutschlandes. (Stuttgart 1856—1858.)

1858. E. Desor. L'orographie du Jura. (Revue suisse XXI.)

E. Desor et **A. Gressly.** Carte géologique de la partie orientale du Jura neuchâtelois sur la carte manuscrite d'Osterwald au 1/25000.

J. Marcou. Sur le Néocomien dans le Jura et son rôle dans la série stratigraphique. (Archives de Genève, janvier et février 1859.)

1859. E. Desor et **A. Gressly.** Etudes géologiques sur le Jura neuchâtelois. (Mém. de la Soc. des sc. nat. de Neuch., t. IV, Neuchâtel 1859.)

1861—1863. J. Thurmann et **A. Etallon.** Lethea bruntrutana ou études paléontologiques et stratigraphiques sur le Jura bernois et en particulier les environs de Porrentruy. (Oeuvre posthume terminée et publiée par A. Etallon. Mémoires Soc. helv. sc. nat. 1861—1863.)

1863. F. Lang. Geologische Skizze der Umgebung von Solothurn. (Solothurn 1863.)

W. Waagen. Der Jura in Franken, Schwaben und der Schweiz. (Jahreshefte des Vereins für vaterländische Naturkunde in Württemberg.)

1864. W. Waagen. Der Jura in Schwaben und der Schweiz, verglichen nach seinen paläontologischen Horizonten. (München 1864.)

A. Gressly. Rapport géologique sur les terrains parcourus par les lignes du réseau des chemins de fer jurassiens pour le Jura bernois de Bienne à Bâle et de Delémont à Porrentruy. (Rapports concernant le réseau des chemins de fer du Jura bernois. Annexe III. Berne 1864.)

1865. A. Bonanomi. Amand Gressly, le géologue jurassien. (Actes de la Soc. jur. d'émul. Vol. 1865.)

V. Gilliéron. Structure géologique des environs de Bienne. (Actes Soc. jur. d'émul. 1865.)

J. B. Greppin. Note sur les terrains tertiaires du Jura. (Compte-rendu dans les procès-verbaux de la Soc. jur. d'émul. 1865.)

J. B. Greppin. Notice sur les sources du Jura. (Compte-rendu dans les procès-verbaux de la Soc. jur. d'émul. 1865.)

A. Gressly et **J. B. Greppin.** Second rapport géologique sur les terrains parcourus par les lignes du réseau des chemins de fer jurassiens. Avec des notes complémentaires de J. Bonanomi. (Delémont 1866. Rapport de la Direction des chemins de fer du canton de Berne au Conseil-Exécutif pour être soumis au Grand-Conseil concernant l'établissement des chemins de fer dans le Jura. Berne 1866.)

1866. **J. B. Greppin.** Tableau des terrains géologiques du Jura bernois. (Actes Soc. jur. émul. 1866.)

1867. **J. B. Greppin.** Essai géologique sur le Jura suisse. (Delémont 1867.)

F. Lang et **L. Rütimeyer.** Die fossilen Schildkröten von Solothurn. (Mém. Soc. helv. sc. nat. 1867.)

1868—1869. **P. de Loriol** et **V. Gilliéron.** Monographie paléontologique et stratigraphique de l'étage Urgonien inférieur du Landeron. (Mém. Soc. helv. sc. nat., t. XXIII.)

1869. **P. Merian.** Die Versteinerungen von St. Verena bei Solothurn. (Verhandl. der naturf. Gesellschaft Basel 1869, p. 255.)

1870. **J. Bachmann.** Die erhaltenen Fündlinge im Kanton Bern. (Mitth. der bern. naturf. Gesellschaft 1870, p. 32.)

J. B. Greppin. Description géologique du Jura bernois. (Matériaux pour la carte géologique de la Suisse avec feuille VII de la carte géologique au 1/100000.)

1872. **B. Studer.** Index der Petrographie und Stratigraphie der Schweiz und ihrer Umgebung. (Bern 1872.)

F. Mathey, F. Lang et **J. B. Greppin.** Rapport géologique sur les tunnels du Doubs. (Delémont 1872.)

1873. **M. de Tribolet.** Recherches géologiques et paléontologiques sur le Jura neuchâtelois. (Zürich 1873.)

F. Lang. Amanz Gressly und die geologischen Forschungen seiner Zeit. (Solothurn 1873.)

1874. **J. Bachmann.** Blocs erratiques du Jura bernois. (Mittheil. Bern 1874, p. 158.)

J. B. Greppin. Terrain erratique provenant des Vosges. (Tribune du peuple, août 1874.)

A. Vézian. Etudes géologiques sur le Jura. (Mémoires Soc. d'émulation du Doubs, VII—VIII.)

1875. **M. de Tribolet.** Sur le véritable horizon stratigraphique de l'Astartien dans le Jura. (Mém. de la Soc. d'émul. du Doubs X 233 et Neues Jahrbuch für Mineralogie, Geologie und Paläontologie 1876.)

1877. **J. B. Greppin.** Notice sur le pavé du Jura. (Emulation jurassienne 1878.)

M. de Tribolet. Sur le Gault de Renan. (Mém. Soc. jur. d'émul. 1877.)

P. Choffat. Note sur les soi-disant calcaires alpins du Purbeckien. (Bull. Soc. géol. de France. 3me série, t. V, p. 564.)

1879. **E. Benoît.** De l'extension géographique et stratigraphique du Purbeckien dans le Jura. (Bull. Soc. géol. de France. 3me série, t. VII, p. 484.) Passim.

F. Koby. Un récif madréporique fossile. (Programme de l'Ecole cantonale de Porrentruy 1879.)

1876—1880. **J. B. Greppin.** Observations géologiques, historiques et critiques. (Bâle 1876 à 1880, 5 numéros.)

1883. **F. Mathey.** Coupes géologiques des tunnels du Doubs. (Mém. de la Soc. helv. des sc. nat., t. XXIX.)

P. Choffat. Ueber die Stellung des Terrain à Chailles. (Neues Jahrbuch für Min., Geol. und Paläont. 1883, II, 95.)

1884. **J. Bachmann.** Verzeichniss der im Kanton Bern erhaltenen Fündlinge. (Jahrbuch des S. A. C. 1884, XIX, 551.)

F. Lang. Sur les surfaces polies et les marmites de géants produites par l'érosion dans la carrière de Soleure. (Archives des sc. phys. et nat. 1884, XII, 523.)

F. Lang. Die Einsiedelei und die Steinbrüche bei Solothurn. (Neujahrsblatt der solothurnischen Töpfergesellschaft für das Jahr 1885. Solothurn 1884.)

1885. **L. Rollier.** Notice sur la structure du Chasseral et la composition du Dogger dans cette montagne. (Archives des sc. phys. et nat. 1885, XIV, 246.)

1887. **V. Gilliéron.** Sur le calcaire d'eau douce de Moutier attribué au Purbeckien. (Verhandlungen der naturforschenden Gesellschaft in Basel VIII.)

G. Boyer. Remarques sur l'orographie des Monts-Jura. (Mémoires de la Société d'émulation du Doubs, Besançon 1888.)

1888. **L. Rollier.** Les faciès du Malm jurassien. Etude stratigraphique sur le Jura bernois. (Arch. des sc. phys. et nat. XIX, 15 fév. 1888, et Eclogae geolog. Helvetiae I, p. 3.)

Excursion de la Société géologique suisse au Weissenstein et dans le Jura bernois, du 8 au 11 août 1888. (Eclogae geologicae Helvetiae I, p. 263, Actes de la Société helvétique des sciences naturelles 1888, p. 143, Archives des sciences physiques et naturelles, 3e pér., t. XX, p. 495.)

1889. **F. Koby.** Monographie des Polypiers jurassiques de la Suisse. (Mémoires de la Société paléontologique suisse, 1880—1889, VII—XVI.)

H. Haas. Kritische Beiträge zur Kenntniss der jurassischen Brachiopodenfauna des schweizerischen Juragebirges etc. (Mémoires Soc. pal. suisse, 1889, etc.)

F. Koby. Peut-on trouver de la houille à Cornol? (Actes de la Société jurassienne d'émulation, 1889, p. 240.)

1892. **G. Maillard.** Monographie des mollusques terrestres et fluviatiles tertiaires de la Suisse, 1re partie. (Mém. Soc. pal. suisse, t. XVIII.)

L. Rollier. Dix coupes du Tertiaire jurassien. (Archives de Genève, 15 mars 1892, Eclogae geol. Helv., III, p. 43.)

L. Du Pasquier. Sur les limites de l'ancien glacier du Rhône le long du Jura. (Bulletin Soc. sc. nat. de Neuchâtel, t. XX.)

P. de Loriol. Etudes sur les mollusques des couches coralligènes inférieures du Jura bernois. (Mémoires Soc. pal. suisse, 1889—1892, en voie de publication.)

L. Rollier. Sur la composition et l'extension du Rauracien dans le Jura. (Eclogae geologicae Helvetiae, Vol. III, n° 3, et Archives des sc. phys. et nat. de Genève.)

A. F. Foerste. The drainage of the Bernese Jura. (Proceedings of the Boston Society of Natural History, Vol XXV.)

1893. **L. Rollier.** L'âge des sables à galets vosgiens du Bois de Raube (Delémont) et la molasse alsacienne. (Archives de Genève en cours de publication.)

B. Publications accessoires.

1893. W. Kilian et **L. Rollier.** Feuille (127) Ornans de la carte géologique détaillée de la France au 1/80000, avec notice géologique explicative.

1891—1893. L. Rollier. Bericht über die paläontologischen Sammlungen des Naturhistorischen Museum in Bern, I u. II. (Berner Mittheil.)

1892. A. Jaccard. Causeries géologiques. (Paris et Neuchâtel 1892.)

Profile zu den Exkursionen der Deutschen geologischen Gesellschaft im Anschluss an die Versammlung in Strassburg i. E. im August 1892.

    G. Steinmann. Bemerkungen über die tektonischen Beziehungen der oberrheinischen Tiefebene zu dem nordschweizerischen Kettenjura. (Berichte der Naturf. Gesellsch. zu Freiburg i. B. Band II, Heft 4.)

1891. W. Kilian. Feuille (114) Montbéliard de la carte géologique détaillée de la France au 1/80000, avec notice géologique explicative.

    L. Rollier. Die Oxfordstufe von Brienz, verglichen mit derjenigen des Jura. (Berner Mittheilungen, Sitzung 7. Februar 1891.)

1890. L. Duparc. Note sur la composition des calcaires portlandiens des environs de Saint-Imier. (Eclogae geologicae Helvetiae I, p. 562, Archives de Genève, 1890, p. 323.)

    A. Jaccard. L'origine de l'asphalte, du bitume et du pétrole. (Archives sc. phys. et nat., 3me pér., t. 26. Eclogae geol. Helvetiae, vol. II, n⁰ 2.)

    E. Greppin. Victor Gilliéron. (Actes Soc. helv. sc. nat., 1890, p. 234.)

    A. Gutzwiller. Beitrag zur Kenntniss der Tertiärbildungen der Umgebung von Basel. (Verhandl. Basel, Bd. IX.)

    G. Ritter. Notice sur la formation des lacs du Jura et sur quelques phénomènes d'érosion des rives de ces lacs. (Bull. Neuchâtel, t. XVII.)

    L. Rollier. Le sol des forêts dans le Jura bernois. (Schweizerische Zeitschrift für das Forstwesen, 1890, II. Heft.)

1889. E. Kissling et **A. Baltzer.** Geologische Zusammenstellung der Verbreitung des Kropfes im Kanton Bern. (Bern 1889.)

    F. Koby. Victor Gilliéron. (Actes de la Société jurassienne d'émulation, 1889, p. 273.)

    F. Koby. Les grottes de Milandre. (Actes Soc. jur. d'émul., 1889, p. 253.)

    L. Rollier. Sur les grottes du Jura bernois. (Bulletin de la Soc. des sc. nat. de Neuchâtel, 1889—1890.)

1888. J. J. Früh. Beiträge zur Kenntniss der Nagelfluh der Schweiz. (Mém. Soc. helv. sc. nat. XXX.)

    F. Lang, E. Greppin et **L. Rollier.** Coupes géologiques entre Soleure, Bienne et Moutier. (Eclogae, t. I, pl. I—III.)

    J. Marcou. Sur les cartes géologiques, etc. (Mémoires de la Société d'émulation du Doubs, Besançon 1888.)

    J. Marcou. Les géologues et la géologie du Jura jusqu'en 1870. (Mémoires de la Société d'émulation du Jura 1889.)

1888. **De la Noë** et **E. de Margerie.** Les formes du terrain. (Service géographique de l'armée, in-4°, avec Atlas, Paris 1888.)

Penck. Die Bildung der Durchbruchthäler.

L. Rollier. Tableau des Faciès du malm jurassien. (Archives des sc. phys., 1888, et Actes Soc. helv., 1888.)

1887. **A. Jaccard.** Coup d'œil sur les origines et le développement de la paléontologie en Suisse. (Programme de l'Académie de Neuchâtel 1887/1888.)

A. Kenngott. Klappersteine von Tramelan im Amtzbezirk Courtelary, Kanton Bern. (Neues Jahrbuch für Mineralogie, 1887.)

Th. Roberts. On the correlation of the Upper Jurassic Rocks of the Swiss Jura with those of England. (Quarterly Journal of the geological Society for May 1887.)

1886. **A. Jaccard.** Sur quelques espèces nouvelles de pycnodontes du Jura neuchâtelois. (Archives des sc. phys. et nat., 3me pér., t. XVII.)

F. Koby. Hydrographie et hydrologie des environs de Porrentruy. (Porrentruy 1886.)

G. Maillard. Quelques mots sur le purbeckien du Jura. (Bull. Soc. vaud. des sc. nat., t. XXI; Bull. Soc. géol. de France, 3me série, t. XIII.)

1885. **G. Boyer.** Sur la provenance et la dispersion des galets silicatés et quartzeux dans l'intérieur et sur le pourtour des Monts-Jura. (Mémoires de la Soc. d'émul. du Doubs, 14 novembre 1885.)

P. Choffat. Note sur les niveaux coralliens dans le Jura. (Bull. Soc. géol. de France, 3me série, t. XIII.)

P. Choffat. Note sur la distribution des bancs de spongiaires à spicules siliceux dans la chaîne du Jura et sur le parallélisme de l'argovien. (Bull. Soc. géol. de France, 3me série, t. XIII.)

A. Jaccard. Essai sur les phénomènes erratiques en Suisse pendant la phase quaternaire. (Bull. Soc. vaud. sc. nat. XX.)

W. Kilian. Feuille (115) Ferrette de la carte géologique détaillée de la France au 1/80000, avec notice géologique explicative.

F. Koby. Sur l'existence des coraux rugueux dans les couches jurassiques supérieures. (Archives des sciences phys. et nat., t. XIV; Actes Soc. helv. 1885.)

L. Rollier. Œningien à Courtelary. (Archives sc. phys. et natur., 3me pér., t. XIV.)

M. de Tribolet. Note sur la carte du phénomène erratique et des anciens glaciers du versant nord des Alpes suisses et de la chaîne du Mont-Blanc, de M. Alph. Favre, et sur la carte des bassins erratiques de la Suisse, d'Arnold Guyot. (Bulletin Soc. sc. nat. de Neuchâtel, t. XV.)

1884—1885. **W. Kilian.** Notes géologiques sur le Jura du Doubs. (I—III, avec W. Deecke, Mém. Soc. d'émul. de Montbéliard.)

G. Maillard. Monographie des invertébrés du purbeckien du Jura et supplément. (Mém. Soc. pal. suisse, t. XI et XII.)

1884. **A. Favre.** Carte du phénomène erratique et des anciens glaciers du versant nord des Alpes suisses et de la chaîne du Mont-Blanc, Feuille nord-ouest, 1/250000.

A. Jaccard. Le purbeckien dans le Jura. (Archives sc. phys. et nat., 3me pér., t. XI.)

1884. F. Koby. Le trou de Mavaloz. (Actes Soc. jur. d'émul., vol. XXXV.)

F. Lang. Ueber Schliffflächen und Erosionsvertiefungen auf der Oberfläche der Steingruben von Solothurn. (Verhandl. der schweiz. nat. Gesellsch. 1884; Archives de Genève, 3ᵐᵉ pér., t. XII.)

A. Müller. Geologische Beschreibung des Kantons Basel, etc. (Matériaux pour la carte géol. de la Suisse, 1ᵉ livr., 1ʳᵉ et 2ᵐᵉ édit., avec carte géol. au 1/50000.)

1883. K. Bertschinger. Ueber den Connex der Lamberti-cordatus-Schichten mit den angrenzenden Formationsgliedern. (Zürich 1883.)

A. Favre. Sur l'ancien lac de Soleure. (Archives des sc. phys. et nat., 3ᵐᵉ pér., t. X.)

Alb. Girardot. L'étage corallien dans la partie septentrionale de la Franche-Comté. (Mém. Soc. d'émul. du Doubs, 5ᵐᵉ série, vol. VII.)

A. Favre. Sur la carte du phénomène erratique et des anciens glaciers du versant nord des Alpes. (Archives des sc. phys. et nat., 3ᵐᵉ pér., t. X.)

A. Jaccard. Sur l'hydrologie du Jura neuchâtelois. (Archives des sc. phys. et nat., 3ᵐᵉ pér., t. VIII, X; Bull. Neuchâtel, t. XIII.)

Parandier. Note sur l'existence de bassins fermés dans les Monts-Jura. (Bulletin Soc. géol. de France, 3ᵐᵉ série, t. XI.)

1882. V. Gilliéron. J. B. Greppin. (Actes de la Soc. helv. des sc. nat. 1882.)

A. Jaccard. Note sur une carte hydrologique du canton de Neuchâtel. (Archives de Genève, 3ᵐᵉ pér., t. VIII.)

Zintgraff. Bloc erratique de néphrite à St-Blaise. (Bulletin Neuchâtel, t. XIII.)

1881. V. Gross. Les Protohelvètes. (Leipzig, Berlin 1881.)

A. Jaccard. Extension des anciens glaciers. (Archives des sc. phys. et nat., VI; et Bull. Soc. sc. nat. de Neuchâtel, XII.)

K. Mayer-Eymar. Sur les fleuves des âges helvétien et tortonien. (Archives des sc. phys. et nat., 3ᵐᵉ pér., t. VI.)

Schneider. Das Seeland der Westschweiz und die Korrektionen seiner Gewässer. (In-4°, Bern 1881.)

1880—1881. P. de Loriol. Monographie paléontologique de la zone à Am. tenuilobatus d'Oberbuchsiten. (Mém. Soc. pal. suisse, vol. VII et VIII.)

1880. Ch. Bertholet. Note sur l'action du vent sur la position des blocs de rocher. (Bull. Soc. vaud. sc. nat., t. XVI.)

A. Jaccard. Notions élémentaires de géologie. (Neuchâtel 1880.)

1879. L. Favre. Louis Agassiz. (Programme de l'Académie de Neuchâtel, 1879 1880.)

M. de Tribolet. Note sur le cénomanien de Gibraltar (Neuchâtel) et de Cressier. (Bulletin Soc. sc. nat. de Neuchâtel, t. XI.)

M. de Tribolet. Note sur la présence d'une source d'eau minérale à Valengin. (Bull. de la Soc. des sc. nat. de Neuchâtel, t. XI.)

1877 —1879. P. de Loriol. Monographie des crinoïdes fossiles de la Suisse. (Mém. Soc. pal. suisse, vol. IV—VI et VII.)

1865 — 1879. O. Heer. Die Urwelt der Schweiz. (In-8°, Zürich 1865, 2. Auflage 1879, traduction française, par Demole, 1874.)

1878. **P. Choffat.** Esquisse du callovien et de l'oxfordien dans le Jura occidental et le Jura méridional. (Mém. Soc. émul. du Doubs, 5ᵐᵉ série, t. 3, et à part, Genève, Bâle, Lyon 1878.)

A. Heim. Untersuchungen über den Mechanismus der Gebirgsbildung. (Bd. I—II mit Atlas, Basel 1878.)

F. Mathey. Observations géologiques au sujet des tunnels de Glovelier et de St-Ursanne. (Actes Soc. helv. 1878.)

A. Quiquerez. Plan d'ensemble des principales minières du Jura bernois. (... ? ....)

1877. **P. Choffat.** Ossements fossiles dans la nagelfluh de Porrentruy. (Emul. jurass. 1877.)

Dieulafait. Etude sur les étages compris entre l'horizon de l'Ammonites transversarius et le ptérocérien en France et en Suisse. (Bull. Soc. géol. de France. 3ᵐᵉ série, t. VI.)

J. B. Greppin. Notice sur le pavé du Jura. (Emulation jurassienne 1877.)

M. de Tribolet. Note sur les différents gisements de bohnerz dans les environs de Neuchâtel. (Bull. Neuch., t. XI.)

1876. **A. Jaccard.** Sur la présence d'un dépôt glaciaire avec blocs alpins sur le versant septentrional de Pouillerel. (Bull. Neuch., t. X.)

Otz. Sur un bloc erratique du Mont-d'Amin. (Bull. Soc. sc. nat. de Neuchâtel, t. X.)

F. Thiessing. Ueber zwei Höhlen im Jura. (Mitth., Bern 1876.)

F. Thiessing. Sur les conditions de vie des premiers habitants de nos contrées. (Emulation jurassienne 1876.)

F. Thiessing. Notice sur les richesses minérales de la Suisse. (Emul. jurass. 1876.)

M. de Tribolet. Sur les terrains jurassiques supérieurs de la Haute-Marne comparés à ceux du Jura suisse et français. (Bull. Soc. géol. de France, 3ᵐᵉ série, t. IV.)

M. de Tribolet. Description de quelques espèces de crustacés décapodes du valenginien, néocomien et urgonien de la Haute-Marne, du Jura et des Alpes. (Bull. Soc. sc. nat. de Neuchâtel, t. X; Bull. Soc. géol. de France, 3ᵐᵉ série, t. III.)

1868—1876. **P. de Loriol, (E. Desor).** Echinologie helvétique (Matériaux pour la paléontologie suisse publiés par F. J. Pictet, et Mém. Soc. pal. Suisse, vol. II—III, 1ᵉʳ supplément, vol. XII.)

1875. **J. Bachmann.** Beschreibung eines Unterkiefers von Dinotherium Bavaricum *H. v. Mey.* aus dem Berner Jura. (Abhandlung der schw. pal. Gesellschaft, vol. II.)

A. Favre. Sur la carte des anciens glaciers et du terrain glaciaire de la Suisse. (Bull. de la Soc. géol. de France, 3ᵐᵉ série, t. III ; Archives des sc. phys. et nat., 2ᵐᵉ pér., t. 57.)

A. Jaccard. Sur la question des eaux à la Chaux-de-Fonds. (Bulletin Neuch., t. X. Annales des mines, 7ᵐᵉ série, t. VIII.)

C. Mösch. Anhang zur IV. Lieferung der Beiträge zur geologischen Karte der Schweiz.

A. Müller. Ueber die Färbung einiger Jurakalksteine. (Verhandl. Basel 1875.)

F. Thiessing. Les ruminants des cavernes de Liesberg et d'Oberlarg. (Actes de la Soc. jur. d'émul. 1874—1875.)

M. de Tribolet. Sur la présence des marnes à homomyes au Petit-Château (Chaux-de-Fonds). (Bull. Neuch., t. X.)

1875. **M. de Tribolet.** Description des crustacés du terrain néocomien du Jura neuchâtelois et vaudois, etc. (Bull. Soc. géol. de France, 3ᵐᵉ série, t. II, et supplément, t. III.)

M. de Tribolet. Sur le véritable horizon stratigraphique de l'Astartien dans le Jura. (Mém. Soc. d'émul. du Doubs, t. X.)

M. de Tribolet. Sur le parallélisme du jurassique supérieur. (Bull. Soc. géol. de France, 3ᵐᵉ série, t. IV; Annales des mines, 7ᵐᵉ série, t. X; Zeitschrift der deutschen geol. Gesellschaft, XXIX.)

M. de Tribolet. Sur quelques gisements calloviens du Jura neuchâtelois et vaudois. (Bull. Soc. sc. nat. de Neuchâtel, t. X.)

1874—1875. **C. Mösch.** Monographie der Pholadomyen. (Abhandlungen der schweizer. pal. Gesellschaft, vol. I—II.)

1870—1875. **F. Sandberger.** Die Land- und Süsswasser-Conchylien der Vorwelt. (Wiesbaden 1870—1875.)

1874. **R. Cartier.** Langenbruck. (Verhandl. naturf. Gesellschaft Basel 1874.)

E. Desor et **L. Favre.** Le bel âge du bronze lacustre. (In fol. Neuchâtel 1874.)

J. Ducret. Sur un échantillon de sel provenant du tunnel de Montmelon, et sur la composition de l'eau d'une source. (Actes Soc. jur. d'émul. 1874.)

J. Ducret. Dauphin dans le tunnel de Courtemautruy. (Actes de la Soc. jur. d'émul. 1874.)

J. B. Greppin. Note sur l'étage mayencien. (Tribune du peuple 1874, Delémont.)

J. B. Greppin. Une station du Mastodon angustidens dans le Jura bernois. (Tribune du peuple 1874.)

J. B. Greppin. Age de la pierre dans les environs de Bâle et dans le Jura. (Tribune du peuple 1874.)

A. Jaccard et **A. Müller.** Feuille II de la carte géologique de la Suisse. (Matériaux, 8ᵐᵉ livr.)

C. Mösch. Der südliche Aargauer Jura. (Matériaux pour la carte géol. de la Suisse, 10ᵐᵉ livr., avec feuille VIII de la carte géol. de la Suisse.)

A. Quiquerez. Dernières nouvelles du sondage de Cornol. (. . . ? . . .)

A. Quiquerez. Notice sur les débris de l'industrie humaine à l'époque quaternaire dans la vallée de Bellerive. (Actes Soc. jur. d'émul. 1874.)

A. Quiquerez. Silex de la caverne de Liesberg. (Indicateur d'antiquités suisses.)

A. Quiquerez. Cavernes à ossements du Moulin de Liesberg. (Actes Soc. jur. d'émul. 1874.)

A. Quiquerez. Note sur les cavernes du Jura bernois. (Indicateur d'antiquités suisses 1874.)

M. de Tribolet. Note sur un prétendu gisement de Corallien supérieur aux Joux-derrières (Chaux-de-Fonds). (Bull. Soc. sc. nat. de Neuchâtel, t. X.)

1873. **E. Desor.** Coupe géologique du Crêt-Taconnet. (Bulletin Neuch. 1873.)

J. Ducret. Peut-on trouver de la houille à Cornol? (Actes Soc. jur. d'émul. 1873.)

V. Gilliéron, A. Jaccard et **J. Bachmann.** Feuille XII de la carte géol. de la Suisse. (Matériaux pour la carte géol. de la Suisse, 18ᵐᵉ livr.)

1873. A. Jaccard et **M. de Tribolet.** Polémique à propos du jurassique supérieur. (Bull. Neuchâtel, t. IX.)

P. de Loriol. Sur le jurassique supérieur de Suisse et d'Allemagne. (Bull. Soc. géol. de France, 3ᵐᵉ série, t. I.)

K. Mayer. Systematisches Verzeichniss der Versteinerungen des Helvetian der Schweiz und Schwabens. (Zürich 1873.)

M. Neumayr. Tennilobatus-Schichten und Astartien im Schweizer Jura. (Verhandlungen der k. k. geol. Reichsanstalt 1873, n⁰ 8.)

L. Rütimeyer. Lettre sur les restes de tortues fossiles trouvées dans le canton de Neuchâtel. (Bulletin de la Société des sc. nat. de Neuchâtel, t. IX.)

F. Sandberger. Die Gliederung der Miocän-Schichten im schweizerischen und schwäbischen Jura. (Neues Jahrbuch für Mineralogie 1873.)

M. de Tribolet. Catalogue des fossiles du terrain néocomien de Neuchâtel. (Vierteljahrschrift, Zürich 1873.)

Vouga. Sur les terrains glaciaires du pied du Jura. (Bull. Neuchâtel, t. IX.)

1872. Buchwalder. Les tunnels du Doubs. (Tribune du peuple, Delémont 1872.)

L. Coulon. Astérides fossiles du Néocomien. (Bull. Neuchâtel, t. IX.)

J. B. Greppin. Les galets vosgiens à Dinotherium du Jura. (Suisse illustrée 1872, p. 209.)

J. B. Greppin. Périodicité des mers et des continents. (Tribune du peuple, Delémont 1872.)

F. J. Kaufmann et **K. Mayer.** Texte pour la feuille VIII de la carte géologique de la Suisse. (Berne 1872.)

P. de Loriol. Sur la composition des étages jurassiques supérieurs en Suisse et en Allemagne, pour servir à la détermination de la place de la zone à Am. tenuilobatus. (Bull. Soc. géol. de France, 3ᵐᵉ série, t. I.)

P. de Loriol. Astérides du terrain néocomien du Jura neuchâtelois. (Mém. Soc. sc. nat. de Neuchâtel, t. V.)

H. L. Otz. Quelques indications sur les graviers de Neuchâtel et de Cressier. (Bull. Neuchâtel, t. IX.)

A. Quiquerez. Sur la sidérurgie dans le Jura en 1871. (Actes Soc. jur. d'émul. 1872.)

M. de Tribolet. Notice géologique sur le mont Châtelu, essai de synchronisme entre les terrains du Jura blanc argovien et ceux de la Suisse occidentale. (Bulletin Soc. sc. nat. de Neuchâtel et Mém. Soc. émul. du Doubs 1872.)

1867—1872. A. Favre (p. parte L. Soret et B. Studer.) Cinq rapports sur l'étude et la conservation des blocs erratiques en Suisse. (Actes Soc. helv. 1867—1872.)

1871. E. Desor. Essai d'une classification des cavernes du Jura. (Bulletin Neuchâtel 1871 et Suisse illustrée, Lausanne 1871.)

A. Helg. Collections géologiques du Jura central. (Tribune du peuple, n⁰ 14, Delémont 1871.)

F. Lang, E. Desor. Sur le tunnel de Pierre-Pertuis. (Actes Soc. helv. 1871 ; Bull. Neuchâtel, t. IX.)

1871. **Ch. Martins.** Observations sur l'origine glaciaire des tourbières du Jura neuchâtelois, etc. (Mém. Académie de Montpellier 1871, t. VII.)

F. Thiessing. Notices géologiques des environs de Porrentruy. (Soc. jur. d'émul. 1871.)

1869—1870. **A. Jaccard.** Description géologique du Jura vaudois et neuchâtelois, et supplément. (Mat. pour la carte géol. de la Suisse. 6me et 7me livr., avec feuilles XI et VI de la carte géol. de la Suisse.)

1869. **G. Cotteau.** Sur quelques musées d'histoire naturelle de Suisse et d'Allemagne du sud. (Auxerre 1869.)

J. Ducret. Mâchoire de pachyderme de la gompholite jurassique de Bressaucourt. (Actes Soc. jur. d'émul., vol. XXII.)

J. B. Greppin. Ueber Dinotherium-Reste aus der Gegend von Delsberg. (Verhandl. Basel 1869.)

P. Merian. Die Versteinerungen von St. Verena bei Solothurn. (Verhandl. der naturf. Gesellschaft, Bd. V.)

L. Rütimeyer. Ueber Thal- und Seebildung. (Basel 1869.)

1858—1869. **Ch. Contejean.** Etude de l'étage kimméridien, etc. (Mém. Soc. d'émul. du Doubs, 3me série, vol. IV; Mém. Soc. d'émul. de Montbéliard, 1re série, t. II, 2me série, t. III; à part, Paris 1862--1869.)

1868. **P. Merian.** Ueber die Grenze zwischen Jura- und Kreideformation. (Basel 1868.)

1867. **C. Mösch.** Geologische Beschreibung des Aargauer-Jura. (Matériaux pour la carte géologique de la Suisse, 4me livraison avec feuille III de la carte géologique an 1/100000.)

1866. **E. Desor.** Les phases de l'époque antéhistorique. (Biblioth. universelle.)

F. Lang. Kreidepetrefacten aus glacialen Ablagerungen bei Solothurn. (Verhandl. der schweiz. naturf. Gesellschaft 1866.)

C. Mösch. Geologische Beschreibung der Umgebung von Brugg. (An die zürcherische Jugend auf das Jahr 1867 von der naturforschenden Gesellschaft, LXIX. Stück. Zürich 1867.)

Tièche. Dents fossiles de Bévilard. (Actes Soc. jur. d'émul. 1866.)

1865. **L. Coulon.** Soufre dans des géodes du Valangien. (Bull. Neuchâtel, t. VII.)

J. B. Greppin. Les sources du Jura bernois. (Actes Soc. jur. d'émul. 1865.)

J. B. Greppin. Note sur les terrains tertiaires du Jura. (Actes Soc. jur. d'émul. 1865.)

F. Lang. Sur l'origine des cluses dans le Jura. (Actes Soc. helv. 1865.)

Morlot. Sur la source de Lamboing. (Actes Soc. jur. d'émul 1865.)

W. Waagen. Versuch einer allgemeinen Classification der Schichten des oberen Jura. (München 1865.)

1864. **E. Desor.** Tableau des formations géologiques du canton de Neuchâtel, 2me édition. (Bull. Neuchâtel, t. VI.)

E. Desor. Sur l'étage Dubisien. (Bull. Neuch., t. VI.)

1864. A. Gressly. Rapport géologique sur les terrains parcourus par les lignes du réseau des chemins de fer jurassiens par le Jura bernois de Bienne à Bâle et de Delémont à Porrentruy. (Berne 1864.)

P. Merian. Ueber die Stellung des Terrain à chailles in der Schichtenfolge der Jura-formation. (Neues Jahrbuch für Mineralogie 1864.)

A. Quiquerez. Topographie d'une partie du Jura oriental et en partie du Jura bernois. (Porrentruy 1864, carte et pll.)

A. Quiquerez. Rapport sur la question d'épuisement des mines de fer du Jura bernois à la fin de l'année 1863, etc. (Nouveaux Mémoires de la Soc. helv. des sc. nat. 1864.)

J. Staub. Die Pfahlbauten in den Schweizer-Seen. (Fluntern bei Zürich 1864.)

B. Studer. De l'origine des lacs suisses. (Archives de Genève. 3me pér., t. XIX.)

1861—1864. F. J. Pictet et A. Jaccard. Description des reptiles et poissons fossiles de l'étage virgulien du Jura neuchâtelois. (Mat. pour la paléont. suisse publiés par F. J. Pictet. 3me série.)

1863—1864. Resal. Statistique géologique, minéralogique et minéralurgique des départements du Doubs et du Jura. (Besançon 1864, et carte géologique du département du Doubs 1863 de Resal et Boyer.)

1863. Dollfus-Ausset. Phénomènes erratiques. (Matériaux pour l'étude des glaciers, t. 3, Strasbourg 1863.)

A. Gressly. Des tunnels à construire pour les chemins de fer jurassiens. (Actes Soc. jur. d'émul. 1863.)

A. Grosjean. Tibia fossile trouvé à Court. (Actes Soc. jur. d'émul., vol. XV.)

C. Mösch. Ueber die Weissensteinkette. (Actes Soc. helv. 1863.)

1862. F. Lang. Untersuchungen der obern jurassischen Schichten westlich von Solothurn. (Verhandl. der schweiz. naturf. Gesellschaft 1862.)

C. Mösch. Vorläufiger Bericht über die Ergebnisse der im Sommer 1862 ausgeführten Untersuchungen im weissen Jura der Kantone Solothurn und Bern. (Verhandl. der schweiz. naturf. Gesellschaft 1862; Archives de Genève, 2me pér., t. 15.)

A. Oppel. Paläontologische Mittheilungen aus dem Museum des k. bayerischen Staates. (Stuttgart 1862—1863.)

1861. C. Burkhardt. Ueber die fossilen Fische von Solothurn.

R. Cartier. Der obere Jura zu Oberbuchsiten, eine geologische Skizze. (Verhandl. der naturf. Ges. in Basel 1861.)

E. Desor. Ueber die Deutung der Schweizer-Seen.

A. Etallon. Paléonstatique du Jura. — Faune des terrains jurassiques supérieurs des environs de Porrentruy. (Porrentruy 1861.)

A. Jaccard. Sur les terrains crétacés du Jura vaudois et neuchâtelois. (Actes Soc. helv. 1861.)

L. Rütimeyer. Die Fauna der Pfahlbauten der Schweiz. (Neue Denkschriften der schweiz. Gesellschaft für die ges. Naturwissenschaft, Bd. XIX.)

1860. E. Desor. Sur la physionomie des lacs suisses. (Revue suisse 1860.)

1860. **E. Desor.** Remarques sur les cirques du Jura. (Bull. Neuch., t. V.)

    A. Etallon. Recherches paléonstatiques sur la chaîne du Jura. (Archives des sc. phys. et nat., 2ᵐᵉ pér., t. 7.)

    A. Etallon. Rayonnés du jurassique supérieur. (Mém. de la Soc. d'émul. de Montbéliard, vol. III.)

    E. Pagnard. Ossements du portlandien de Moutier. (Actes de la Soc. jurassienne d'émul. 1860.)

    L. Rütimeyer. Untersuchungen der Thierreste aus den Pfahlbauten der Schweiz. (Mittheilungen der antiquar. Gesellschaft in Zürich, Bd. XIII.)

1857—1860. **J. Marcou.** Lettres sur les roches du Jura, etc. (Paris 1857—1860.)

1859. **Benoît.** Sur l'identité de formation du terrain sidérolithique dans le Jura oriental, le pourtour du plateau central et la Bresse. (Bull. Soc. géol. de France, 2ᵐᵉ serie, t. XVI.)

    A. Etallon. Faune de l'étage corallien. (Actes Soc. jur. d'émul. XI.)

    J. Fournet. Aperçu sur la structure du Jura septentrional. (Actes Soc. jur. d'émul.)

    A. Quiquerez. Carte topographique de l'exploitation des mines de fer dans la vallée de Delémont. (Winterthour 1859.)

    B. Studer. Extrait d'une lettre de M. Pagnard à Moutier sur des ossements fossiles trouvés dans les environs de Moutier. (Mittheil. Bern 1859.)

1858—1859. **A. Jaccard.** Découverte d'une nouvelle espèce d'Emyde dans le Jurassique du tunnel des Loges. (Bull. Neuch., t. VI; Bull. Soc. vaud. 1858.)

1855—1859. **O. Heer.** Flora tertiaria Helvetiae. (3 vol. in-fol. Winterthur.)

1858. **E. Desor.** Synopsis des Echinides fossiles. (Paris et Wiesbade 1858.)

    E. Desor. Sur les terrains du Jura suisse. (Actes Soc. helv. sc. nat. 1858.)

    E. Desor. L'orographie du Jura. (Revue suisse XXI.)

    E. Desor. Les sources du Jura. (Revue suisse XXI.)

    A. Etallon. Rayonnés du Corallien. (Mém. Soc. d'émul. du Doubs 1858.)

    A. Etallon. Classification des spongiaires du Haut-Jura. (Actes Soc. jur. d'émul. 1858.)

    Fournet. Régime hydrographique des environs de Porrentruy. (Mémoires de l'Académie des sc., belles-lettres et arts de Lyon; Actes Soc. jur. d'émul. XXXV.)

    J. B. Greppin. Observations géologiques sur le Jura bernois. (Actes Soc. helv. 1858.)

    A. Gressly. Profil du tunnel près Chaux-de-Fonds. (Actes Soc. helv. 1858.)

    Köchlin-Schlumberger. Terrain sidérolithique. (Bulletin de la Soc. géol. de France, 2ᵐᵉ série, t. XIII.)

    G. Ritter. Expériences pour mesurer avec exactitude la résistance de diverses sortes de pierres provenant des carrières des environs de Neuchâtel. (Bulletin de la Soc. des sc. nat. de Neuchâtel, t. IV.)

    L. Rütimeyer. Ueber die Schildkröten des Portlandkalkes bei Solothurn. (Verhandl. schw. nat. Gesellsch. 1858.)

1856. **d'Archiac.** Histoire des progrès de la géologie.

    R. Cartier. Ueber Wirbelthierreste von Aarwangen. (Verhandl. Basel 1856.)

1856. **E. Desor.** Le Jura, sa physionomie, théorie de M. Thurmann. (Revue suisse, XIX.)

E. Desor. Les tunnels du Jura. (Revue suisse, XIX.)

E. Desor. Nomenclatur verschieden bezeichneter physikalisch-geographischer und topo-graphischer Begriffe. (Verhandl. schw. nat. Gesellschaft 1856.)

A. Gressly. Coupe géologique du tunnel des Loges. (Soc. jur. d'émul. 1856; Bulletin Neuch., t. IV.)

F. J. Pictet et **A. Humbert.** Monographie de Chéloniens de la molasse suisse. (Maté-riaux pour la Paléontologie suisse, publiés par F. J. Pictet.)

G. de Tribolet. Catalogue des fossiles du Néocomien moyen de Neuchâtel. (Bulletin Soc. sc. nat. de Neuch., t. IV.)

G. de Tribolet. Sur le terrain valangien. (Bull. Neuch. 1856.)

1855. **E. Bayle.** Notice sur quelques mammifères découverts dans la molasse miocène de la Chaux-de-Fonds. (Actes de la Soc. helv. 1855; Bulletin de la Soc. géol. de France, 2me série, t. 13.)

E. Benoît. Du terrain erratique dans le Jura. (Mém. Soc. d'émul. de Montbéliard, vol. I.)

E. Desor. Notice sur le néocomien du Mail. (Bull. Neuch. 1855.)

P. Merian. Versteinertes Holz vom Fringeli. (Verhandl. Basel, Bd. I.)

P. Merian. Eocän-Formation im Jura. (Neues Jahrbuch für Mineralogie 1855.)

P. Merian. Astartien bei Seewen. (Verhandl. Basel, Bd. 1)

A. Quiquerez. Observations sur l'effet que produit le gaz acide carbonique dans les minerais du Jura bernois. (Actes Soc. helv. 1855.)

A. Quiquerez. Notice historique et statistique sur les mines, les forêts et les forges de l'ancien évêché de Bâle. (Porrentruy 1855.)

J. Thurmann. Résumé relatif au pélomorphisme des roches. (Actes de la Soc. helv. sc. nat. 1855.)

1854. **E. Desor.** Quelques mots sur l'étage inférieur du groupe néocomien. Etage valangien. (Bull. Neuch., t. III; Actes Soc. helv. 1854.)

E. Desor. Ueber die Infrancokomischen Bildungen (Terrain valanginien) und deren charakteristische Echiniten. (Neues Jahrbuch für Min. 1854.)

Ch. Hisely. Aspect géologique pris près de la maison de Berne à Neuveville. (Compte rendu dans les procès-verbaux Soc. jur. d'émul. 1854.)

A. Morlot. Ueber das Vorkommen von Fossilien in der Huppererde von Lengnau. (Mittheil. Bern 1854.)

A. Morlot. Sur les dents fossiles des carrières de Soleure. (Bulletin de la Société vau-doise des sciences naturelles, t. IV.)

A. Müller. Vorkommen von Mangan-Erzen im Jura. (Verhandl. Basel 1854.)

A. Müller. Mémoire sur les mines de fer du Jura.

A. Quiquerez. Préavis de la Commission spéciale des mines du Jura relative aux éventualités d'épuisement des minerais de fer et aux questions qui s'y rattachent. (Porrentruy 1856.)

1854. **E. Renevier.** Sur les dents de Palaeotherium et d'Anoplotherium du calcaire portlandien de Soleure. (Bull. Soc. vaud. ?)

1853. Discussion relative au gisement des Lepidotus. (Actes Soc. helv. des sc. nat. 1853.)

E. Froté. Relief géologique des environs de Porrentruy. (Actes Soc. helv. 1853.)

J. B. Greppin. Tableau résumé de la division des terrains tertiaires du val de Delémont. (Actes Soc. helv. 1853.)

A. Gressly. Albâtre keupérien blanc de Monterrible. (Actes Soc. helv. sc. nat. 1853.)

A. Gressly et K. Mayer. Nouvelles données sur les faunes tertiaires d'Ajoie. (Actes Soc. helv. 1853.)

P. de la Harpe. Découverte faite par M. Greppin des ossements de l'éocène près de Delémont. (Bull. Soc. vaud., t. III.)

Lalande. Suite de la faune problématique de Roche-de-Mars près Porrentruy. (Actes Soc. helv. 1853.)

P. Merian. Ueber das Vorkommen der Eocenformation im Jura. (Verhandl. Basel.)

P. Merian. Mittheilung über die Tertiärformation im Jura. (Verhandl. Basel 1853.)

P. Merian. Vorkommen von Dinotherium giganteum im Delsbergthal des bernischen Jura's. (Verhandl. Basel, t. X.)

H. v. Meyer. Wirbelthierreste vom Berner-Jura. (Neues Jahrbuch für Mineralogie 1853.)

F. J. Pictet. Sur les tortues fossiles de Soleure. (Actes Soc. helv. sc. nat 1853.)

A. Quiquerez. Nouvelles remarques sur le terrain sidérolithique. (Actes Soc. helvétique 1853.)

B. Studer. Kleinere Mittheilungen. (Mitth. Bern.)

J. Thurmann. Premières données sur les terrains tertiaires d'Ajoie et note de B. Studer. (Berner Mittheil. 1853.)

J. Thurmann. Résumé des lois orographiques générales du système des Monts-Jura. (Actes Soc. helv. sc. nat, 1853; Bull. Soc. géol. de France, 2me série, t. XI.)

J. Thurmann. Division des terrains jurassiques supérieurs aux environs de Porrentruy. (Actes Soc. helv. 1853.)

1852. **E. Desor.** Sur les roches polies du pied du Jura. (Bull. Neuch., t. IV.)

E. Desor. Sur l'alluvion ancienne. (Bull. Neuch., t. II.)

J. B. Greppin et A. Bonanomi. Fossiles jurassiens tertiaires du val de Delémont. (Coup d'œil Soc. jur. d'émul., vol. IV.)

P. Merian. Rapport sur la distribution des galets dans la vallée de Delémont. (Verhandl. Basel et Actes Soc. helv. 1852.)

B. Studer. Note sur la molasse d'eau douce. (Actes Soc. helv. sc. nat. 1852.)

J. Thurmann. Série des couches du Portlandien à Porrentruy. (Mittheilungen Bern, n° 250—251.)

Vouga. Rapport sur le travail de M. Quiquerez. (Bull. Neuch., t. III.)

1850—1852. **A. d'Orbigny.** Prodrome de Paléontologie stratigraphique universelle des animaux mollusques et rayonnés. (Vol. I—II, Paris 1850—1852)

1850—1852. A. Quiquerez. Recueil d'observations sur le terrain sidérolithique dans le Jura bernois et particulièrement dans les vallées de Delémont et de Moutier. (Nouv. Mém. Soc. helv. sc. nat., t. XII.)

1851. A. Etallon. Monographie du corallien. (Mém. Soc. d'émul. du Doubs 1851.)

Grosjean. Fossiles tertiaires et jurassiques des environs de Court. (Compte rendu dans les procès-verbaux Soc. jur. d'émul. 1851.)

J. Thurmann. Abraham Gagnebin de la Ferrière. (Soc. jur. d'émul. 1851.)

1850. J. B. Greppin et A. Bonanomi. Sur le terrain tertiaire du val de Delémont. (Coup d'œil Soc. jur. d'émul. 1850, vol. II.)

F. Hugi. Ueber die Salzbohrungen am südlichen Abhang des Jura zu Lucheren bei Wangen. (Verhandl. schw. nat. Gesellsch. 1850.)

A. Quiquerez. Sur le terrain keupérien supérieur de la vallée de Bellerive près de Delémont. (Mittheilungen der bern. naturf. Gesellschaft.)

1849. R. Carlier. Petrefakten vom Weissenstein. (Verhandlungen der schweiz. naturf. Gesellschaft 1849.)

F. Lang. Ueber das Vorkommen des Steinsalzes im Jura und über die Bohrversuche bei Wysen und Wiedlisbach. (Verhandl. der schw. nat. Gesellsch. 1849.)

Ch. Lory. Mémoire sur les terrains crétacés du Jura. (Mém. Soc. d'émul. du Doubs 1857; Comptes rendus des travaux de l'Académie des sciences, t. 28.)

J. Thurmann. Essai de Phytostatique appliquée à la chaîne du Jura et aux contrées voisines. (Berne 1849.)

1848. A. Daubrée. Galets vosgiens du Bois de Raube. (Bull. Soc. géol. de France, t. V.)

A. Pfluger. Eröffnungsrede bei der Versammlung der naturforschenden Gesellschaft in Solothurn. (Verhandl. schw. nat. Gesellsch. 1848.)

J. Thurmann. Rapport à la Société d'émulation sur l'organisation et les accroissements du cabinet de minéralogie du collège de Porrentruy. (Porrentruy 1849.)

1847. A. Favre. Sur les anciens glaciers du Jura. (Bull. Soc. géol. de France, 2me série, t. V.)

J. Marcou. Critique de l'opinion de M. Rozet, qui pense que le Jura est le produit du soulèvement du Mont-Rose. (Bull. Soc. géol. de France, 2me série, t. IV.)

Ch. Martins. Note sur l'ancienne existence de glaciers dans le Jura et les traces caractéristiques qu'ils ont laissées après eux. (Soc. d'émul. des Vosges t. VI.)

1846—1847. P. Merian. Beiträge zur Kenntniss der Krinoiden der Jura-Formation. (Verhandl. Basel, t. VIII.)

1846. Babey. Constitution géognostique des montagnes du Jura. (Flore jurassienne de cet auteur, 4 vol. in-8°, Paris.)

L. Coulon. Calcaires portlandiens polis des environs de Neuchâtel. (Bull. Soc. sc. nat. de Neuchâtel, t. I.)

J. Marcou. Recherches géologiques sur le Jura salinois. (Mém. Soc. géol. de France, 2me série, t. III et IV.)

H. v. Meyer. Untersuchung fossiler Knochen aus dem Süsswasser-Mergel von La Chaux-de-Fonds. (Neues Jahrbuch für Min. 1846.)

1846. **Röminger.** Vergleichung des Schweizer-Jura's mit der württembergischen Alp. (Neues Jahrbuch für Mineralogie 1846.)

Rozet et Agassiz. Discussion sur la théorie du soulèvement du Jura de M. Thurmann. (Bull. Soc. géol. de France, 2ᵐᵉ série, t. III.)

1845—1846. **Renaud-Comte.** Etude systématique des vallées d'érosion dans le département du Doubs. (Mém. Société d'émul. du Doubs 1846.)

1845. **L. Agassiz.** Traces de glaciers dans le Jura. (Bull. Neuch., t. I.)

E. Desor. Résumé sur les crinoïdes fossiles de la Suisse. (Bull. Neuch., t. I.)

J. Marcou. Notice sur les différentes formations des terrains jurassiques dans le Jura occidental. (Mémoires de la Soc. des sc. nat. de Neuchâtel, t. III.)

H. von Meyer. Saurier im Néocomien von Neuchâtel. (Neues Jahrbuch für Mineralogie 1845.)

C. Nicolet. Deux coupes géologiques dans la vallée de la Chaux-de-Fonds. (Bulletin Neuch. t. I.)

1840—1845. **L. Agassiz.** Etudes critiques sur les mollusques fossiles. (Neuchâtel 1840—1845.)

1844. **E. Desor.** Sur le phénomène erratique. (Bull. Soc. vaud., t. I.)

L. Lesquereux. Directions pour l'exploitation des tourbières dans la principauté de Neuchâtel et Valangin. (Neuchâtel 1844.)

C. Nicolet. Ossements fossiles provenant des marnes nymphéennes de la Chaux-de-Fonds. (Bull. Soc. sc. nat. de Neuchâtel, t. I.)

1843. **Boyé.** Géologie du Doubs. (Mém. Soc. d'émul. du Doubs 1843.)

E. Desor. Formation des bancs à coraux. (Actes Soc. helv. 1843.)

A. Guyot. Accumulations morainiques dans le Jura. (Actes Soc. helv. 1843.)

F. J. Hugi. Die Gletscher und die erratischen Blöcke. (Solothurn 1843.)

1833—1843. **L. Agassiz.** Recherches sur les poissons fossiles. (Neuchâtel 1833—1843.)

1843. **E. Desor.** Limite du phénomène erratique dans le Jura à 1170 m. (Bull. Soc. géol. de France, 1ʳᵉ série, t. 14.)

Wegmann. Glissement du sol d'une forêt près de Soleure. (Bull. Soc. géol. de France, 1ʳᵉ série, t. 14.)

1842. **Agassiz, Deluc, Desor, Dubois de Montpéreux, Guyot.** Controverse glaciaire. (Actes Soc. helv. 1842.)

L. Lesquereux. Quelques recherches sur les marais tourbeux en général. (Neuchâtel 1844.)

1838—1842. **Leblanc.** Observations sur le maximum d'inclinaison des talus dans les montagnes. (Bull. Soc. géol. de France, 1ʳᵉ série, t. 14 et t. 9.)

1841. **A. Gressly.** Communication sur les dépôts de bohnerz ou terrain sidérolithique du Jura. (Actes Soc. helv. 1841.)

1840. **L. Agassiz.** Sur l'ancienne extension des glaciers et phénomènes glaciaires (Actes Soc. helv. 1840.)

C. Prévost et A. Leblanc. Sur la théorie des soulèvements. (Bulletin de la Soc. géol. de France, 1ʳᵉ série, t. 11.)

1840. A. Mousson. Geologische Skizze der Umgebung von Baden. (Zürich 1840.)

B. Studer. Abgeschliffene Felsflächen mit Furchen und feinen Streifen bei Neuchâtel und Neuveville. (Neues Jahrbuch für Mineralogie 1840.)

1839—1840. L. Agassiz. Description des Echinodermes fossiles de la Suisse. (Nouv. Mém. Soc. helv. sc. nat., III—IV.)

1839. Lejeune. Sur le néocomien et le valangien de Neuchâtel. (Bull. Soc. géol. de France, t. 10, 1re série.)

H. v. Meyer. Die fossilen Säugethiere, Reptilien und Vögel aus den Molasse-Gebilden der Schweiz. (Neues Jahrbuch für Mineralogie 1839.)

A. de Montmollin, B. Studer, L. Agassiz, Du Bois. Sur le crétacé du Jura. (Actes Soc. helv. 1839.)

C. Nicolet. Sur les fossiles et la division de la molasse. (Actes Soc. helv. 1839.)

F. Römer. Petrefaktensammlungen zu Pruntrut und Solothurn. (Neues Jahrbuch für Mineralogie 1839.)

B. Studer. Division du terrain molassique. (Actes Soc. helv. 1839.)

1838. Agassiz, Leblanc, Studer, Thurmann. Discussion sur le transport des blocs erratiques. (Bull. Soc. géol. de France, 1re série, t. 9.)

J. A. Deluc. Sur les blocs erratiques alpins épars à de grandes distances des Alpes. (Bull. Soc. géol. de France, 1re série, t. 9.)

Discussion sur la position du terrain néocomien et sur les fossiles jurassiques qu'il renferme. (Bull. Soc. géol. de France, 1re série, t. 9.)

Ebelmann, Hœninghaus, d'Omalius, Simon, Thurmann. Discussion relative au Bohnerz. (Bull. Soc. géol. de France, 1re série, t. 9.)

A. Gressly. Relief géologique du Fringeli. (Bulletin Soc. géol. de France, 1re série, t. 11.)

(Leblanc et Renoir.) Promenade au Banné. (Bull. Soc. géol. de France, 1re série, t. 9.)

Lejeune. Du cirque de la Rœtifluh. (Bull. Soc. géol. de France, 1re série, t. 9.)

Lejeune. Disposition singulière des roches au débouché de la cluse dans le val de Moutier. (Bull. Soc. géol. de France, 1re série, t. 9.)

Lejeune. Conjectures sur les causes de la forme ellipsoïdale et de la fermeture d'un grand nombre de vallées dans le Jura. (Bull. Soc. géol. de France, 1re série, t. 9.)

Lejeune. Plusieurs remarques orographiques sur le Jura bernois. (Bull. Soc. géol. de France, t. 9.)

Lejeune. Les montagnes du Jura comparées à celles des Alpes qui sont en face et aux montagnes des Vosges. (Bull. Soc. géol. de France, 1re série, t. 9.)

C. Nicolet. Notice sur les groupes oxfordien et oolithique du Jura neuchâtelois. (Bull. Neuch. 1838.)

C. Nicolet. Sur l'influence de la nature des roches dans les formes orographiques du Jura neuchâtelois. (Bull. Soc. géol. de France, 1re série, t. 9.)

Nicolet, Rœmer, Thurmann. Discussion sur les fossiles jurassiques dans le néocomien. (Bull. Soc. géol. de France, 1re série, t. 9.)

1838. **H. Parrat.** Théorie des courans souterrains, ou notice sur la formation des vallées et des montagnes du Jura suivant un mode naturel et analogique. (Porrentruy 1838.)

Renoir. Sur le keuper de la Rœtiflub. (Bull. Soc. géol. de France, 1re série, t. 9.)

B. Studer et **Buckland.** Cailloux roulés de Delémont. (Actes Soc. helv. 1838.)

J. Thurmann. Principales formes orographiques, etc. (Bull. Soc. géol. de France, t. 9.)

1837. **L. Agassiz.** Discours d'ouverture. (Théorie glaciaire.) (Actes Soc. helv. des sc. nat. 1837.)

L. Agassiz. Molaire d'un Dinotherium du Locle. (Actes Soc. helv. 1837.)

L. Agassiz. Sur les surfaces polies des roches et les blocs erratiques du Jura. (L'Institut 1837, t. V.)

L. Agassiz. Tronc d'écrevisse du calcaire jaune de la Neuveville. (Actes Soc. helv. 1837.)

L. v. Buch. Ueber Thurmann's Sonlèvements jurassiques, cahier 11. (Jahrbuch für Mineralogie 1837; Gesammelte Schriften, Bd. 4, 1. Theil.)

L. Coulon. Découverte d'une Hamite dans les environs de Neuchâtel. (Mém. Soc. sc. nat. de Neuchâtel, t. 11; Actes Soc. helv. 1837.)

F. Dubois. Recherches sur la craie de Souaillon. (Mém. Soc. des sc. nat. de Neuchâtel, t. 11; Actes Soc. helv. 1837.)

Duvernoy. Einige Notizen über verschiedene fossile Knochen aus dem Elsass und dem Jura. (Mém. Soc. d'hist. nat. de Strasbourg, t. II.)

A. Gressly. Relief géologique des environs de Laufon. (Actes Soc. helv. 1837.)

A. Gressly. Observations sur l'origine et le gisement de fer pisoolitique du Jura. (Actes Soc. helv. 1837.)

Lejeune. Discussion sur le Portlandstone et le Coral-rag, et le prétendu mélange de fossiles jurassiques et crétacés. (Actes Soc. helv. 1837.)

Lejeune. Sur le terrain crétacé ou néocomien du Jura. (Bull. Soc. géol. de France, 1re série, t. IX.)

Lettre de M. Dubois de Montpéreux à M. Elie de Beaumont sur la description des terrains néocomiens des environs de Neuchâtel, etc. (Bull. Soc. géol. de France, 1re série, t. 8.)

B. Studer. Naturforscher-Versammlung in Neuchâtel. (Neues Jahrbuch für Mineralogie 1837.)

Voltz. Extrait du mémoire de M. Thurmann sur les soulèvemens jurassiques. (Bull. Soc. géol. de France, t. 8.)

1836. **G. L. Duvernoy.** Plusieurs notes sur quelques ossements fossiles de l'Alsace et du Jura. (Strassbourg 1836.)

A. Gressly. Observations géologiques sur les terrains des chaînes jurassiques du canton de Soleure et des contrées limitrophes. (Actes Soc. helv. 1836.)

A. Gressly. Geognostische Bemerkungen über den Jura der nordwestlichen Schweiz, besonders des Kantons Solothurn und der Grenzpartien der Kantone Bern, Aargau und Basel. (Neues Jahrbuch für Mineralogie 1836.)

1836. **A. de Montmollin.** Carte de Neuchâtel à l'époque de la déposition des terrains crétacés. (Mém. Neuchâtel ?)

A. de Montmollin. Compte détaillé des séances de la Société géologique du Jura réunie à Besançon en 1835.

J. Thurmann. Histoire des connaissances géologiques relatives à la chaîne du Jura. (Actes Soc. helv. 1836.)

J. Thurmann. Considérations générales sur les soulèvements jurassiques. (Actes Soc. helv. 1836.)

J. Thurmann. Réunion de la Société géologique des Monts-Jura à Besançon. (Bull. de la Soc. géol. de France, 1re série, t. 7 ; Actes de la Soc. jurassienne d'émul., vol. XXXV.)

E. Thirria. Mémoire sur le terrain jura-crétacé de la Franche-Comté (et du Jura neuchâtelois). (Annales des mines, 3me série, t. X.)

Voltz. Sur les fossiles des terrains de Neuchâtel. (Bulletin Soc. géol. de France, 1re série, t. 7.)

Voltz. Säugethierreste im Portlandstone von Solothurn. (Neues Jahrbuch für Mineralogie 1836.)

1835. **B. Studer.** Der gelbe Kalk von Neuchâtel. (Neues Jahrbuch für Mineralogie 1835.)

J. Thurmann. Sur l'âge du soulèvement des Monts-Jura. (Bull. Soc. géol. de France, 1re série, t. VI.)

J. Thurmann. Bericht über den zweiten Zusammentritt der Geologischen Gesellschaft des Juragebirges. (Neues Jahrbuch für Mineralogie 1835.)

Voltz. Der gelbe Kalk von Neuchâtel ist eine formation créta-jurassique. (Neues Jahrbuch für Mineralogie 1835.)

1834. **L. Agassiz.** Notice sur les fossiles du terrain crétacé du Jura neuchâtelois. (Mém. Soc. des sc. nat. de Neuchâtel, t I.)

L. Coulon. Renseignements détaillés sur les travaux dont les eaux du canton de Neuchâtel ont pu être l'objet. (Actes Soc. helv. 1834.)

A. C. Nicolet. Essai sur le calcaire lithographique des environs de la Chaux-de-Fonds. (Mém. de la Soc. des sc. nat. de Neuchâtel I.)

J. Thurmann. (Galets vosgiens du Bois de Raube.) (Bull. de la Soc. géol. de France, 1re série, t. VI.)

1833. **Kuenlin.** Compte succinct du premier cahier d'un essai sur les soulèvements jurassiques du Porrentruy par M. J. Thurmann, professeur. (Actes Soc. helv. 1833.)

A. de Montmollin. Sur les couches de pierre jaune adossées au pied du Jura dans les environs de Neuchâtel. (Actes de la Soc. helv. des sc. nat. 1834.)

1830. **Barbe et Robert.** Notes géologiques recueillies pendant un voyage fait en 1830 dans la Lorraine et la Suisse. (Bull. Soc. géol. de France, 1re série, t. I.)

1827. **L. von Buch.** Ueber die Verbreitung grosser Alpengeschiebe. (Annalen der Physik und Chemie, Bd. IX [Poggendorf's] ; Gesammelte Schriften, Bd. III.)

F. J. Hugi. Ansichten über die Formationen des Jura. (Actes Soc. helv. 1827.)

P. Merian. Geognostischer Durchschnitt durch das Juragebirge von Basel bis Kestenholz bei Aarwangen, mit Bermerkungen über den Schichtenbau des Jura im Allgemeinen. (Denkschriften der allgemeinen schweiz. Gesellschaft für Naturwissenschaft, Bd. I; Verhandl. der schw. nat. Gesellsch. 1827.)

1825. **F. J. Hugi.** Ueber die Bildung des Jura, seine Schichtungen, und darin vorkommende Versteinerungen. (Actes Soc. helv. 1825.)

1821. **F. J. Hugi.** Ueber den Jura in der Gegend von Solothurn. (Actes Soc. helv. 1821.)

1820. **C. Escher von der Linth.** Einige geognostische Angaben über das Juragebirge. (Naturwissenschaftlicher Anzeiger. 4. Jahrgang.)

1818. **H. A. de Sandoz-Rollin.** Essai statistique sur le canton de Neuchâtel. (Zürich 1818.)

1815. **L. v. Buch.** Ueber die Ursachen der Verbreitung grosser Alpengeschiebe. (Gesammelte Schriften. Bd II.)

1811. **Ch. F. Morel.** Abrégé de l'histoire et de la statistique du ci-devant évêché de Bâle, réuni à la France en 1793. (Avec une carte du pays. Strassbourg 1813.)

1803. **L. de Buch.** Mémoire sur le Jura. Gesammelte Schriften. Bd. I.)

L. de Buch. Catalogue d'une collection qui peut servir d'introduction à celle des montagnes de Neuchâtel. (Gesammelte Schriften. Bd. I. Berlin 1867.)

1801. **L. v. Buch.** Von erratischen Gesteinen auf dem Jura. (Gesammelte Schriften, Bd. I. Berlin 1867.)

1796. An IV de la République. Extrait d'une lettre du C^en Girod-Chantrans relative à une mine de pétrole nouvellement reconnue dans le département du Mont-Terrible. (Journal des Mines, n° 14, Paris an IV; Reproduction dans les Actes de la Soc. jur. d'émul. Vol. XXXV.)

1776. **(Banneret F. d'Osterwald.)** Description des montagnes et des vallées qui font partie de la Principauté de Neuchâtel et Valangin. (Neuchâtel 1776.)

1756. **J. Gesner.** Dissertatio physica de Petrificatorum variis originibus praecipuarum telluris mutationum testibus. (Tiguri MDCCLVI.)

1748—1763. **D. Brückner.** Merkwürdigkeiten der Landschaft Basel.

1740—1741. **(L. Bourguet, Cartier, A. Gagnebin, etc.)** Traité des pétrifications. (Paris 1742.)

INTRODUCTION.

Vingt ans se sont écoulés depuis la publication du coloriage géologique du Jura bernois, neuchâtelois et soleurois, compris dans la Feuille VII de la Carte géologique de la Suisse au $^1/_{100000}$. Dans l'intervalle, plusieurs géologues qui se sont occupés de la géologie de cette partie du Jura ont achevé leur carrière. D'autres sont venus à la brèche et les sciences géologiques ont marché de l'avant. Malgré les travaux très méritoires des successeurs de Thurmann et de Gressly, le champ d'étude est resté ouvert sur une foule de questions, et les vues des géologues ont pris une direction nouvelle. Le Jura, qui fut une école des théories orogéniques, a donné la clef des phénomènes de plissement reconnus dans les Alpes, il est temps qu'il reçoive les applications des nouvelles doctrines. La science autant que le pays ne peuvent qu'y gagner; l'une en vérification de ses nouveaux principes, l'autre en connaissance de ses richesses et de ses beautés naturelles.

Mais, dans le Jura surtout, les formes géologiques sont déterminées comme par avance par une bonne topographie. C'est ce qu'on voit clairement dans la première carte géologique du Jura bernois coloriée par J. Thurmann, en 1836, sur le levé topographique du colonel Buchwalder de 1819. C'est cette première image du pays qui permit au célèbre géologue de Porrentruy de reconnaître la structure si simple et pourtant si remarquable de nos montagnes. On en peut dire autant de celle du Jura soleurois, dressée par Walker, coloriée géologiquement (inédite) par A. Gressly, et de celle du Jura neuchâtelois de J. F. d'Osterwald, avec le coloriage géologique publié en 1839, par A. de Montmollin. Ces essais de cartes géologiques ont eu le plus grand succès et ont rendu classiques les plissements en voûtes et les vallons synclinaux du Jura central.

Le coloriage géologique du Dr J. B. Greppin, exécuté sur la feuille VII de la carte Dufour, 1re édition, n'a pas modifié l'ensemble des traits orographiques des cartes de Thurmann et de Gressly. Il a consigné un plus grand nombre d'observations géologiques, en décomposant le malm ou jurassique supérieur et les terrains tertiaires en leurs étages respectifs. Guidé par une topographie plus nette et plus détaillée que les précédentes de Buchwalder et de Walker, notre devancier a pu faire ressortir les accidents géologiques qui donnent au pays sa nature et sa physionomie. Connaissant surtout bien les montagnes de la région septentrionale du Jura bernois, ainsi que les affleurements tertiaires du val de Delémont, le Dr Greppin a été en mesure de compléter la carte de Thurmann avec assez d'exactitude sur une foule de points. Afin de livrer une œuvre d'ensemble en rapport avec ses découvertes stratigraphiques, Greppin parcourut, à part le Jura septentrional, les montagnes de Soleure, de Bienne et de Neuchâtel, ainsi que la région limitrophe du département du Doubs. Muni de la carte de Thurmann, et sans doute du coloriage de Gressly, pour toute l'étendue du territoire jurassien compris sur la feuille VII de la carte Dufour, utilisant les notes et les communications de MM. Nicolet, Jaccard, Lang, Mathey, Bonanomi, Pagnard et Thiessing, pour ne pas parler de la géologie de la plaine due à J. Bachmann, l'auteur de la *Description géologique du Jura bernois et de quelques districts adjacents,* parue comme 8e livraison des Matériaux pour la carte géologique de la Suisse (357 pp., in-4°, Berne 1870), le Dr Greppin fit sans doute mieux que ses devanciers.

Mais la première édition de la feuille VII de la carte Dufour était loin de posséder une topographie en rapport avec les formes que met en relief un coloriage géologique, et que seules peuvent faire ressortir l'étude et la connaissance de la structure géologique des montagnes. Il est rare de trouver sur cette carte, gravée par des artistes, un arc de voûte que décrivent si fréquemment les rochers du Jura. Les arêtes et les crêts manquent aussi d'exactitude et sont quelquefois orientés au rebours de leur position naturelle. Toutefois, les imperfections topographiques de la carte sur laquelle le Dr Greppin fit son coloriage géologique n'étaient pas de nature à détourner le tracé des zones d'affleurements correspondant aux différents étages jurassiques et tertiaires. On peut seulement dire qu'elles ne l'ont guère favorisé. A part les combes marneuses de l'oxfordien et de l'argovien qui se dessinent nettement et directement par la topographie, les limites des autres étages restaient à fixer sur la carte par l'étude du terrain.

C'est dans ces détails surtout que le coloriage de notre devancier est défectueux. De grandes surfaces, en apparence uniformes comme le plateau des Franches-Montagnes, sont traitées empiriquement, et ne rendent pas exactement leur structure compliquée. La détermination des lambeaux tertiaires de nos vallons jurassiens est sans doute remplie de difficultés. On en a toutefois raison par une étude minutieuse de tous les gisements accessibles à l'observation géologique. Ici encore, il y avait des erreurs assez nombreuses à corriger. Quant aux terrains quaternaires, ils recouvrent de plus grandes étendues que ne l'indique la carte du Dr Greppin. Leur nomenclature tend actuellement à se fixer, et les dépôts qu'on observe dans le Jura central peuvent fournir de nouveaux renseignements sur l'âge relatif de ces formations fluvio-glaciaires et morainiques. A la simple inspection de la carte, on reconnaît en outre l'origine glaciaire des éboulis indiqués par Greppin au pied du Jura soleurois et dans plusieurs vallons du Jura bernois.

Malgré ses imperfections, l'œuvre du Dr Greppin a utilement servi au levé topographique des feuilles de l'Atlas Siegfried, en ce sens que la structure du sol, mise en évidence par le coloriage géologique, a favorisé la conception du relief et vulgarisé les notions indispensables de l'orographie jurassienne. A son tour, la publication des feuilles de l'Atlas Siegfried au $^1/_{25000}$ facilite énormément l'étude géologique du Jura. Les formes orographiques apparaissent à cette échelle dans tous leurs détails. La revision de la carte géologique en bénéficiera largement. Mais cette représentation du sol reste imparfaite là où les relations techtoniques n'ont pas été comprises par le géomètre. Mainte zone de rochers a été tirée de travers, les voûtes qui s'accentuent si bien à cette échelle sont quelquefois mal rendues. On a amplifié un dôme au détriment d'une combe, ou bien négligé un crêt d'une réelle importance. Toutes ces imperfections disparaissent par la connaissance et l'application des formes orographiques.

L'Atlas Siegfried a donné lieu à une revision topographique de la carte Dufour, et la reproduction du relief à l'ancienne échelle est toute en faveur de la carte géologique.

Il nous restait en somme un grand nombre d'observations à faire pour pouvoir fixer exactement le plissement et les dislocations du sol dans tous leurs détails. Ces observations, à mesure qu'elles étaient recueillies sur le terrain, furent immédiatement consignées sur les feuilles de l'Atlas Siegfried au $1/_{25000}$. Les affleurements sont en général suffisants dans le Jura central pour pouvoir reconnaître partout la structure du sol. Les grandes couvertures quaternaires occupent surtout les synclinaux. Elles ne sont du reste généralement pas très épaisses et ménagent souvent des parcelles du sous-sol à l'observation géologique. Il n'est pas de crêt, ni de petit plateau que nous n'ayons pas visité ou déterminé stratigraphiquement et orographiquement. Sans doute, au début, nous avons rencontré des difficultés dans cette détermination, surtout au point de vue stratigraphique; mais après avoir jalonné tout le territoire, nous avons été fixé sur la nature et l'âge relatif de ses terrains. Nous avons pu dès lors remplir tous les interstices sans que jamais un doute ne soit venu ébranler notre conviction sur l'exactitude des relations de faciès telles que nous les avons publiées en 1888. Cela tient avant tout à ce que, pour ce jalonnement préalable, nous avons pris un réseau très serré, n'excluant aucune chaîne de l'observation directe. Puis, pour le remplissage, la grandeur de l'échelle au $1/_{25000}$ nous a obligé de visiter en détail tous les replis du terrain. Cette méthode d'exploration détaillée devait seule nous conduire à des résultats positifs.

Sans doute, il reste des observations à faire, des sujets à approfondir, car le nombre des affleurements n'est jamais trop grand pour tout voir et pour tout comprendre. Mais nous avons la conviction qu'elles ne modifieront pas sensiblement nos conclusions, et nous aurons soin du reste de ne pas les étendre outre mesure. Nous nous attacherons plutôt à grouper méthodiquement des faits qu'à traiter des questions théoriques qui doivent embrasser un plus grand territoire.

Notre cadre ne comprend pas la stratigraphie détaillée ou la compilation de tout ce qui a été écrit sur nos étages jurassiens. Nous ne pouvons que renvoyer le lecteur aux travaux antérieurs pour y étudier les coupes, les divisions stratigraphiques et les listes de fossiles. Mais nous résumerons les faits importants, en étudiant les caractères des étages et les formes orographiques qu'ils déterminent. Nous n'entrerons pas non plus au sujet des limites admises pour les étages dans de nouvelles discussions. Nous pensons nous être étendu assez longuement sur ce sujet dans nos publications précédentes.

Pour la partie géologique descriptive, nous avons suivi une marche méthodique le long des chaînes afin de faire ressortir les caractères orographiques et les modifications de faciès qui s'opèrent dans les limites des étages. Nous n'aurons donc pas à revenir sur leur composition géologique en traitant du plissement ou de la techtonique générale. Les faits stratigraphiques ainsi reconnus feront, par contre, l'objet d'une esquisse historique sur la sédimentation et sur l'orogénie de notre territoire. Considérées sous ces trois points de vue différents, les unités géologiques du sujet seront bien tranchées et nous permettront de grouper convenablement les éléments géogéniques et structuraux de cette région du Jura.

Afin d'éviter tout malentendu, nous donnons ici la définition des termes techniques auxquels il convient d'attacher un sens précis. Nous maintiendrons, autant que le permettent les nouvelles acquisitions de la science, le vocabulaire géologique des fondateurs de l'orographie jurassienne.

Le *crêt* est une saillie rocheuse formée par des couches fortement redressées.

L'*arête* présente la tête des couches sous une inclinaison moindre et sur une plus grande longueur.

L'*abrupt* est la paroi rocheuse ou la tête des couches dans le sens longitudinal, c'est-à-dire sous le crêt ou sous l'arête.

La *rampe* est la paroi rocheuse qui s'étend sous la tête des couches, dans le sens transversal, comme dans les ruz ou dans les cluses.

Le *flanc* est la surface occupée par le dos ou l'*épiclive* des couches inclinées. On dit aussi *flanquement* ou *épaulement* pour un ensemble de couches de même inclinaison.

Le *plain*, terme emprunté au langage jurassien, signifie un petit plateau isolé par des abrupts et des rampes.

Le *palier* est une zone d'affleurement plane ou peu déprimée, placée entre des crêts ou des arêtes.

Les adjectifs *synclinal, anticlinal, isoclinal* ou *monoclinal* figureront dans le sens généralement adopté.

Une *voussure* ou *dorsale* est un massif ellipsoïdal, formé par des couches ployées, et arquées plus ou moins fortement dans le sens longitudinal.

Une *voûte* représente une section de voussure entre deux plans transversaux et parallèles.

Nous avons aussi employé le terme de *dôme* comme diminutif d'une voussure entière ou non entamée par l'érosion. Il y a aussi cette différence qu'un dôme est plus arrondi qu'une voussure dans le sens longitudinal.

Un *ensellement* est une partie déprimée dans une voussure.

Une *vallée* est prise dans l'acceptation géographique générale; nous distinguerons donc des vallées de plissement et des vallées d'érosion.

Le *val* jurassien est un synclinal apparent à la surface du sol, la forme en creux d'une voussure. Diminutif *vallon*, c'est-à-dire val étroit; en outre, le vallon très resserré prend le nom de *combe* dans l'appellation indigène. Les *combes oxfordiennes* ou *argoviennes* sont des vallées d'érosion monoclinales occupées par l'oxfordien ou par l'argovien. Nous ne croyons pas devoir abandonner ces termes que l'usage a consacrés.

Le *couloir* et le *défilé* sont des expressions qui désignent tout simplement le rétrécissement d'un passage entre des montagnes.

La *cluse* est une vallée d'érosion qui coupe une voussure jusqu'au niveau des vallons adjacents. On dit *gorges* pour une suite de cluses sur la même ligne d'érosion: „Les gorges de Moutier.“

Les *cirques* sont les excavations des voussures ouvertes.

Les *ruz* sont des sillons plus ou moins profonds sur le flanc des voussures.

L'*impasse* est une demi-cluse, c'est-à-dire une érosion transversale qui ne traverse pas une voussure de part en part, mais qui affecte seulement l'un des flanquements plus profondément qu'un ruz.

Le *chenal* est aussi un terme jurassien qui s'applique à une impasse étroite et fortement encaissée.

Nous employons le terme de *coulisse* pour désigner une combe resserrée entre deux crêts, une excavation du palier, comme on en voit dans les cluses.

Les *embosieux* sont des entonnoirs formés dans les terrains marneux par la disparition de la marne dans des fissures souterraines.

Les *fondrières* sont des fissures ou des cheminées verticales qui engouffrent les eaux.

Les *tanes* sont des ouvertures béantes verticales dans le sol.

Les *caves* sont des cavités souterraines plus ou moins fermées.

Les *galeries* sont des conduits souterrains plus ou moins horizontaux.

Les *baumes* sont des excavations latérales dans les roches.

Les *saignes* sont des surfaces marneuses plus ou moins inclinées, toujours humides, où croissent des sphaignes et des plantes qui forment la tourbe.

Le *droit* d'un vallon est le flanc le mieux exposé au soleil (Sonnenberg).

L'*envers* est le côté opposé (Schattenberg).

Une *chaîne* est un alignement de voussures comprises dans le même pli du sol.

Un *chaînon* est une voussure annexe d'une chaîne.

Un *nœud-confluent* est l'ensellement où fusionne une chaîne avec une autre.

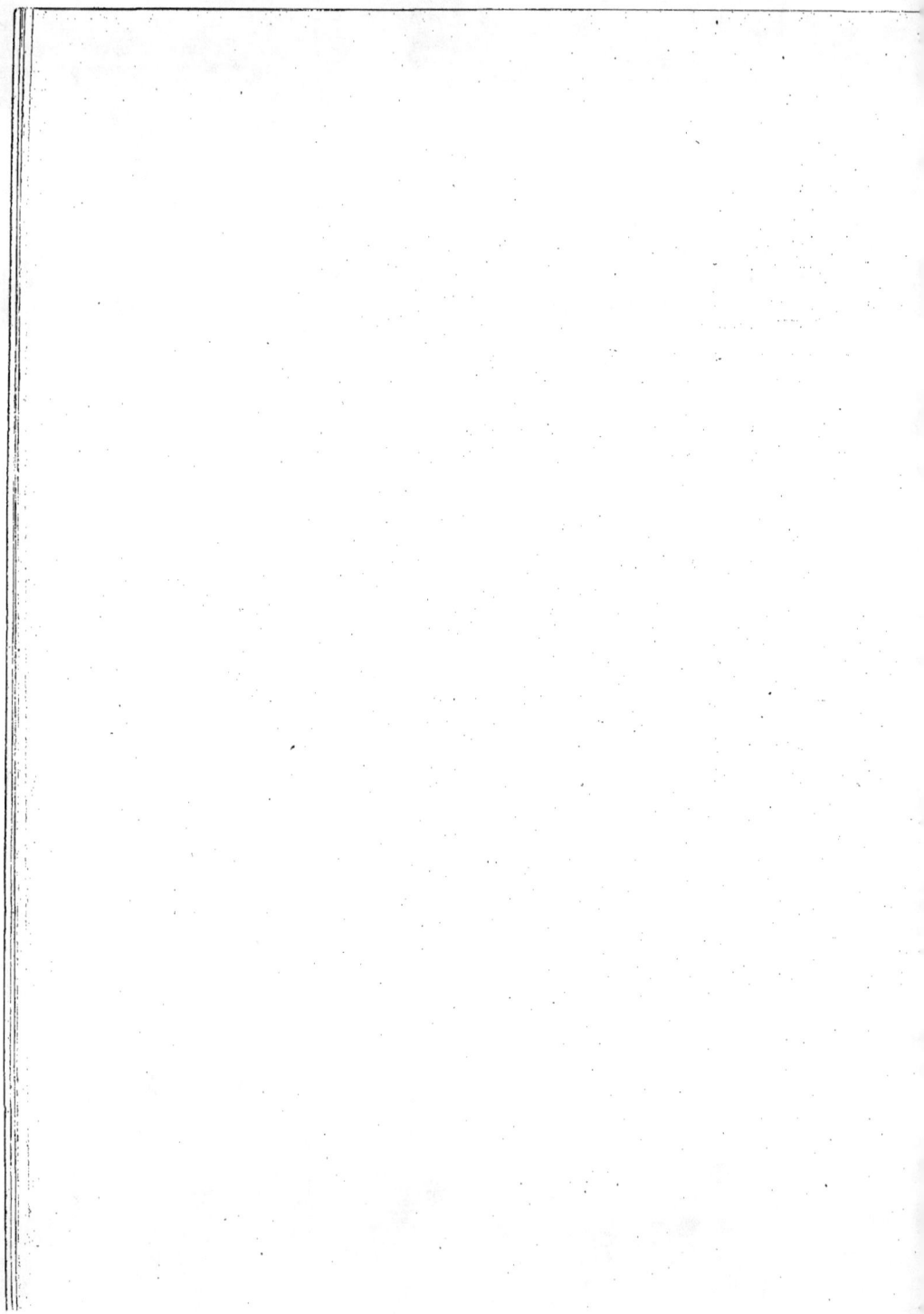

PREMIÈRE PARTIE

CARACTÈRES GÉOLOGIQUES DES AFFLEUREMENTS.

CHAPITRE I.

Trias et Lias.

Les terrains les plus anciens de la partie du Jura comprise entre le Doubs, le val de Delémont, le lac de Neuchâtel et le Weissenstein n'affleurent qu'en un petit nombre de points dont nous allons faire l'énumération et la description succincte.

Tunnel des Loges. Le pointement liasique de la Combe-aux-Auges, sous Montpéreux, est accessible depuis la gare des Convers. A la surface du sol, on ne trouve que quelques indices des marnes du lias. Mais le tunnel des Loges qui a traversé ce terrain sur une longueur de 165 mètres a donné au puits n° 5 un monticule de remblais où l'on peut encore étudier les matériaux du lias, composé principalement de marnes et de schistes noirs avec quelques bancs marno-calcaires foncés. Nous avons pu reconnaître dans les roches et les fossiles de ces matériaux une composition du lias analogue à celle qu'il présente en Franche-Comté. Une des couches les plus profondes du tunnel est celle du lias inférieur à *Ammonites raricostatus* et *Unicardium Janthe*, tandis que le calcaire à gryphées n'a été atteint que dans ses bancs les plus supérieurs qui renferment *Gryphaea obliqua*. La grande coupe au $^1/_{2000}$ du Tunnel des Loges et du Mont Sagne par Desor et Gressly présente le tracé du tunnel assez éloigné du calcaire à gryphées, qui, d'après les fossiles des matériaux retirés du tunnel, doit cependant effleurer le souterrain.

Steinersberg. Il y a un affleurement liasique dans la chaîne du Chasseral, sous les rochers du Steinersberg, que l'on atteint le plus facilement depuis le vallon de la Heutte par l'impasse nommée Porte de l'Enfer. On pénètre par là dans le sein de la montagne; de hautes parois de rochers vous entourent de toutes parts. En gravissant les talus herbeux qui s'appuient contre le cirque des rochers bruns, on ne peut douter de la présence du terrain liasique qui occupe l'hémicycle. Il ne faudrait qu'un glissement de terrain pour mettre à découvert les marnes noires du lias. Mais toute cette enceinte est tellement encombrée d'éboulis et de détritus accumulés par les anciens glaciers, que nous ne connaissons pas un seul point où les couches en place soient observables. D'après les épaisseurs moyennes du lias en Franche-Comté, ou dans les environs de Delémont et de Soleure, nous estimons qu'au point le plus bas des éboulis, soit à la cote 1026 de la carte au $1/_{25000}$, on trouverait le lias moyen. Depuis ce point au sommet de la voussure vésullienne, on compte 300 mètres, qui se partagent approximativement comme suit:

Vésullien ou Bathonien	120 mètres.
Lédonien	80 „
Aalénien	40 „
Toarcien	60 „
Total	300 mètres.

Au Steinersberg, où l'on est à 100 mètres plus bas dans l'altitude, une galerie horizontale arriverait apparemment dans la voussure du keuper qui doit exister en ce point.

Brüggli. Un des affleurements les plus intéressants pour l'étude du lias est celui de Brüggli, qui s'étend sur les pâturages et les métairies de la chaîne du Hasenmatt, depuis la Wandfluh à la Stalfluh. On l'atteind facilement depuis Granges ou depuis Selzach. En montant sur le cône morainique qui se dégage de la montagne entre Granges et le Betlachstock, on arrive à Altrüttiberg, qui est déjà sur le lias recouvert de détritus glaciaires. Depuis cette métairie jusqu'au pied des rochers de la Wandfluh, on trouve une série d'assises liasiques plus ou moins bien découvertes, dont les plus saillantes sont celles du lias moyen. Ce sont des marno-calcaires caractérisés par des Pholadomyes. Cette division est mieux à découvert au Brüggli dans le pâturage qui s'étend entre les deux métairies. Le lias moyen, et non pas le keuper, y forme une voûte très déchirée par les glissements, ce qui permet d'observer la roche sur un très grand nombre de points. Le calcaire marneux noirâtre qu'on y trouve est riche en fossiles dont le plus caractéristique est *Spirifer verrucosus*. M. Baumberger, maître secondaire à Douanne, y a récolté aussi un bel exemplaire d'*Ammonites armatus*. Toute cette région est plus que partout ailleurs dans le Jura bernois accessible à l'étude géologique. Les marnes liasiques supérieures apparaissent dans les ravins au pied nord-est du Betlachstock, vers Stalfluh, ainsi qu'en glissement dans les ruz qui descendent vers la plaine. Tout le pied des roches oolithiques les recèle sous un recouvrement d'éboulis plus ou moins fort qui donne à cette région un caractère d'instabilité très accentué. Mais la forme en voûte du centre de la chaîne, ainsi que le dôme souterrain de calcaire à gryphées qui se trouve au Brüggli ne permet pas d'entrevoir des glissements considérables de rochers oolithiques dont les parties peu solides sont tombées depuis longtemps. L'action des ruisseaux est aussi actuellement trop lente pour occasionner des ruptures; elle se limite aux ruz qui descendent vers la plaine. Toutefois, il se peut que quelques blocs se détachent de temps en temps des rocs fissurés et contribuent à augmenter le volume des cônes et des talus d'éboulis, ce qui arrive constamment sous les parois verticales.

Gross- et Kleinkessel. Ces deux affleurements liasiques n'atteignent pas le lias moyen. Ils appartiennent l'un à la chaîne du Hasenmatt, l'autre à celle du Weissenstein, au point où la voussure oolithique est double.

Klus. Balmberg. Le cirque qui s'étend sous les roches de Waldköpfli au Nord de la Klus, laisse affleurer le lias supérieur. L'affleurement est peu important à cause des talus d'éboulis. Un autre commence sous la Röthifluh, et se prolonge jusqu'à Rümisberg et Walden; c'est l'affleurement le plus complet au pied du Jura pour les terrains liasiques et triasiques. Sa proximité de la plaine et son dégagement vers Günsberg en font aussi le point le plus favorable pour l'exploitation du gypse qu'il renferme. A Farneren, on a tenté, en 1849, un sondage pour l'exploitation du sel gemme, dont la présence a été constatée en alternance avec des amas d'anhydrite. Mais, d'après l'analyse de la roche retirée du sondage, on n'a trouvé qu'un contenu de 3 % de sel gemme. L'emplacement du sondage a été choisi sur les indications de Hugi et se trouvait au centre de la voussure keupérienne de la Lucheren. Voir pour plus de détails l'ouvrage de M. Lang intitulé : Geologische Skizze der Umgebung von Solothurn, 4⁰, Soleure 1863. Les couches traversées appartiennent au Muschelkalk, et, comme en Argovie, elles donnent au sel un gisement supérieur aux dolomies ondulées (Wellendolomit) qui n'ont pas été atteintes à la profondeur de 170 mètres (566 pieds).

Les bancs du Muschelkalk affleurent au Balmberg et au Kaspisbergli où elles constituent une voussure rompue aux couches très redressées ou même déjetées au sud, formant le centre de la montagne. On exploite du gypse sous le Muschelkalk. C'est un calcaire magnésien blanchâtre, poreux, en gros bancs irréguliers. On n'y trouve, à côté des débris assez fréquents d'*Encrinus liliiformis,* que des moules de petits fossiles mal conservés. Tout autour de cet affleurement se déploient les marnes du keuper dont la stratigraphie n'est pas très avancée jusqu'à présent dans cette région. Il y en a actuellement un bel affleurement au Kaspisbergli. Nous y avons reconnu de bas en haut: des marnes noirâtres (Lettenkohle), des marnes bigarrées avec gypse fibreux ou compact, des dolomies cubiques, enfin des marnes sableuses, brunes ou noires avec traces de fossiles, représentant probablement le bone-bed.

Le calcaire à gryphées qui s'adosse au keuper constitue une petite colline au Weidli, au Längmatt, etc. Il est des plus caractéristiques, et présente le même faciès que celui d'Argovie et de Franche-Comté; c'est un calcaire spathique, rempli des coquilles de *Gryphaea arcuata.*

Quant aux marnes liasiques, elles sont fortement recouvertes d'éboulis ou de végétation, et n'affleurent guère que sous les roches de la Röthifluh. Les glissements sont peu nombreux, et, du reste, vite envahis par la végétation. Mais les rochers oolithiques donnent lieu à des éboulements, et leurs abords peuvent être dangereux à visiter au moment des pluies et du dégel.

Roche, Le Coulou. Depuis le Méchal jusqu'aux roches de la montagne de Moutier, au-dessus des Prés de l'Astai, on a une combe liaso-keupérienne. Il y a peu d'affleurements, partout les formes douces et la végétation des terrains du keuper et du lias. Mais le hameau de Hautes-Roches est situé sur une voussure de calcaire à gryphées, dont on trouve les bancs en descendant sur le Grepon. C'est en ce point qu'on a atteint le keuper qui contient du gypse, déjà mentionné dans l'Abrégé de l'histoire et de la statistique du ci-devant Evêché de Bâle réuni à la France en 1793, par le doyen Morel, (voir page 249 de cet ouvrage). On l'a exploité probablement en galerie. On ne voit actuellement plus rien de l'exploitation que des fragments de gypse le long du ruisseau. Les bancs en place ne sont sans doute pas considérables, mais ils se prolongent évidemment dans le sens de la montagne. Il y a depuis le Grepon au niveau de la Birse une différence d'altitude de 150 mètres, sur une longueur d'environ un kilomètre. Une galerie horizontale depuis le village de Roche jusqu'au-dessous du Grepon atteindrait le Muschelkalk, mais pas le niveau du sel. La voussure des couches s'élève lentement en s'élargissant vers le Coulou. Le niveau du calcaire à gryphées est à Hautes-Roches de 730 mètres, tandis que dans le fond du Coulou, où il est près de la surface, il atteind 300 mètres. Le niveau de la Birse est à Roche à 500 mètres. Il y a donc sous le fond de Valengiron au Coulou, au-dessus du niveau de la Birse à Roche, une épaisseur de couches de 400 mètres qui atteind beaucoup plus bas que le niveau du sel. Selon toute apparence, on atteindrait le grès des Vosges, en comptant pour le trias une épaisseur moyenne de 300 mètres comme on l'a en Argovie.

Voici, d'après les auteurs et d'après les sondages de Kaiser-Augst et de Rheinfelden, les épaisseurs des étages du trias:

Keuper	Marnes irisées	40 m.	
(Bellerive d'après	Dolomies cubiques	20 m.	100 m.
Quiquerez [1])	Marnes et gypses infrakeupériens	40 m.	
Muschelkalk	Calcaire conchylien (Hauptmuschelkalk)	40 m.	
(Kaiser-Augst	Groupe gypso-saliférien (Anhydritgruppe)	90 m.	150 m.
d'après Mérian [2])	Dolomie ondulée (Wellendolomit)	20 m.	
Grès bigarré (Buntsandstein) à Zeiningen (Greppin)		40 m.	
(„ „ „ à Rheinfelden, dans le sondage		80 m.)	
		Total pour le trias	290 m.

[1]) J. B. Greppin: Description géologique du Jura bernois; Matériaux pour la carte géologique de la Suisse, 8e livr., p. 18.

[2]) P. Mérian: Verhandlungen der naturf. Gesellschaft in Basel, 1836; Neues Jahrbuch für Mineralogie, 1843, p. 458.

Soubey, La Fonge. En descendant à Soubey depuis Montfaucon, on trouve au pied des roches oolithiques un tapis de verdure qui annonce le lias. Vers les moulins de Soubey, on voit affleurer les schistes à posidonies du lias supérieur, et depuis Chandolat jusqu'au finage des Moulins, se trouve un ravin formé par la tête des couches du calcaire à gryphées. Il reste jusqu'au Doubs une différence d'altitude de 50 mètres qui permettrait d'atteindre le gypse infrakeupérien. Les couches plongent faiblement vers le sud, de sorte qu'on arriverait bientôt au niveau de la rivière. Mais la voussure qui commence au Cras se poursuit vers la Fonge où se trouve notre dixième affleurement liasique à une altitude un peu plus grande que celui de Soubey. Vers l'est, les couches du lias et du keuper vont se perdre sous les éboulis de la Roche brisée, puis passent sous la voussure oolithique de Montfavergier.

Envelier. L'affleurement de Roche reparaît à Envelier, parce que la voussure du Raimeux qui recouvre le lias et le keuper est ici comme à Roche coupée par une cluse. Mais on ne voit que peu de chose des terrains liasiques et keupériens qui ne donnent guère lieu à des glissements dans cette région. En montant sur Souce, on trouve un monticule de calcaire à gryphées, ce qui donne à la voussure du keuper plus de 100 mètres d'épaisseur. Les marnes supraliasiques forment les talus qui bordent partout le pied des roches oolithiques.

Weyer, Passwang, Wiechten. Toute la chaîne du Passwang est occupée par une belle combe liaso-keupérienne, sur les rampes de laquelle affleure souvent le keuper. On y trouve des grès, les marnes irisées et les dolomies cubiques accessibles à l'étude stratigraphique. Nous les avons parcourues sur le sentier de Neuhäusli à Mümmliswyl.

CHAPITRE II.

Dogger ou Oolithique.

§ 1. Voussures ouvertes du Dogger.

La montagne choisie par Thurmann dans son „Essai sur les soulèvemens jurassiques", comme type de soulèvement du deuxième ordre, est la chaîne de Vellerat. Mais l'oolithique s'y trouve interrompu dans son milieu, et de plus coupé à Choindez par une cluse qui touche presque au lias. Le type a donc ici quelquechose de transitoire, comme c'est du reste le cas dans d'autres chaînes. La théorie des soulèvements étant du reste abandonnée dans son principe, on ne nous en voudra pas d'introduire au lieu des quatre ordres théoriques établis par Thurmann d'autres expressions plus en rapport avec les formes orographiques.

Les voussures oolithiques sont le plus souvent ouvertes, et laissent affleurer les étages du lias en bordure au pied des rochers de la grande-oolithe et de l'étage lédonien, comme nous l'avons vu à propos des affleurements liasiques décrits au chapitre précédent. Quelle que soit la cause qui ait interrompu les voussures du dogger, il n'est pas sans intérêt de constater dans ces affleurements, tantôt la série complète des étages du dogger superposés en parois, tantôt les crêts ou les têtes de couches qui sortent successivement de terre sous un angle plus ou moins fort pour en étudier les caractères topographiques et géologiques. Nous passerons successivement en revue les voussures ouvertes du dogger qui s'observent dans notre territoire, pour en indiquer les points de ressemblance et les variations.

Vellerat. La voussure oolithique que nous venons de mentionner laisse affleurer le lédonien dans sa partie la plus large et la plus saillante, c'est-à-dire au sud de Châtillon, dans la forêt des Vieux-Ponts. Ce n'est pas précisément là un lieu favorable pour l'étude de cet étage, qui est très recouvert par la forêt et les éboulis des roches bathoniennes. Mais ces dernières forment des crêts très élevés au-dessus du lédonien et se poursuivent dans la Haute-Joux et dans la Grande-Côte, de manière à circonscrire une dépression inclinée vers le nord, essentiellement propre à la forêt qui l'occupe. Du côté de Vellerat et de Choindez, la grande-oolithe seule affleure avec le reste de l'étage bathonien, en ce que la voussure devient plus aiguë. Mais à Vellerat elle reprend de l'ampleur et forme à gauche et à droite de la cluse de Choindez les deux pleins-ceintres de la grande-oolithe qui comptent parmi les plus beaux ploiements du Jura. Par-dessus les roches de Choindez on aperçoit un couronnement de dalle nacrée avec une zone plus tendre à sa base, occupée par le calcaire roux-sableux. On retrouve cette zone marneuse en affleurement sous le Rochet, où elle forme un palier qui borde la combe oxfordienne de l'Ordon. Le Rochet est lui-même formé par la grande-oolithe qui supporte le village de Vellerat.

Le fond de la cluse est rempli d'alluvions, où l'on remarque souvent les débris de l'industrie sidérurgique. Le talus de la rive gauche a des éboulis considérables, tandis que celui de la rive droite laisse affleurer le lédonien avec l'oolithe subcompacte fossilifère. Le faciès vaseux prédomine, et les faunes d'ammonites du Jura bâlois et argovien ne sont pas représentées. Tout au centre de la voûte, on n'est pas éloigné de l'étage aalénien avec son oolithe ferrugineuse, mais c'est sur la rive droite, malgré les éboulis, qu'il y a le plus de chance de la rencontrer.

Forges d'Undervelier. A la métairie de Rière-Château, la voussure oolithique de Vellerat entre sous terre avec son couronnement de dalle nacrée. Ce n'est qu'à la Jacoterie que l'étage supérieur du dogger reparaît avec une voussure aiguë qui ne tarde pas à s'élargir pour former l'affleurement des Melnats, au nord des anciennes forges d'Undervelier. La forme en boutonnière de cet affleurement du dogger est parfaite. A part la zone de dalle nacrée qui l'entoure, ce sont les deux pleins-cintres de grande-oolithe, comme à Choindez, qui montrent le mieux sur la carte la forme en voûte ouverte de cet affleurement. En projection horizontale, les deux couches des roches bathoniennes produisent un cercle. Entre la grande-oolithe et la dalle nacrée, on a aussi une zone plus tendre qui laisse en retrait la dalle nacrée vers l'est et vers l'ouest : elle correspond évidemment au calcaire roux-sableux. Sous les voûtes de la grande-oolithe, il y a beaucoup d'éboulis, mais la hauteur de plus de cent mètres au-dessus de la Sorne permet bien d'y supposer les deux étages de l'oolithe inférieure, voire même en partie le lias supérieur. Le tout est caché par les éboulis et le fond du cirque occupé par les Grands-Champs est tout quaternaire.

La Racine, Saulcy, Moulin-de-Bollmann. La voussure oolithique qui s'étend depuis la Racine au Moulin de Bollmann, de forme triangulaire allongée, très obtuse à la Racine, ne s'ouvre pour les étages inférieurs à la grande-oolithe que sur les bords du Tabeillon, en aval du Moulin. Ici l'on trouve les petits bancs à rognons siliceux de l'oolithe subcompacte. Peut-être trouverait-on l'oolithe ferrugineuse aalénienne sous les roches de Saulcy, où elle est recouverte par de forts éboulis. Les roches de Saulcy sont constituées par le bathonien, surtout par la grande-oolithe que l'on peut bien étudier au Moulin de Bollmann. Le moulin est sur la dalle nacrée, à l'endroit où les têtes de couches traversent le Tabeillon pour monter dans la combe de Cernie-Jean. Le village de Saulcy repose également sur la dalle nacrée. Elle va border ensuite la Combe de Montjean et se poursuit régulièrement partout en ceinture autour de l'oolithique, à Bonabé, aux Cerneux, aux Prés-Voirnaies, à la Côte-des-Arches, pour former enfin voussure au Pré-Villat sous la route de St-Brais.

Le point le plus élevé et le plus large de la voussure oolithique de Saulcy est occupé par la grande-oolithe, qu'on trouve entre ce village et la Racine, mais en général assez recouverte de végétation. Les Longs-Champs de Saulcy et le finage de la Racine sont sur l'étage bathonien avec la grande-oolithe pour base. Le calcaire roux-sableux en forme les éléments; c'est une terre brune, légère, presque sans cailloux, qui n'a que trop peu d'étendue.

St-Brais, Montfavergier, Côte-au-Bouvier, Patalours. L'affleurement oolithique qui circonscrit la combe liaso-keupérienne de Soubey est un des plus intéressants du Jura bernois. D'une longueur considérable de près de 12 kilomètres, il commence à Fond-de-Val par un dôme de dalle nacrée qui laisse bientôt affleurer l'étage bathonien dans sa partie la plus large, à Césai et à Montfavergier. La dalle nacrée se poursuit depuis St-Brais par la Côte-au-Bouvier en une lèvre mince jusqu'à Cerniévillers, où elle se bifurque pour livrer passage à la voussure secondaire bathonienne du Patalours, puis elle forme de nouveau voussure à Champ-l'Oiseau et au pâturage du Patalours. La grande-oolithe, partout compacte et finement miliaire, joue dans tout l'affleurement le rôle principal; à Césai et à Montfavergier, elle occupe tout le finage et la côte des Réchesses, puis elle traverse en rampe la Côte-au-Bouvier et celle du Fahy, pour former voussure au Noirbois et au Cerneux, où elle est recouverte de forêts. La dalle nacrée forme le pâturage de Lobchez en recouvrement des autres roches oolithiques. Le lédonien et l'aalénien n'affleurent qu'au pied de la grande-oolithe dans le cirque de la Fonge et autour de la combe liaso-keupérienne de Soubey, depuis chez Grisard par les moulins, les prés de Fahy, pour traverser le Doubs à Soubey même. Ces étages, plus accessibles que les roches de la grande-oolithe, n'ont cependant pas des niveaux bien remarquables au point de vue paléontologique. L'aalénien est toujours très recouvert par les talus d'éboulis ou par la végétation. On peut cependant reconnaître les principales assises de ces étages en montant la route de Soubey à Montfaucon. Le niveau des marnes à *Ostrea acuminata* ou passage du lédonien au bathonien s'y trouve bien représenté.

Vautenaivre. Après une interruption depuis Malnuit aux pâturages de Sur-le-Rang, l'oolithique reparaît aux abords du Bied de Vautenaivre, où la grande-oolithe se présente de chaque côté de la combe avec des bancs horizontaux. Elle est surmontée des marnes calcaires du cornbrash et de la dalle nacrée au Pourpier et dans le finage de Vautenaivre. Cette dernière formation est très recouverte d'argiles glaciaires et de terre rouge de désagrégation au profit de la culture de cette région. La dalle nacrée forme partout un ravin depuis le village de Vautenaivre, jusqu'aux Royes où elle est affectée par un plissement secondaire.

Côtes de Noirmont. Une longue voussure oolithique commence à Biaufond et suit les côtes du Doubs par le Cernetat, la Saigne-aux-Femmes, jusqu'à la Côte-Poulet au nord de Noirmont, où elle se perd sous les roches du Spiegelberg ou des Sommètres. Elle est en grande partie formée de dalle nacrée, surtout dans sa partie sud-occidentale, et ne laisse affleurer la grande-oolithe que depuis le Cernetat jusqu'à la Côte-Poulet. Ses bancs calcaires forment voussure dans les roches des Côtes vers chez Pugin, où nous aurons à signaler les irrégularités dont elle est affectée. Partout la grande-oolithe est compacte, fine et miliaire. Le cornbrash est également envahi par l'élément calcaire, et les marnes bathoniennes ne sont guère reconnaissables que dans quelques lits marneux intercalés dans les bancs blanchâtres du bathonien supérieur. L'inclinaison de tout l'affleurement vers les côtes du Doubs ne le rend propre qu'à la sylviculture.

Montagne de Moutier. Depuis les côtes du Petit-Raimeux jusqu'au Rocher, à l'ouest du Coulou, les affleurements du dogger forment une longue voussure avec les deux interruptions liasiques de Roche et du Coulou. A Roche, la voussure est triple, avec un revêtement de grande-oolithe pour couverture de toute la région boisée qui s'étend jusqu'à la Combe-Chopin. Le cornbrash et la dalle nacrée y forment aussi des affleurements et des glissements, mais ils sont bien en retrait, et peu accessibles à l'observation. Il y a cependant un bon gisement à découvert des marno-calcaires à *Ammonites macrocephalus* exploité par Pagnard. A Roche même, le long de la route, on peut étudier toute la série oolithique qui est surtout remarquable par ses replis (voir Pl. IV[1], fig. 1). L'étage lédonien se voit bien dans la petite voussure du nord, et se distingue du bathonien par ses bancs calcaires plus minces et plus nombreux. Les marnes à *Ostrea acuminata* qui forment la limite entre les deux étages sont très réduites et presque sans fossiles. Quant à l'aalénien, il est presque toujours caché dans le pied des rochers oolithiques, et recouvert par leurs éboulis. On l'a cependant mis à découvert au moulin de Roche pour l'exploitation de son oolithe ferrugineuse, qui s'employait autrefois comme castine. Les débris de cette exploitation sont visibles au bord de la route, et contiennent quelques fossiles propres à ce niveau *(Ammonites Murchisonae, Amm. Sinon)*. On en voit aussi des traces au pied de la côte du droit, ainsi que près de la station de Roche, dans le ruisseau. Les crêts oolithiques qui passent à la Montagne de Moutier sont avant tout bathoniens. La Roche-ès-Corbets donne l'épaisseur des trois étages inférieurs du groupe oolithique qui dépasse 150 mètres, dont plus de la moitié appartiennent au bathonien. Il en est de même dans les Roches-de-la-Chaux au Coulou. La Montagne de Moutier est formée par la voussure bathonienne très obtuse de la chaîne du Raimeux en cet endroit. Le sol y présente une argile brune, fine, qui provient du triturage et de la désagrégation des roches supérieures à la grande-oolithe. Le cornbrash ou calcaire roux-sableux apparaît comme flanquement de la grande-oolithe en montant depuis le Raie à Trémont. Ses bancs calcaires sont séparés par des lits argileux avec quelques fossiles. Quant à la dalle nacrée, elle reste en contre-bas de la voussure oolithique, et passe par une mince zone calcaire depuis Roche aux rochers du Coulou et du Rochet. Toutes les côtes depuis le Creux-Geline à la Bordenière et à l'Aimerie sont occupées par le bathonien, essentiellement propre par sa position et par sa nature rocailleuse à la cul-

---

[1]) Nous exprimons ici notre reconnaissance à M. le professeur Mühlberg à Aarau, et à M. A. Clément, photographe à St-Imier, pour avoir mis à notre disposition leurs clichés photographiques de points de vue intéressants dans le Jura bernois. Ils ont été pris lors des excursions de la Société géologique suisse en août 1888 et en décembre 1892 (Impasse de la Combe-Grède).

ture des forêts. Au Creux-Geline, on retrouve un pointement de l'oolithe sub-compacte du lédonien.

Le Voûtier. Dans les gorges du Pichoux, le dogger fait un affleurement qui porte bien son nom. La voûte n'est cependant pas mieux accusée qu'ail-leurs, comme à Choindez par exemple. Elle est de forme ogivale sur la rive droite, et un peu irrégulière sur la rive gauche, où l'on a un bel affleure-ment du calcaire roux-sableux avec son passage au Forest-Marble. Les flancs de la voussure montrent la dalle nacrée de chaque côté de l'affleurement.

Günsberg, Röthifluh, Stalberg. Dans la longue zone oolithique qui s'étend depuis la Klus au Grenchenberg, interrompue en quatre points pour laisser affleurer le lias et le keuper, le dogger se présente avec des caractères bien tranchés. Les étages moyens surtout, le lédonien et le bathonien y forment des parois, des crêts et des cirques d'une grande beauté. Un des points les plus accessibles à l'étude de leurs assises est le sentier de Günsberg au Streitwald qui permet d'observer la plupart des bancs de la paroi oolithique. Le lédonien qui en forme le pied est en général un peu recouvert par les éboulis. Mais on y trouve les fragments des roches noirâtres, marno-calcaires, à rognons et fossiles siliceux de l'oolithe subcompacte. La grande-oolithe est puissante, avec des bancs marneux vers le haut qui occupent la place du forest-marble. Parmi ceux-ci se trouve une oolithe cannabine peu cohérente qui correspond aux *couches à Clypeus Plotii* du nord du Jura. Les bancs marneux et les cal-caires spathiques qui surmontent le tout occupent les niveaux du cornbrash et de la dalle nacrée, peu différenciées en ce point. Le passage au malm est marqué par un mètre environ de l'oolithe ferrugineuse du niveau de l'*Am-monites ornatus.*

Tout cet ensemble se poursuit par la belle voûte de la Röthifluh au dôme du Weissenstein où le calcaire roux-sableux est très fossilifère. On le trouve deux fois en montant depuis le Nesselboden à l'hôtel du Weissenstein. Il est compris entre le forest-marble et la dalle nacrée. L'hôtel du Weissenstein est bâti sur des assises calcaires qui ont livré *Rynchonella varians* et correspondent à la base de la dalle nacrée.

C'est au Stalberg que la série du dogger supérieur est le plus intéres-sante à étudier. Là les calcaires et les marnes sont bien différenciés, et permettent de saisir le passage du calcaire roux-sableux à la dalle nacrée qui s'y développe à ses dépens. Une assise de marne noire inférieure à la dalle nacrée est surtout remarquable par sa position et le rôle qu'elle joue dans le relief du sol par ses glissements ou par ses dépressions. Aux abords des rochers de la Wandfluh, on voit un autre niveau marneux à *Pholadomya bucardium*, immédiatement supérieur à la grande-oolithe, et séparé du premier par des calcaires spathiques ou grésiformes avec des taches ferrugineuses, probablement l'équivalent du forest-marble.

Montoz. La voussure oolithique du Montoz est ouverte aux Essieux et dans le cirque de grande-oolithe qu'on trouve au-dessous de la métairie de Werdtberg, au lieu dit Vers-chez-Lerch. Dans ces deux entailles, on n'a pas d'assises inférieures au bathonien. La grande-oolithe, très compacte, est surmontée comme à la Wandfluh par des assises marneuses à *Pholadomya bucardium*. Mais c'est surtout le calcaire roux-sableux qui forme les dépressions ou les paliers bordés par la dalle nacrée. Cette dernière est partout développée normalement, vraie lumachelle de débris nacrés d'huîtres, de tiges d'encrines et de bryozoaires. Par-dessus la dalle nacrée, on voit affleurer en quelques points, comme aux Prés-de-la-Montagne, un niveau d'un mètre au plus d'épaisseur, d'une oolithe ferrugineuse à *Ammonites ornatus,* qui forme la base de l'oxfordien.

Pouillerel. La dalle nacrée présente au Chalet, au nord de la Chaux-de-Fonds, une voussure proéminente qui donne lieu à une exploitation en carrières. On y a mis à découvert les assises oxfordiennes qui sont de peu d'épaisseur, mais cependant intéressantes au point de vue stratigraphique. Ce sont des marno-calcaires foncés ou ferrugineux à bélemnites oxfordiennes. Immédiatement à l'ouest des carrières, la dalle nacrée s'ouvre et se bifurque pour se prolonger en deux minces lèvres sur les deux flancs du Pouillerel. Puis elle remonte vers le sommet de la voussure, elle passe tout près du signal du Pouillerel, ainsi que vers le bord sud du replat de cette montagne, au Chapeau-Rablé, où elle forme un crêt peu accentué. Les dépressions qui suivent la dalle nacrée en dedans de son parcours sont occupées par le calcaire roux-sableux. En plusieurs points, on observe les bancs du forest-marble, calcaire blanc compact, à petites taches roses caractéristiques, comme en Franche-Comté. La grande-oolithe est exploitée au' nord du Cernil, sur le chemin de Haut-de-

Combes. Avant d'arriver au sommet, on trouve des bancs calcaires lumachel-liques à débris d'encrines, d'huîtres et de peignes, qui semblent correspondre au calcaire à polypiers de la partie supérieure du lédonien. C'est le point le plus bas dans les couches de la contrée, il forme un affleurement à peu près circulaire au milieu de la voussure du Pouillerel.

Le Foulet. Depuis les Grandes-Crosettes aux Bressels s'étend une voussure oolithique fortement épaulée de dalle nacrée, mais ouverte longitudinalement pour laisser saillir le bathonien dans l'arête du Foulet, et coupée transversale-ment par une petite cluse dite Combe-à-l'Ours. On reconnaît bien dans cette cluse la forme régulière de la voussure, et l'on peut étudier les assises de la grande-oolithe et du forest-marble.

Petites-Crosettes. Tout près de la Chaux-de-Fonds, une voussure oolithique vient se terminer aux carrières des Petites-Crosettes, où la dalle nacrée est exploitée. Les dalles sont de très bonne qualité. Par-dessus ses bancs, on rencontre en ce point l'oxfordien ferrugineux à *Ammonites cordatus* d'un mètre seulement d'épaisseur, et différent par sa faune des couches de Clucy à *Ammonites ornatus,* qui paraissent manquer en ce point. Plus à l'est, la voussure laisse affleurer les marno-calcaires intermédiaires entre la dalle nacrée et la grande-oolithe, qui correspondent probablement aux couches du Furcil près de Noiraigue.

Treymonts, Montpéreux. Une longue voussure oolithique commence aux Charbonnières au sud de la Sagne et va se bifurquer au Bec-à-l'Oiseau au Sud de Renan. Elle s'ouvre deux fois pour laisser affleurer l'étage lédonien aux Cugnets et dans la Combe-aux-Auges sous Montpéreux. La dalle nacrée bien proéminente aux Neigeux, où elle forme une longue crête sur les Rochers-Bruns, se cache en plusieurs points jusqu'à la Chaux-Damin par suite de dislo-cations dans la montagne. Puis elle se dégage plus nettement et monte contre le dôme oolithique de Montpéreux. Au flanc nord, elle est également très resserrée depuis la Combe-des-Cugnets jusqu'au Mont-Dard où elle devient visible. Elle se présente bien à découvert dans les Combes-Jeure, vers la fabrique de ciment des Convers, où elle a été exploitée, ainsi que dans la Grand'Combe jusqu'au Bec-à-l'Oiseau. On trouve le plus souvent des dépres-sions ou des paliers sous les têtes de couches de la dalle nacrée, c'est la place du calcaire roux-sableux. Il est souvent à découvert dans les chemins qui traversent ces dépressions, et permet de recueillir des fossiles. Au Mont-Dard, à Montpéreux, nous en avons vu des gisements où prédominent les brachiopodes et les pholadomyes. Le bathonien supérieur avec des calcaires blanchâtres affleure aussi en plusieurs points, et devient de plus en plus marneux dans la région occidentale de la voussure. A Treymonts, sous les Neigeux, on trouve des bancs chailleux et des marnes grises analogues à celles de Noiraigue.

La grande-oolithe forme presque partout le centre de la voussure et fait souvent saillie en crêts et en dômes recouverts de pâturages. Les rochers de Montpéreux appartiennent par contre entièrement à l'étage lédonien qui mesure environ 80 mètres en ce point. Le sommet est constitué par des calcaires lumachelliques où les polypiers ne sont pas rares. C'est la même division qu'à Salins et à Besançon, où elle est connue sous le nom de *calcaire à polypiers*. Les gros bancs de la carrière de Montpéreux, exploités pour les revêtements du tunnel des Crosettes, sont formés par le *calcaire à entroques*, très caractéristique et identique à celui de Besançon. Les bancs inférieurs, d'un calcaire sableux, grisâtre, plus minces et séparés par des lits de marne sableuse, de plus en plus nombreux vers le bas, passent insensiblement aux assises du lias, sans qu'on puisse rien distinguer de caractéristique. L'absence des fossiles empêche de décider si le niveau de l'*Ammonites Sowerbyi* tombe au milieu de ces assises. Les bancs marneux noirâtres de la base qui contiennent des bélemnites canaliculées pourraient être au niveau de l'*Ammonites Murchisonae*. Puis on a retiré du tunnel des marno-calcaires à *Ammonites opalinus* qui représentent l'aalénien inférieur, et les marnes toarciennes sous-jacentes à fossiles pyriteux continuent la série dans les assises liasiques traversées par le tunnel des Loges.

L'affleurement lédonien sous les Rochers-Bruns aux Cugnets est constitué par les mêmes bancs que ceux des rochers de Montpéreux. On y trouve de nouveau bien caractérisée la pierre à entroques qui n'est pas très éloignée d'un chemin de dévestiture pour en permettre l'exploitation.

Petit-Chasseral. La Métairie-de-Bienne-du-Milieu est sur un dôme de dalle nacrée qui ne tarde pas à s'ouvrir pour laisser affleurer le forest-marble qui constitue deux crêts bien caractérisés. Entre ces deux crêts on voit affleurer les marnes homomyennes dans une dépression qui se prolonge derrière la crête du Petit-Chasseral constituée également par le forest-marble. On les rencontre surtout au bord du sentier de la Métairie-de-Bienne-de-Derrière. Elles sont assez fossilifères et contiennent une faune vaseuse de bivalves avec quelques ammonites. *Pholadomya bucardium* y abonde. *Ammonites Neuffensis* y fait également apparition avec *Belemnites giganteus* qui, dans d'autres régions, se rencontre surtout dans le bajocien. Mais il est toujours intéressant de constater la migration des espèces dans les faciès homologues d'âge différent. Le centre de la voussure est occupé par la grande-oolithe qui ne fait qu'effleurer le sol.

Steinersberg. La voussure oolithique est beaucoup plus ouverte dans les rochers du Steinersberg qu'au Petit-Chasseral. Depuis la Tscharner à Jobert on a une voussure, puis un épaulement de dalle nacrée bien caractéristique. Entre cette division et les rochers proprement dits, il y a une dépression ou un palier constitué par le cornbrash ou calcaire roux-sableux qui passe à Jobert et à Wahlberg. Les abords des rochers sont marqués par le forest-marble ou pierre blanche qu'on trouve ici avec les caractères qu'on connaît à cette division en Franche-Comté. Les marnes bathoniennes à homomyes apparaissent encore dans cette région en sous-étage du forest-marble, mais elles s'avancent dans les parois verticales et ne sont plus directement observables comme à la Métairie-de-Bienne-du-Milieu. Sous Jobert, on les trouve dans le pâturage. La grande-oolithe qui lui sert de base se prolonge aussi dans les rochers du Steinersberg en formant l'étage supérieur qui fait voussure sous la Tscharner. L'étage inférieur des rochers appartient au lédonien qui n'est accessible que depuis le fond du cirque. On y trouve la pierre à entroques et des marno-calcaires stériles qu'on atteind dans leurs bancs inférieurs depuis Steinersberg. Les deux étages du lédonien et du bathonien sont séparés par une zone marneuse qui s'aperçoit de loin et laisse voir les matériaux dont elle se compose dans les dévaloirs et les cônes de déjection au pied des rochers. Ce sont des marnes sableuses, grisâtres, fossilifères, qui renferment en abondance *Ostrea acuminata* avec des brachiopodes et des bryozoaires.

Résumé sur le dogger de la chaîne du Chasseral. Le dogger est des plus complets dans la chaîne du Chasseral, et tout en étant comparable aux divisions classiques de Franche-Comté et d'Angleterre, il nous donne la clef des changements qui s'opèrent plus à l'est en passant en Argovie.

Les assises reconnues dans les affleurements de la chaîne du Chasseral sont donc successivement de haut en bas:

Dalle nacrée	Callovien 40 m.
Calcaire roux-sableux ou cornbrash. .	
Pierre blanche ou forest-marble . . .	Bathonien 120 m.
Homomyen	
Grande-oolithe	
Marne à Ostrea acuminata	Lédonien 80 m.
Calcaire à polypiers	
Calcaire à entroques	
Calcaires stériles	
Marno-calcaires sableux	Aalénien 40 m.
Calcaire gris à Ammonites opalinus .	

Marnes noires à *Trochus duplicatus* et *Amm. radians*, etc., du lias supérieur.

§ 2. Dômes de dalle nacrée.

Le plus grand nombre des affleurements oolithiques, dont le nombre s'élève à cinquante sur la feuille VII au sud du val de Delémont, sont des dômes réguliers de dalle nacrée. On les rencontre fréquemment aux Franches-Montagnes où la roche porte le nom vulgaire de *deute*, et sert à la construction des murs secs pour l'enclos des pâturages. Cette roche est réfractaire et peut s'employer à la construction des fours à ciment. L'affleurement le plus accessible et facile à exploiter est celui de Rondchâtel, que traverse le tunnel de la voie ferrée, derrière la fabrique de ciment. Il n'existe en ce point que la moitié du dôme, en ce que l'érosion en a fait disparaître la partie située vers la rivière.

Sur le prolongement de la clef de voûte de Rondchâtel, on retrouve la dalle nacrée dans toute la chaîne du Chasseral, où elle forme le plus souvent le sommet de la longue voussure oolithique plusieurs fois interrompue et bifurquée vers l'extrémité occidentale, qui constitue le centre de cette chaîne. Au Pierrefeu, elle contient des rognons et des veines de silex ou de calcédoine. La substance siliceuse est quelquefois très également mélangée à la lumachelle de la dalle nacrée, ce qui produit une pierre à aiguiser de très bonne qualité.

Un pointement de dalle nacrée, remarquable par sa forme en dôme, et coupé perpendiculairement comme une cluse se trouve au fond de la Combe-Grède, bien accessible depuis Villeret. Dans la même chaîne des Pontins, il y a aussi un dôme de dalle nacrée sous les rochers de l'Echelette au sud de Renan.

Toute la Joux-du-Plâne est constituée par un dôme de dalle nacrée très obtus et régulier, qui va se perdre à Pertuis sous les calcaires hydrauliques et le spongitien. La roche affleure en plusieurs points, mais en général une terre rougeâtre et sèche de peu d'épaisseur la recouvre. Il s'en trouve à la Verrière, où les marno-calcaires sous-jacents du calcaire roux-sableux ont donné naissance à une petite tourbière. La position de cette tourbière est assez curieuse au sommet d'une voussure oolithique, elle est peut-être unique en son genre dans le Jura. Nous pensons toutefois que le fond doit être occupé comme ailleurs par une boue de trituration et d'origine glaciaire.[1]

Le dôme oolithique double qui s'étend du Bec-à-l'Oiseau à la Chaux-Damin n'est plus recouvert entièrement de dalle nacrée, mais il laisse cet étage sur ses flancs jusqu'à Montpéreux et aux Charbonnières au nord de la Tête-de-Rang. Mais une saillie de la voussure oolithique reparaît à la Grande-Sagneule, sous forme d'un dôme ovale de dalle nacrée, dont les caractères n'ont pas changé depuis Rondchâtel.

En passant dans les chaînes basses, et comme rasées du plateau de la Chaux-de-Fonds et des Franches-Montagnes, nous avons à signaler les dômes des Trembles et des Bénéciardes au sud des Eplatures, qui sont presque tout en culture; la terre rousse produite par la désagrégation des rochers oolithiques est légère et favorable à l'agriculture.

Dans les côtes du Doubs, au fond des hémicycles que forment des dépressions ou de petits cirques d'érosion dans les calcaires blancs de l'argovien, on trouve trois pointements de dalle nacrée traversés par les chemins qui descendent sur le Doubs. Celui qu'on pourrait attendre dans le ruz de la Sombaille n'arrive pas tout à fait à fleur de terre.

---

[1] Ch. Martins, Origine glaciaire des tourbières du Jura neuchâtelois. (Bulletin de la société géologique de France, 2e série, t. 25, p. 133.)

Les deux dômes de dalle nacrée des Aiges et du Seignat dans la combe de la Ferrière sont remarquables par leur position et par les irrégularités techtoniques dont ils sont affectés. Nous en parlerons ci-après. Derrière le Bois-Français, sur la route des Bois au Boéchet, on trouve un dôme de dalle nacrée pour la première fois ici bordé ou recouvert par les marnes noires et les sphérites de l'oxfordien. La voussure reparaît au Cerneux-Joly, puis au Peu-des-Vaches et au Peu-Pequignot où elle est double. Vers la ferme de la Pautelle et de la Deute, la dalle nacrée occupe le sous-sol de tout le finage et va se perdre sous les saignes du Rond-Rochat.

Dans la chaîne du Sonnenberg, la dalle nacrée perce en trois points très rapprochés les calcaires blancs de l'argovien, sur le sentier de St-Imier aux Breuleux, à la Taxelhofer, aux Prés-Derrières et dans le ruz des Combes. Ces affleurements forment une clef de voûte dont il n'est fait aucune mention dans la première édition de la feuille VII.

L'affleurement du Georget est aussi un dôme plus étendu et régulier de dalle nacrée bordé par des saignes également très restreintes qui annoncent l'oxfordien comme à la Deute. Sur le prolongement du Georget vers l'est, on arrive aux marnières des Reussilles où l'oxfordien laisse surgir l'extrémité amincie et resserrée d'un dôme brisé de dalle nacrée. La voussure est régulière aux Prés-de-la-Montagne, et à Derrière-Jorat où la dalle nacrée est surmontée de un mètre d'épaisseur de l'oolithe ferrugineuse rougeâtre à *Ammonites ornatus* et *athleta*. Cette couche, qu'il ne faut pas confondre avec celle des Crosettes, renferme une faune d'ammonites différente, et représente comme au Montoz la base de l'oxfordien, tandis que celle des Crosettes représente le terrain à chailles marno-calcaire.

Dans la chaîne de la Pâturatte, il y a deux dômes réguliers de dalle nacrée, aux saignes du Roselet et au Gros-Bois-Derrière, à l'extrémité orientale de l'étang de la Gruère.

La grande voussure des Rouges-Terres qui est toute de dalle nacrée jusqu'aux Montbovats caractérise bien ce genre d'affleurements et par sa forme arrondie, obtuse, et par son sol agraire formé presque exclusivement par les détritus de la dalle nacrée. Sur l'extrémité orientale du dôme oolithique, la dalle nacrée forme encore la ceinture et la couverture de la voûte qui plonge sous les saignes de Lajoux.

Le village de Rebévelier est situé sur un nouveau dôme oolithique qui n'est que le prolongement de celui des Rouges-Terres. La dalle nacrée y joue encore le rôle principal.

Le dôme de dalle nacrée qui circonscrit le meilleur finage des Franches-Montagnes est celui de la Bosse. Ici encore la dalle nacrée conserve tous ses caractères; elle forme la ceinture du dôme, tandis que le calcaire roux-sableux ou cornbrash se rencontre sous les champs.

A l'est de Montfaucon, un dôme oolithique sort de dessous les marnières oxfordiennes et s'étend par les Rottes et le Pré-Villat jusqu'au Moulin-de-Bollmann où il est ouvert par l'érosion. Il n'est pas exclusivement recouvert de dalle nacrée, mais laisse aussi affleurer une partie du bathonien, ce qui change considérablement la nature de ses terres. A Saulcy et à la Racine, on a le prolongement de cette voussure qui devient plus large, et se couvre de nouveau de champs et de prés. Il en est de même à St-Brais et à Vautenaivre.

Résumé sur ce genre d'affleurement. Partout où la dalle nacrée et surtout le cornbrash occupent le sous-sol des terres, l'agriculture s'en est emparée et s'en trouve mieux que partout ailleurs. C'est ce que nous avons eu l'occasion de vérifier partout dans le Jura. Les éléments qui constituent la terre rougeâtre des champs situés sur cet étage proviennent en grande partie de la désagrégation des roches qui le composent, mais il y a souvent apport d'autres éléments, comme des fragments de calcaires coralliens (St-Brais), en des points où ils ne peuvent pas être considérés comme des éboulis. Ces observations confirment les idées que nous avons déjà eu l'occasion d'émettre au sujet de la formation de la terre agraire, à savoir que les apports et la trituration du sol par les anciens glaciers en expliquent une bonne part. Dans tout le territoire que nous venons de parcourir au sujet des affleurements de la dalle nacrée, on constate une formation générale et homogène de l'étage. Elle s'étend également de l'autre côté du Doubs, à Mémont, à Damprichard, au Fournet, et plus loin vers le sud-ouest, avec des caractères identiques. Mais à partir du Moron et du Weissenstein, vers le nord-est, les dalles se transforment en calcaires marneux. C'est au Graitery que l'on aperçoit bien la transformation, et c'est aussi à partir de ce point que les fossiles commencent à se montrer bien conservés, tandis que dans la dalle nacrée ils sont ordinairement brisés et triturés pour former de leurs débris la lumachelle à entroques et bryozoaires, que Thurmann a désignée d'un terme propre et significatif. Le calcaire roux-sableux qui se développe ainsi aux dépens de la dalle nacrée commence à jouer de ce côté un rôle plus marqué. Nous l'avons vu dans les voussures ouvertes du dogger former des dépressions ou des paliers sur les roches du bathonien.

CHAPITRE III.
Malm ou Jurassique supérieur.
§ I. Combes oxfordiennes.

D'après les idées qui ont actuellement cours sur la géologie du Jura, on se figure qu'il y a des combes oxfordiennes au centre de toutes les chaines du deuxième ordre de Thurmann, autour de toutes les voussures oolithiques ou des dômes de dalle nacrée. C'est une erreur manifeste. Mais les apparences ont tellement accrédité cette opinion qu'il est nécessaire d'entrer dans tous les détails des affleurements oxfordiens pour la combattre.

Les combes oxfordiennes sont aussi les accidents les plus remarquables de la géologie jurassienne, c'est par là qu'il faut l'aborder. Leur richesse paléontologique en est le principal attrait. Mais en général elles sont beaucoup plus accessibles aux recherches et plus fructueuses pour la récolte des fossiles dans le Jura français que dans le Jura bernois. Quand on a visité les environs de Besançon, de Salins et d'Ornans, on est frappé de la rareté des affleurements oxfordiens dans le Jura bernois. La végétation forme ordinairement des couvertures étendues, et ce n'est que dans les pentes les plus raides, sous les roches coralliennes en glissement ou entamées par les ruz que l'on rencontre les marnes et les chailles de l'oxfordien. Souvent encore dans ces lieux sauvages, les éboulis ou les quartiers de rocs encombrent tellement le sous-sol que l'on ne voit absolument rien de l'oxfordien dont la combe est le seul indice.

Nous avons parcouru tous les recoins des combes oxfordiennes qui jouent un si grand rôle dans l'orographie du Jura bernois depuis Tramelan vers le nord, et nous en connaissons tous les affleurements qui existent jusqu'à ce jour. Nous les passerons successivement en revue en commençant aux abords

du val de Delémont pour en signaler les changements d'allure et de composition en avançant vers le sud.

Thiergarten. Sous les roches du Thiergarten, les marnes oxfordiennes
forment des glissements considérables qui permettent d'en étudier la partie
supérieure, ainsi que le terrain à chailles. Le bord de la route de Vermes
est bien encombré par ces matériaux, qui exigent beaucoup d'entretien et lui
donnent peu de solidité. Mais à part les chailles marno-calcaires qui sont
toujours dérangées de leur niveau naturel, on n'a rien de bien caractéristique
pour l'étude de ce terrain. Il faut traverser la forêt sur la rive gauche de
la rivière et escalader les pentes marneuses qui s'étendent sous les rochers
coralliens pour arriver à des bancs en place. Ce sont des rangées de sphérites
marno-calcaires noirs avec des assises marneuses intercalées qui passent insensiblement aux marno-calcaires grumeleux, très fossilifères du glypticien ou des
couches de Liesberg. Il n'existe pas de limite entre les deux formations, mais
l'on doit faire cesser l'étage oxfordien où les polypiers commencent à se montrer
et où finissent les chailles. Les fossiles caractéristiques de l'oxfordien supérieur
ou du terrain à chailles sont les pholadomyes, dont on récolte en ce point
d'assez beaux échantillons. Les plus caractéristiques sont *Pholadomya exaltata*
et *ventricosa*, dont la première occupe un niveau inférieur, tandis que la seconde
est surtout fréquente à la partie supérieure. Agassiz a confondu sous le nom
de *Pholadomya parcicosta* plusieurs formes d'âge très différent, mais reliées
entre elles par des passages insensibles, depuis le terrain à chailles jusqu'au
ptérocérien. Par contre, *Pholadomya exaltata* ne s'est jamais rencontré que dans
la partie moyenne ou inférieure du terrain à chailles. Au Thiergarten, les
marnes oxfordiennes existent sans doute, mais sont partout recouvertes par les
glissements et les éboulis du terrain à chailles et du corallien.

Châtillon. La grande combe oxfordienne qui s'étend depuis Vaferdeau à
Choindez par la Peute-Roche sur Vellerat, à la Montagne de Châtillon, aux
Fouchies et à Mont-dessus est bien connue des géologues et des collection-
neurs de fossiles. Mais à part quelques glissements sous la Peute-Roche de
Vellerat et vers la métairie de Rière-Château, c'est toujours dans le ruz qui
descend de la montagne de Châtillon qu'on peut le mieux l'explorer. La forme
élargie de ce ruz met les marnes oxfordiennes à découvert sur une grande

surface et permet d'espérer de nouveaux glissements et de nouvelles récoltes. Le terrain à chailles bien visible sous la Peute-Roche reste ici recouvert d'éboulis sous les rochers coralliens. Les marnes oxfordiennes avec quelques assises inférieures occupent seules le fond de la Combe et du ruz de Châtillon. Les fossiles pyriteux, petits gastéropodes et acéphales, y ont été récoltés par centaines et sont allés enrichir de nombreuses collections. Une des plus complètes qui y ait été formée est celle de M. Koby, recteur, à Porrentruy, ainsi que celle du progymnase de Delémont. La liste en a été dressée par Greppin et nous n'avons pas à la refaire. Disons seulement que l'*Ammonites tumidus*, d'une assez grande taille, conservé au progymnase de Delémont, en est une des raretés, ainsi que de beaux exemplaires d'*Ammonites Babeanus* recueillis par M. Koby. Une autre pièce également de grande taille est l'*Ammonites lunula* de la collection du musée de Bienne. Ces échantillons pyriteux sont pour la taille et l'état de conservation aussi beaux que ceux qui proviennent de Normandie. Toute la série des ammonites de Châtillon appartient au niveau de l'*Ammonites Mariae*, c'est-à-dire à l'oxfordien moyen. Toutefois, l'*Ammonites cordatus* qui est caractéristique pour le niveau supérieur de l'oxfordien y a été également découvert par M. Koby, mais ne paraît pas s'opposer aux conclusions que nous ont fournies les autres gisements de marnes oxfordiennes du Jura.

Jacoterie. Sur le prolongement direct de la voussure de Vellerat, les combes oxfordiennes qui circonscrivent l'affleurement oolithique des Forges d'Undervelier ont conservé leur largeur et leur rôle orographique, mais aucun affleurement ne permet d'en étudier les assises au point de vue stratigraphique.

Bonabé, Combe-Montjean, Moulin-de-Bollmann. Il en est absolument de même dans toute l'étendue de la voussure de Saulcy. Partout les combes oxfordiennes sont bien accusées, mais elles sont recouvertes de terre végétale ou d'éboulis. Les prés toujours spongieux donnent un herbage de bien moindre qualité que ceux qui croissent sur les terres sèches et plus fertiles des autres étages. Le Moulin-de-Bollmann est situé à l'entrée de la combe oxfordienne dans laquelle les eaux du Tabeillon sont retenues par une digue pour former un étang qui régularise leur cours. C'est une localité fort curieuse pour le tracé de l'oxfordien dont nous aurons à reparler.

La Roche, St-Brais, Réchesse, Lobchez, Malnuit, Côte-au-Bouvier. L'oxfordien qui affleure sur la route de la Roche à St-Brais permet de reconnaître
le terrain à chailles avec ses marnes noires et ses sphérites marno-calcaires.
Il est peu fossilifère, mais il se poursuit sans interruption au-dessus des roches
coralliennes par St-Brais, sur le Doubs, où il est en culture. L'épaisseur de la
terre agraire devient de plus en plus considérable à mesure qu'on descend
dans la vallée, et l'élément marneux de l'oxfordien de plus en plus recouvert.
Sur le bord du Doubs, il n'est nullement question de trouver des affleurements
oxfordiens, partout la dépression formée par ce terrain est en culture et recouverte d'éléments étrangers à l'oxfordien. Sous la roche corallienne de Réchesse,
on a cependant quelques indices de marnes noires pour s'orienter sur son
parcours. La route qui descend de Montfaucon à Soubey traverse la zone
oxfordienne dans les rochers de la Côte-au-Bouvier, et permet de reconnaître
ce terrain par ses affleurements de marnes noires qui la rendent peu solide en
plusieurs points. Dans cette côte, la pente est assez uniforme, sans laisser de
palier bien accentué sur les rochers oolithiques.

Sur-le-Rang, Vautenaivre. A Malnuit et Chez-le-Forestier, rien ne trahit
la présence de l'oxfordien, si ce n'est le palier qui s'étend entre la dalle nacrée
et la roche corallienne de Malnuit. Tout est en culture dans un terrain formé
de détritus de roches différentes de celles de l'oxfordien. Il en est encore de
même sur le Rang où de forts éboulis descendent depuis la roche de Malnuit.
Mais aux Prés-dessous, à l'est de Vautenaivre, les marnes de l'oxfordien
affleurent en plusieurs points. La dépression qu'il occupe est large, et les
rochers coralliens suffisamment éloignés de l'oolithique pour permettre de saisir
le rôle et les caractères de ce terrain dans la région. Le terrain à chailles
n'a pas changé depuis Vellerat. Il affleure assez haut dans les rampes, tandis
que les prés sont grandement occupés par un sous-sol marneux où croissent
souvent les roseaux et les prêles. Les glissements, malgré la douceur des pentes
y sont assez fréquents et mettent à découvert les marnes oxfordiennes. Sur
plusieurs points on constate le niveau supérieur à *Ammonites cordatus* qui a été
récolté en abondance avec d'autres espèces de l'oxfordien supérieur. On saisit
bien ici le passage des marnes oxfordiennes au terrain à chailles qui est rempli
de *Rhynchonella Thurmanni* avec d'autres coquilles auxquelles les ammonites

cèdent la place. A Vautenaivre, tout le palier oxfordien est recouvert par les champs.

Sous-la-Longue-Roche, Sur-les-Crins, Goumois. On pourrait espérer de rencontrer de grands affleurements oxfordiens dans la cluse de Goumois. Il n'en est rien. Sauf au contour de la route, sous la ruine de Franquemont, où le terrain est fortement en pente pour mettre à découvert le terrain à chailles et la partie supérieure des marnes oxfordiennes, partout ailleurs sous les rochers coralliens de la Longue-Roche et de Belfond, on a des éboulis largement étalés jusqu'aux abords du village. La petite voussure qui termine à l'est la Longue-Roche laisse affleurer l'oxfordien dans la direction des Pommerats, au lieu dit Sur-les-Crins, et y forme une minuscule combe marneuse occupée par un pré spongieux.

Boiechat. Il en est de même du Boiechat avec son pointement de dalle nacrée. C'est une petite combe oxfordienne qu'on rencontre dans une voussure étroite en descendant depuis Muriaux au Moulin-Theusserret. Les marnes noires et les sphérites marno-calcaires de l'oxfordien supérieur y affleurent en plusieurs points, surtout sous les roches coralliennes qui surplombent le ruisseau où se produisent des glissements de marnes et de quartiers de rocs.

Bémont, Praissalet, les Enfers. Tout autour du dôme de dalle nacrée de la Bosse, il y a une large dépression marneuse en forme de ceinture ou de cuvette où les eaux séjournent longtemps, et donnent naissance à des prés spongieux, des saignes ou de petits étangs, qui caractérisent les affleurements oxfordiens. Ils sont particulièrement caractéristiques aux Franches-Montagnes où les eaux ne sont pas recueillies par des ruz ou des cluses, et où les combes oxfordiennes sont à peu près au niveau des synclinaux. Mais les eaux trouvent au contact des dômes oolithiques des fissures où elles s'engagent et se perdent sous terre. Ce bord de l'oolithique est marqué par une ligne d'entonnoirs dans la terre végétale et la marne oxfordienne, qu'on voit souvent dans cette situation. C'est sous les Cerneux que le terrain affleure et que les pluies mettent ses fossiles à découvert. Comme à Châtillon, ce sont des marnes noires, et vers le haut, des sphérites marno-calcaires comme au Thiergarten. La faune des marnières du Bémont diffère de celle de Châtillon et appartient au niveau de l'*Ammonites cordatus*. Au Praissalet on retrouve quelques trous d'anciennes

exploitations de la marne oxfordienne, mais la végétation commence à les recouvrir. Par contre, vers les étangs et la fondrière des Enfers, où l'on ne
doit s'avancer qu'avec précaution, on retrouve les marnes noires, les sphérites
fossilifères qui se perdent sous la tourbe, dans les trous où s'engouffrent les
eaux. Au sud des Enfers, sur le sentier de Montfaucon, aux abords de la
dalle nacrée, on voit la base de l'oxfordien, l'oolithe ferrugineuse à *Ammonites
ornatus* et *athleta* que nous avons aussi rencontrée sur le dôme oolithique de
Rière-Jorat au nord de Tramelan et aux Prés-de-la-Montagne sur le Montoz.

Montfaucon, les Rottes. La grande marnière à l'est de Montfaucon est
un des plus beaux affleurements oxfordiens du Jura bernois. L'oxfordien forme
ici un ravin au sommet duquel se trouvent quelques bancs du glypticien con-
solidant la rampe et lui gardant son inclinaison. Les pluies ravinent lentement
cette pente et la maintiennent constamment accessible à l'observation géologique
et aux récoltes de fossiles. On y peut étudier à loisir le terrain à chailles avec
ses bancs de sphérites marno-calcaires en bas, puis siliceux vers le haut. Le
passage au glypticien est insensible, on y voit de plus en plus souvent les fossiles
munis d'un test siliceux et des polypiers. Mais les marnes oxfordiennes n'affleurent
pas, elles occupent le pied de la rampe qui est fortement recouvert de végétation. On peut mesurer ici l'étage entier qui approche 50 mètres d'épaisseur.

Plus à l'est, dans la combe oxfordienne des Rottes, on voit une ligne
d'embosieux qui marque la base de l'oxfordien. Les marnes sont en glissement
sur leurs bords et contiennent des fossiles pyriteux. Ce sont précisément les
marnes de Châtillon. La combe passe ensuite aux Saignattes où les prés
spongieux vont par le Pré-Villat rejoindre le Moulin-de-Bollmann.

Combes oxfordiennes du Raimeux et de la Montagne-de-Moutier. La longue
voussure oolithique du Raimeux, qui vient du Passwang dans le canton de
Soleure, a des combes oxfordiennes bien marquées à partir d'Envelier, vers
l'ouest, sur une longueur de plus de cinq lieues. Elles se rejoignent à Montdedos,
sans avoir cessé d'être recouvertes par la végétation ou par les éboulis. C'est
dans la cluse de Roche qu'on en saisit le mieux les dimensions et les caractères. La Combe-Chopin qui vient des Terras au flanc nord du Raimeux est
occupée par l'oxfordien, fortement recouvert de diluvium et d'éboulis de tous
les étages du Raimeux. Elle est assez large et indique un étage marneux assez

important, bien qu'on ne voie nulle part affleurer les marnes. Sous la Belle-Face, la combe oxfordienne est déjà rétrécie et encore plus encombrée d'éboulis et de quartiers de rocs. Elle passe par la Noire-Combe aux Prés-derrière, tandis que celle du flanc nord forme un petit affleurement sous la Roche-ès-Corbez, une tourbière aux Lodez, passe à Domont où la pente et l'écoulement des eaux la rend plus fertile, ainsi qu'aux Tornaires où elle est également rétrécie.

Gorges du Pichoux. Les combes oxfordiennes qui entourent la voussure oolithique du Voûtier sont partout encombrées d'éboulis et de terrain glaciaire. Celle du flanc nord est plus large que celle du flanc sud. Cette dernière se prolonge sous les roches coralliennes qui bordent le ruisseau au-dessous des galeries du Pichoux et laisse affleurer la partie supérieure de l'étage oxfordien dans les ravins. On voit le passage au corallien qui est assez brusque et sans fossiles. Les calcaires blanchâtres qui recouvrent les marnes noires ne présentent aucune trace de fossiles du glypticien, ainsi que l'a fait remarquer Greppin[1]). Mais le terrain à chailles avec ses sphérites marno-calcaires et ses marnes noires à *Ammonites cordatus* est assez caractéristique pour pouvoir admettre ici l'étage oxfordien dans son intégrité. La partie supérieure est très-marneuse, et les pholadomyes semblent manquer.

Cernies de Rebévelier. Sur le prolongement de la voussure du Voûtier, autour du dôme de dalle nacrée de Rebévelier, on a plusieurs affleurements oxfordiens. Ce sont ceux des Cernies de Rebévelier les plus riches en fossiles. On trouve ici de nouveau le terrain à chailles marno-calcaire avec de nombreux sphérites remplis de *Terebratula dorsoplicata*, *Galliennei*, et de *Rhynchonella Thurmanni*. Les pholadomyes sont aussi rares que les ammonites. Il y a cependant quelques exemplaires de l'*Ammonites cordatus* et de l'*Ammonites Martelli*.

Une grande partie des combes oxfordiennes de Rebévelier est recouverte de végétation. C'est un terrain de transport formé par la trituration des matériaux du Jurassique supérieur et mélangé de marnes oxfordiennes. On retrouve ce mélange dans la petite dépression de la Saigne occupée également par un affleurement oxfordien.

---

[1]) Greppin: Essai géologique p. 65. Description géol. du Jura bernois, p. 65—66.

Saignes de Lajoux, du Moulin-des-Royes et combes oxfordiennes des Rouges-Terres. Au nord de Lajoux commence une large dépression oxfordienne d'où se dégage régulièrement la voussure oolithique des Rouges-Terres. Cette région exposée au nord est froide et toujours humide. On y retient l'eau artificiellement pour alimenter le moulin de Dos-le-Gras. L'eau se perd sous terre dans une fondrière, comme on en voit souvent aux Franches-Montagnes. Au nord du dôme oolithique, la combe oxfordienne se poursuit en long couloir par les Neufs-Prés, les Peignières et la Saigne-Jeanné, où elle commence à présenter des affleurements marneux. Le Moulin-des-Royes occupe la même position que celui de Lajoux, dans une dépression plus large encore, où les deux combes oxfordiennes se rejoignent. Les marnes sont à fleur du sol, excepté autour de l'étang du moulin, où il y a beaucoup de vase tourbeuse. L'eau va également se perdre dans une fondrière aux abords du roc corallien. Sur le chemin des Rouges-Terres affleure le terrain à chailles avec des sphérites marno-calcaires remplis de fossiles. L'*Ammonites cordatus* est toujours caractéristique ; ce sont des moules marno-calcaires dont le centre est parfois pyriteux. Les marnes oxfordiennes à fossiles pyriteux sont bien à découvert aux Rouges-Terres, au pied du ravin marneux de l'envers. On peut y reconnaître les deux niveaux des marnes oxfordiennes, celui de l'*Ammonites Mariae* dans le bas, et celui de l'*Ammonites cordatus* dans le haut, passant au terrain à chailles. Les fossiles pyriteux sont abondants aux deux niveaux. L'inférieur correspond exactement à celui de Châtillon, tandis que le supérieur se retrouve plus souvent en Franche-Comté. Sans produire d'autres affleurements remarquables, l'oxfordien va ensuite rejoindre les marnières de Lajoux par une longue zone de prés spongieux en bordure du dôme oolithique, lequel fait contraste par ses pâturages secs et ses terres minces avec les saignes de l'oxfordien.

Saignelégier, Cerlatez. Entre Saignelégier et les Cerlatez, il y a trois affleurements oxfordiens très resserrés entre des crêts coralliens, et formant des combes marneuses sans affleurement de dalle nacrée. Le premier qui se trouve à l'est de Saignelégier au bord de la route du Bémont n'est qu'un pointement du terrain à chailles qui forme une saigne avec une mare au milieu du pâturage. Celui-ci est par opposition aux deux autres une voussure très obtuse qui passe sous le village de Saignelégier où elle contribue à retenir les eaux près de la surface du sol. Le deuxième est traversé par la route entre le Pré-St-Nicolas et la Neuve-vie; c'est une étroite combe occupée par un pré spongieux. Le troisième forme le prolongement des combes des Rouges-Terres immédiatement à l'ouest du Moulin-des-Royes, après une courte interruption par le recouvrement corallien des Cerlatez. Il forme la saigne des Fondras, et passe immédiatement au sommet de la petite voussure des Esserts-Bélats où les prés portent le nom de „Sur les côtes entre les deux cras", qui désigne bien le rétrécissement de l'affleurement. Les marnes oxfordiennes n'affleurent pas dans ces combes, c'est à peine si çà et là on aperçoit quelques sphérites avec leurs marnes subordonnées, qui forment essentiellement la composition du terrain à chailles depuis le Pichoux dans toute la région des Franches-Montagnes.

Spiegelberg, Biaufond. Tout le long de la voussure oolithique de Biaufond courent parallèlement deux combes oxfordiennes qui deviennent de plus en plus étroites à mesure qu'on avance vers le sud-ouest. Celle du flanc nord est plus resserrée que l'autre pour des raisons de plissement. En outre, si l'on compare dans cette chaîne côtière du Doubs la puissance de l'étage oxfordien avec celle que nous avons observée à Vellerat et au Thiergarten pour le même étage, on constate une réduction. C'est ainsi qu'à Biaufond on trouvera à peine 20 mètres d'oxfordien, tandis qu'à Vellerat il y en a au moins 60. Nous verrons plus au sud cette épaisseur diminuer encore et s'amincir considérablement vers la Chaux-de-Fonds. Et partout l'oxfordien est compris entre des crêts coralliens. Mais les combes oxfordiennes des Sommètres, de la Saigne-aux-Femmes, de Sous-les-Cras, de Sous-le-Mont, de Biaufond, des Esserts-d'Illes, de l'Aiguille, du Cernetat, du Cerneux-Crétin, sont partout fortement recouvertes de diluvium et d'éboulis. Elles sont aussi en communication avec les ruz qui descendent vers le Doubs et facilitent l'écoulement des eaux. Ce sont de frais couloirs, toujours tapissés de verdure, des champs et des prés remarquables par la bonne qualité de leurs produits. Dans l'un de ces ruz, celui du Cernetat, on a des affleurements de la base des marnes oxfordiennes avec des fossiles pyriteux de la faune de Châtillon.

Les Aiges. La disparition de l'oxfordien commence à se faire sentir aux Aiges où les rochers coralliens recouvrent presque immédiatement la dalle nacrée. Elle en est séparée seulement par quelques mètres de marnes noires et de sphérites peu fossilifères.

Les Rosés, Sous-le-Rang, le Boéchet, les Saignes du Rond-Rochat. La combe oxfordienne des Rosés s'ouvre vers Sous-le-Rang pour laisser surgir le dôme de dalle nacrée du Boéchet. Derrière le Bois-Français, au bord de la route des Bois, le dôme touche presque au corallien, sans que l'oxfordien ne cesse d'être normal et sans être comprimé. Un creusage en ce point nous a fait voir les sphérites du terrain à chailles, et au bord de la route, les marnes oxfordiennes affleurent encore avec une faible épaisseur et de rares fossiles pyriteux. Partout ailleurs les prés recouvrent l'oxfordien et ce n'est qu'à l'extrémité orientale du dôme oolithique de la Deute, dans les Saignes du Rond-Rochat, qu'on peut étudier ce terrain comme aux Rouges-Terres. Les pâturages de la Pautelle sont entièrement sur l'oxfordien, dont on trouve les sphérites marno-calcaires dans les anciennes marnières du bord du chemin. Mais dans le ruisseau des Saignes, on a quelques bons affleurements qui sont lavés par les grandes eaux et qui livrent des fossiles pyriteux. On rencontre ici fréquemment l'*Ammonites cordatus* avec les autres espèces propres à ce niveau supérieur. C'est la dernière station vers le sud-ouest du plateau des Franches-Montagnes où l'on puisse recueillir des fossiles pyriteux dans l'oxfordien. Cet affleurement se poursuit dans les prés spongieux de la Theurillette où son contact avec le corallien est marqué par une ligne d'embosieux qui recueillent les eaux.

Les Saignes du Roselet. Plus à l'est, l'oxfordien reprend ses allures habituelles, et forme d'abord une petite combe marneuse au Roselet. Puis on le retrouve en ceinture de prés humides dans les Saignes du Roselet, au sud du hameau des Chenevières. Il y a encore en ce point une scierie alimentée par les eaux de la Saigne qui vont s'engouffrer dans une fondrière.

Moulin de la Gruère. Le chemin qui descend du hameau de Chaumont sur la route de la Theure rencontre le terrain à chailles avec ses marnes, ses sphérites quelque peu fossilifères. On y trouve des pholadomyes et des ammonites du terrain à chailles. Il en est de même dans les marnières qui bordent la route de Tramelan en ce point. L'étang de la Gruère repose sur l'oxfordien avec un matelassage de vase tourbeuse. Cet étang est en grande partie artificiel, et formé par l'endiguement établi près du moulin actuellement transformé en scierie. Ce sont les marnes de l'oxfordien qui ont fourni les matériaux propres à ce barrage. Rien de plus étrange que ce petit lac entouré de tourbières où croissent les sphaignes avec des pins et des bouleaux rabougris. Le site a quelque chose de boréal par sa situation et par son climat. Plus à l'est, vers le dôme de dalle nacrée du Gros-bois-derrière, on retrouve une tourbière et un moulin qui a aussi son étang et sa fondrière. L'oxfordien y est en grande partie recouvert, mais il y a un recoin sous les crêts où l'on trouve des affleurements.

Pâturatte, Pré-Dame. C'est immédiatement au-dessous de la métairie de la Pâturatte, sur la ligne des Joux, que se trouve la belle localité fossilifère découverte par Matthey dans une marnière ouverte anciennement pour l'amendement des prés. On y voit la base du terrain à chailles avec des marnes noires séparées par des bancs de sphérites marno-calcaires très riches en fossiles. Ce sont des moules avec contre-empreintes où l'on constate toute la faune oxfordienne du niveau de l'*Ammonites cordatus*. Cette ammonite avec le *Pholadomya exaltata* est très abondante à la Pâturatte. Nous avons visité souvent l'affleurement et recueilli une bonne collection de fossiles qui se trouve au Musée de Bienne. On en peut récolter encore, il suffit d'extraire du sol les sphérites, pour qu'à chaque coup de marteau sorte un être nouveau de ces vieilles hécatombes. La Pâturatte a livré quelques fossiles intéressants, ainsi le type d'Oppel de l'*Ammonites Delmontanus* (Paläontologische Mittheilungen), qu'on peut considérer comme intermédiaire entre les *Ammonites lunula* et *Henrici*, puis la curieuse forme scaphitoïde décrite par Greppin (Matériaux pour la carte géologique de la Suisse, 8e livraison) sous le nom d'*Ammonites Paturattensis*.

Depuis les Joux au Pré-Dame, l'oxfordien forme une dépression étroite avec une tourbière et un étang, aux abords duquel on a quelques affleurements analogues à celui de la Pâturatte. Après une courte interruption, l'affleurement reparaît aux Embreux au nord-ouest des Genevez où les marnes occupent également une combe resserrée entre deux crêts coralliens peu saillants.

Moron. L'oxfordien forme autour du dôme oolithique du Moron des combes étroites et en grande partie recouvertes de pelouses. On peut toutefois se rendre compte de la composition de cet étage dans la Combe-à-Jean qui contourne à l'ouest le dôme oolithique. On y voit affleurer les marnes noires et les sphérites de la Pâturatte, beaucoup moins riches en fossiles, mais renfermant quelques espèces caractéristiques.

Gorges de Court. C'est également le même faciès qui apparaît en affleurement sous les roches de la rive droite au centre de la voussure dans les gorges de Court. Les pholadomyes font défaut, mais quelques rares fossiles de la Pâturatte ne laissent pas de doutes sur l'âge et la nature de l'étage dont les caractères minéralogiques n'ont pas changé. La puissance du terrain à chailles est assez considérable en ce point, peut-être à cause de la voussure. Il est immédiatement recouvert par des calcaires blanchâtres comme au Pichoux et aux Franches-Montagnes.

Graitery. Les affleurements oxfordiens du Graitery forment une série complète et révèlent l'étage oxfordien dans son intégrité. Les nombreux fossiles qu'ont livrés les marnes oxfordiennes au sommet de la Combe-d'Eschert constituent une faune aussi complète que celle de Châtillon. On la trouve dans les collections de St-Imier et de Corgémont où elle est conservée sans mélange de types d'autres localités. La station explorée par Pagnard est actuellement recouverte d'une forêt d'aulnes. Mais un nouveau glissement a eu lieu après l'orage du 2 juin 1891, il est descendu vers Chaluet sous la forme d'un torrent de boue et de graviers (20 mètres de large au-dessous du glissement), emportant des arbres et des quartiers de roc dans le ruz qui en est encore encombré. Ce glissement qui s'est produit sous l'affleurement du terrain à chailles met à découvert les marnes oxfordiennes à fossiles pyriteux, et montre ainsi la plus grande partie de l'étage en superposition normale. La puissance verticale dépasse 30 mètres en ce point. Le niveau de l'*Ammonites Mariae* est riche en fossiles comme à Châtillon. Mais celui de l'*Ammonites cordatus* est très-pauvre. Le terrain à chailles, fortement marneux, est aussi très-pauvre en fossiles, c'est à peine si l'on peut y récolter quelques espèces qui l'identifient avec celui du Moron et de la Pâturatte. Le recouvrement se fait également sans transition par des calcaires blanchâtres en bancs réguliers, dont nous aurons à reparler. Le passage des marnes oxfordiennes à la dalle nacrée est difficile à observer au Graitery à cause des glissements. Mais les échantillons du musée de St-Imier, recueillis par Pagnard, permettent de reconnaître le fer sous-oxfordien à *Ammonites athleta* qui renferme en ce point le curieux *Cyclocrinus calloviensis*.

Sonchal. Dans la cluse de St-Joseph (Gänsbrunnen), on retrouve l'oxfordien du Graitery autour d'un dôme irrégulier de dalle nacrée, mais avec une épaisseur réduite qui ne peut tenir en ce point à des causes orogéniques, mais avant tout à la réduction qui affecte cet étage dans la direction de l'Argovie. Les marnes à fossiles pyriteux semblent toutefois encore exister à Sonchal, d'après les indications que nous ont fournies les collections du musée de Berne.

Weissenstein. Entre la dalle nacrée et le spongitien, on trouve une ligne d'embosieux depuis la ferme du Weissenstein jusqu'au Waldköpfli, dans une zone déprimée qui marque la place de l'oxfordien. On le voit en partie à découvert derrière la ferme du Weissenstein où le terrain à chailles est représenté par des marnes noires immédiatement recouvertes par le spongitien. M. K. Endriss de Stuttgart, qui a eu l'obligeance de les étudier au microscope, y a reconnu des débris d'échinodermes et de polypiers triturés et réduits à l'état de sable fin. A la base de cet étage marneux de quelques mètres seulement de puissance, on a trouvé des bélemnites lors de la construction de la ferme, suivant une communication de M. Lang. Ces détails ne font qu'affermir notre conviction que l'étage oxfordien est ici représenté dans son intégrité, bien que réduit, et revêt une faciès pélagique ou de mer profonde dont les dépôts sont moins abondants que dans les régions littorales. Dans toute la chaîne du Weissenstein, l'oxfordien est ainsi réduit et ne joue plus le rôle orographique qu'on lui connaît dans le nord du Jura bernois. On le retrouve ainsi en suivant l'épiclive de la dalle nacrée jusqu'à Althüsli et Stalberg avec quelques mètres de marnes plus ou moins découvertes accidentellement et temporairement.

Montoz. Cette montagne est la plus curieuse de toutes au point de vue stratigraphique. Thurmann en la parcourant exprimait déjà son étonnement et son incertitude au sujet de ses affleurements. Il dit à ce propos: „De toutes les chaînes de notre carte, celle-ci m'a paru offrir le plus d'ambiguité dans les formes. "[1]) C'est qu'en effet il n'y a pas seulement l'oxfordien qui forme des combes marneuses dans le Jura, et la nomenclature établie par Thurmann doit recevoir une amplification pour exprimer les variations du terrain. Nous avons ici l'étage argovien avec une combe, l'oxfordien avec la sienne, et les deux sont séparées par un crêt de calcaires hydrauliques. L'inférieure ou l'oxfordienne borde la dalle nacrée et se poursuit tout autour de la voussure oolithique avec une épaisseur un peu variable et réduite, mais avec des affleurements caractéristiques. Les plus intéressants sont à Dos-les-Creux (Sous les creux) et aux Prés-de-la-Montagne. On retrouve ici de bas en haut l'oolithe ferrugineuse de Clucy à *Ammonites ornatus,* très caractéristique, des marnes oxfordiennes avec de rares fossiles pyriteux, *Ammonites Mariae,* puis les couches à sphérites marno-calcaires qui représentent le terrain à chailles, le tout recouvert par le spongitien et les calcaires hydrauliques de l'étage argovien. Comme la montagne est plus fortement entamée par les ruz du côté sud que de l'autre, l'oxfordien se poursuit au flanc nord dans une rampe marneuse sous le crêt argovien; mais aux Combattes, il reforme une véritable combe à cause du redressement de l'oolithique. Elle contourne régulièrement le dôme pour s'élever à la Vanne et aux Creux en deux coulisses où apparaissent de nouveau les marnes noires et les sphérites.

Montagne du Jorat près de Tramelan. Depuis Rière-Jorat, jusqu'aux marnières de la Sagne et de la Préparotte, on a deux combes oxfordiennes bien régulières qui portent tous les caractères de celles des Rouges-Terres. Elles renferment aux Prés-de-la-Montagne une petite tourbière, et des prés spongieux, tandis que derrière Jorat, on trouve plusieurs affleurements des marnes oxfordiennes à fossiles pyriteux sur le parcours du petit ruisseau qui va se perdre dans les prés des Joux de Tramelan-dessous. Ces marnes sont celles de Châtillon avec les mêmes fossiles, c'est-à-dire du niveau de l'*Ammonites Mariae.* Au contact de la dalle nacrée, on trouve l'oolithe ferrugineuse de Clucy avec *Ammonites ornatus* et *athleta* dans une couche de peu d'épaisseur, mais très-fossilifère et très-caractéristique. C'est exactement le même niveau

---

[1]) J. Thurmann, Essai sur les soulèvemens jurassiques; second cahier, p. 31, 4°, Porrentruy 1836.

que celui du Montoz. Autour des marnières de la Sagne et de la Préparotte, près des Reussilles, on trouve des affleurements du terrain à chailles qui par sa nature et par ses fossiles est tout à fait analogue, quoique moins riche, à celui de la Pâturatte dans la chaîne de la Gruère. Les marnières des Reussilles ne sont actuellement plus en exploitation, le marnage des terres n'étant plus à la mode dans le Jura. On prétend que bien des terres en sont devenues lourdes, plus froides et moins productives. C'est sans doute le cas pour bien des champs qui spécialement dans cette région sont souvent sur la marne, ou dont la terre est naturellement assez argileuse, et où le marnage a été mal entendu. Mais dans bien des pâturages et des prés secs reposant sur les rocs jurassiques, un marnage bien conduit donnera certainement de bons résultats. Le mélange de groise fine dans bien des cas n'est pas non plus à dédaigner pour augmenter le fonds calcaire qui manque souvent dans le Jura.

Le Georget. Autour du pointement de dalle nacrée du Georget, on trouve une zone oxfordienne bien caractérisée par des saignes et une petite tourbière. Mais le terrain à chailles analogue à celui de la Préparotte affleure au bord d'un embosieux où l'on trouve *Terebratula Galliennei* assez fréquemment dans les sphérites. Cet affleurement avec ceux du Montoz et des Aiges constitue la limite extrême sud dans le Jura bernois de l'oxfordien typique. Il est réduit ici à quelques mètres d'épaisseur verticale.

Oolithe ferrugineuse des Crosettes. Dans les chaînes situées plus au sud, l'oxfordien se réduit à un mètre d'épaisseur en moyenne et finit même par disparaître complètement. Il revêt en même temps un faciès particulier en ce que les sphérites plus ou moins confondus dans une couche de marne brunâtre, se remplissent d'oolithes ferrugineuses cannabines ou miliaires, irrégulièrement distribuées. Il n'est plus ici question d'alternance de marnes et de sphérites, c'est à peine si l'on peut reconnaitre à la base de l'oolithe quelque lit marneux pour occuper la place de la marne oxfordienne. L'oolithe ferrugineuse de Clucy manque où celle des Crosettes représente l'oxfordien. Du moins nous n'avons jamais rencontré dans cette dernière un seul fossile caractéristique du niveau de l'*Ammonites ornatus*. On y trouve par contre toute la série d'ammonites, de gastéropodes et d'acéphales de la Pâturatte du niveau de l'*Ammonites cordatus*. On peut étudier cette curieuse formation au sommet des carrières de dalle nacrée du Chalet au nord de la Chaux-de-Fonds, ainsi qu'aux Petites-Crosettes au sud de cette localité, où on la rejette pour découvrir des bancs de la dalle nacrée. Le lit marneux de la base contient surtout des bélemnites, parmi lesquelles le *Belemnites latesulcatus* paraît indiquer le niveau inférieur de l'oxfordien.

Il est rare à cause de la végétation de trouver un affleurement naturel de l'oolithe ferrugineuse des Crosettes, qui ne joue naturellement aucun rôle dans l'orographie des chaînes méridionales, et disparaît même complètement dans les confins sud-ouest de la feuille VII. Nous ne l'avons plus retrouvée à partir de la carrière de dalle nacrée du Roc-Mil-Deux dans les chaînes neuchâteloises. Par contre elle existe bien caractérisée et contient les fossiles des Crosettes à la Joux-du-Plâne, sur le dôme de dalle nacrée de la Combe-Grède, sous la Métairie-de-Neuveville-du-Milieu, et partout ailleurs dans la chaîne du Chasseral où on peut la découvrir entre la dalle nacrée et le spongitien.

Sur la dalle nacrée de Rondchâtel, à la tête nord du tunnel, on trouve environ 1 mètre de marne noire avec quelques ammonites pyriteuses et le *Belemnites hastatus* pour représenter l'oxfordien.

§ II. Crêts coralliens.

Afin de constater les modifications que subissent les crêts coralliens, en même temps que s'opère la réduction de l'oxfordien vers le sud, nous allons reprendre la même marche le long des chaînes du Jura bernois en poursuivant les affleurements qui sont nombreux pour l'étage rauracien. Nous signalerons en même temps les gisements de fossiles de ce terrain qui, sans être nulle part aussi riches que ceux de la Caquerelle et de Ste-Ursanne, contiennent cependant des espèces intéressantes et des faunes de plus en plus différentes à mesure qu'on s'avance dans la région pélagique du sud. Nous n'avons vu nulle part dans le calcaire corallien, pas même à la Caquerelle, de véritables récifs, comme on s'est plu à les dépeindre dans notre Jura, en s'imaginant des îles madréporiques analogues à celles de l'océan pacifique. On ne trouve des polypiers qu'en fragments roulés et entassés pêle-mêle avec les débris des coquilles calcifiées des mollusques; de plus, les espèces arborescentes et gazonnantes jouent le rôle principal. Le fond de la mer lors de la formation des calcaires coralliens nous semble bien rendue par le paysage idéal de Heer dans le Monde primitif de la Suisse. La faune de cette formation coralligène, qui est la plus ancienne de toutes celles du malm de la chaîne du Jura, est actuellement à l'étude et en voie de publication dans les Mémoires de la Société paléontologique suisse.

Quant au rôle orographique que joue l'étage rauracien, composé, comme l'indique le Dr Greppin dans ses ouvrages sur le Jura bernois, du glypticien et du corallien proprement dit, il est très accentué dans les chaînes qui bordent le val de Delémont. Les calcaires blancs, le plus souvent massifs, ou en bancs confondus, avec quelques portions plus crayeuses et plus délitables qui donnent lieu à la formation de niches ou d'excavations dans les rochers, dominent les combes oxfordiennes par leurs crénaux arrondis et pittoresques. Ils font les délices des peintres et des aquarellistes dans les gorges de Choindez, de Roche, d'Undervelier et du Pichoux qui sont souvent visitées pour la beauté de leurs parois coralliennes. Dans toute cette région, les crêts coralliens sont par leur nature pétrographique et leur position verticale comparables à de vastes murailles où la nature a dissimulé les joints et taillé en monolithes les bornes des vallées de la Sorne et de la Birse. Mais plus au sud, ces mêmes masses coralligènes en perdant leurs coraux se délitent par bancs réguliers, d'abord très blancs, puis de plus en plus gris, alternant avec des lits marneux, où se logent des faunes nouvelles; puis ils deviennent de plus en plus argileux, plus foncés et mieux lités, jusqu'à ce que les marnes semblables à celles de l'oxfordien remplacent une bonne partie des calcaires et laissent seulement à la base un massif réduit, qui conserve les allures extérieures des crêts coralliens dont il procède. C'est ainsi que de proche en proche, les rocs ou les crêts coralliens sont envahis de haut en bas par l'élément marneux, et que les combes argoviennes prennent dans le Jura biennois la place des remparts coralliens de Moutier et de Delémont. En même temps que s'opère cette transformation, l'oxfordien se réduit, de sorte que c'est le rauracien marneux ou l'argovien qui forme des combes en lieu et place de l'oxfordien. Nous avons déjà fait remarquer qu'au Montoz, on trouve les deux dépressions séparées par un massif de calcaires hydrauliques. L'orographie du Jura au chapitre des combes oxfordiennes est donc plus complexe que ne l'avait d'abord entrevu

Thurmann, et c'est aux points où paraissait régner l'exception et l'ambiguité, qu'ont voit s'accomplir les transformations.

La loi des faciès s'exprime aussi d'une manière bien différente et bien plus nette que ne l'avait pensé Gressly qui, le premier, l'a formulée.[1]) Au lieu de voir dans le pholadomyen des chaînes méridionales un faciès pélagique en somme peu différent des marno-calcaires à sphérites et pholadomyes du Thiergarten et du Fringeli, c'est bien le calcaire corallien, compact et dur, qui devient marneux et contient dans la région pélagique la faune de bivalves analogue à celle du terrain à chailles, mais plus récente. Les deux faciès de Gressly pour le terrain à chailles, souvent cités dans les ouvrages d'Agassiz,[2]) sont des faciès homologues d'âges différents. Les couches à pholadomyes du Günsberg, de Rondchâtel et du Châtelu, le pholadomyen des géologues neuchâtelois, est un faciès homologue du véritable terrain à chailles, il est plus jeune, et sa faune se compose des descendants des formes oxfordiennes du terrain à chailles qui ont émigré vers le sud en fuyant devant l'invasion coralligène. C'est ce que nous allons voir en poursuivant les affleurements coralliens des environs de Delémont sur le plateau des Franches-Montagnes et dans le Jura biennois.

L'étage rauracien d'une puissance de 120 mètres dans la voûte du Bambois sur Choindez est homogène et compact, d'une formation coralligène plus accentuée dans certaines régions que dans d'autres, et surtout à la partie supérieure, comme on le voit dans la tranchée de la ligne du chemin de fer à Choindez. On trouve ici sous l'astartien toute la faune corallienne de la Caquerelle dans une roche blanche et crayeuse. Mais les polypiers se rencontrent aussi dans le grand massif calcaire sous-jacent, et le glypticien occupe une quinzaine de mètres à la base de l'étage, sur le passage à l'oxfordien, comme on le voit sous la roche de Vellerat. Le corallien forme dans toute la chaîne des crêts saillants sur l'oxfordien. Il est très découpé au flanc nord par les ruz qui descendent de la montagne. Mais au flanc sud, le crêt est sans découpure, si ce n'est dans la cluse de Choindez où ses couches sont redressées verticalement pour décrire une voûte sur la forêt du Bambois et redescendre au Martinet. A l'autre extrémité de la montagne, le

[1]) A. Gressly. Observations géologiques sur le Jura soleurois, p. 90.
[2]) L. Agassiz. Etudes critiques sur les mollusques fossiles; in-4°. Neuchâtel, 1844.

corallien se prolonge dans le Chenal-de-Soulce où il se cache sous les roches des étages supérieurs. Puis il forme de ses bancs compacts une paroi verticale de rochers aux Forges d'Undervelier, ainsi que vers Berlincourt, pour se rejoindre en voussure sur le mont des Perchattes. A Bonabé, les deux crêts coralliens se séparent de nouveau, l'un pour passer au sud de Saulcy et descendre au Moulin de Bollmann, l'autre à Fond-de-Val, où il se soude avec celui de la Roche.

On peut bien étudier le corallien dans les têtes de couches de la roche de St-Brais. Mais bien qu'il soit dans le voisinage immédiat de la Caquerelle, le corallien n'a pas ici de niveaux crayeux et fossilifères. Les calcaires sont blancs, compacts et durs avec quelques polypiers seulement. La roche de St-Brais qui domine le dôme oolithique et la combe oxfordienne est entièrement corallienne et se relie directement à celle des Réchesses sur le Doubs. L'étage ne reparaît sur la rive droite qu'à la Vacherie et dans la côte des Ilattes où il n'est guère entamé que par la chute de quelques blocs. Puis il passe au Saignolet pour aller former un synclinal dans les roches du Bois-Banal sous Beaugourd, à l'angle formé par le coude du Doubs. Dans toute cette région, le corallien est formé de roches compactes, et partout le glypticien est recouvert sous les talus d'éboulis.

En montant depuis Goumois à Vautenaivre, on traverse toute la série des bancs coralliens qui forment toujours une série très puissante. On trouve à mi-chemin des bancs blancs, crayeux, pétris de nérinées et d'autres fossiles de la Caquerelle, mais les polypiers sont peu fréquents. *Chemnitzia Delia* et *Lima tumida* sont surtout cantonnés dans ces bancs. L'étage entier apparaît dans les roches des Genévrics, ainsi que les autres étages du malm, en rampe très raide, dont la forêt occupe les zones marneuses.

La roche de Malnuit est un îlot corallien posé sur le replat oxfordien des Prés-Dessous. Les bancs horizontaux sont partout bordés par de puissants talus d'éboulis dans lesquels on a toute la série des quartiers de rocs de l'étage rauracien. Çà et là les éboulis ménagent quelque affleurement du glypticien qui est le même que celui de Vellerat. Cet îlot ou lambeau corallien rappelle par sa forme et sa position quelques monts arrondis de même formation dans le Jura français où l'étage rauracien a subi de grandes ablations et où ils restent, comme à Malnuit, les témoins du recouvrement primitif de l'oolithique.

Depuis la Côte-des-Grands-Monts, le corallien se poursuit sans interruption par la Côte-au-Bouvier à St-Brais et à Fond-de-Val, où il ferme son circuit autour du grand pli de Soubey. Malgré sa nature essentiellement rocheuse, sauf dans les pentes trop raides, il est généralement recouvert de forêts. Mais les crêtes sont partout vives et ordinairement arides. Sur le Plain, près de St-Brais, on trouve passablement de polypiers. La route de St-Brais à Montfaucon longe un crêt corallien très régulier sur une longueur de plusieurs kilomètres, mais la végétation en recouvre le pied. Ce crêt, à son entrée sur le plateau des Franches-Montagnes, est bien surbaissé et comme enfoncé dans l'oxfordien, ce qui avait frappé Thurmann et qui s'explique naturellement par un certain équilibre entre le plissement et l'érosion. L'alignement du crêt corallien des Sairins est remarquable, il passe d'un trait par les Enfers aux Pommerats et à la Longue-Roche en conservant partout la même composition. Ce n'est que sur le chemin de la Bosse aux Pommerats qu'affleure le glypticien, qui est encore caractéristique par sa roche grumeleuse, marno-calcaire grise, à débris siliceux d'échinides et de polypiers gazonnants du genre Microsolena. Depuis ce point, le corallien va former la voussure du Bémont qui laisse également affleurer le passage du rauracien à l'oxfordien. Le grand cirque de Goumois est peu intéressant par ses affleurements coralliens; ce n'est que sous la ruine de Franquemont, au-dessus de l'affleurement du terrain à chailles, qu'on retrouve le glypticien avec ses fossiles ordinaires.

Depuis le moulin du Theusserret, deux crêts coralliens entourent la combe oxfordienne du Boiechat pour se rejoindre en formant voussure au Cotirnat de Muriaux et se relier à celle du Bémont. Depuis ce hameau jusqu'à Montfaucon, un crêt corallien peu élevé se tire en ligne droite pour former le pâturage que suit la route de Montfaucon et dans lequel se trouve la grotte des Communances. Immédiatement à la sortie du Bémont, on rencontre le glypticien, au point où il se relie au corallien; il contient en abondance les radioles du *Cidaris florigemma*. Plus loin, vers Montfaucon, le corallien renferme de grands buissons du *Calamophyllia flabellum*. Au sommet de la marnière de Montfaucon, le glypticien est des plus caractéristiques. Il contient des fossiles siliceux et se relie par transitions au terrain à chailles et au corallien. C'est un point intéressant pour l'étude de ce groupe. Depuis Montfaucon au Moulin-de-Bollmann, où nous rejoignons le crêt corallien de Saulcy, les roches conservent leurs allures et ne présentent pas d'affleurement remarquable.

Le village de Saignelégier se trouve sur une voussure glypticienne qu'entament les puits et les sondages. On voit quelques affleurements le long de la route du Bémont, et le glypticien est tout à fait semblable à celui de Calabri dans le district de Porrentruy ou à celui du Thiergarten. Les échinides comme *Glypticus hieroglyphicus* et *Cidaris florigemma* ne sont pas rares; *Pecten Verdati, Zeilleria Delmontana* avec les petites éponges silicifiées, sont des fossiles abondamment répandus et partout caractéristiques. Au sud de Saignelégier, vers l'emplacement des cibles, une carrière est ouverte dans le corallien. Les bancs sont assez épais, mais très fendillés, d'une roche dure, souvent spathique. Les fossiles, tels que diceras et nérinées, sont fortement engagés dans la roche et ne présentent leurs coquilles spathiques que sur les surfaces corrodées. Les polypiers sont petits et rares dans ces bancs. Nous avons cependant assez de preuves en mains pour ranger toutes ces assises dans le corallien qui est ici sur le point de se transformer. Mais poursuivons cet étage vers le sud-ouest, dans la direction du Noirmont et des Bois.

Sur la route de Muriaux aux Emibois, on traverse la voussure des Sommêtres, dont les deux crêts coralliens viennent de se rejoindre. La base du rauracien est entamée par la route et permet de recueillir encore quelques fossiles qui ne sont plus aussi caractéristiques qu'à Saignelégier. Toutefois, *Zeilleria Delmontana* et *Cidaris florigemma* indiquent encore le glypticien. Puis les rochers coralliens sont encore là en gros bancs, avec des polypiers sous la série astartienne, ce qui permet de poursuivre le rauracien dans la chaîne du Spiegelberg. En descendant depuis le Noirmont sur la Goule, on trouve d'abord une rampe rauracienne qui correspond à celles du Spiegelberg et des Sommêtres, mais ne contient plus de polypiers. Des bancs bien lités d'un calcaire grisâtre avec quelques fossiles du corallien comme *Pecten vimineus*, des feuillets marneux entre les bancs annoncent un changement de faciès. Par contre, sur le crêt nord de la chaîne, sous Gipoix, au bord de la route de la Goule, on retrouve le glypticien avec des éponges et *Pecten Verdati*, dans un marno-calcaire gris, grumeleux, siliceux, très caractéristique. Sur le prolongement de ces deux crêts, le long de la chaîne côtière du Doubs, il s'opère insensiblement un changement de nature pétrographique et paléontologique dans l'étage rauracien qui, au Cerneux-Godat et à Biaufond, présente encore des crêts fortement accusés, mais ne sont plus des crêts coralliens. C'est dans la voussure des Aiges, qui passe au Vallanvron, que s'achève la transformation. Un puissant étage de calcaires argoviens de près de 100 mètres d'épaisseur suit les côtes du Doubs depuis le Dazenet par les Joux-Derrières, la Haute-Maison, la Pâture, où il forme une voûte qui recouvre l'oxfordien réduit des Aiges. Les bancs sont bien à découvert à la Combe-de-Naz, ils sont abordables sur quelques points. Mais ici plus de glypticien, plus de corallien, une série uniforme de calcaires blanchâtres, en bancs réguliers, avec des lits marneux grisâtres aux joints, sans polypiers ni fossiles siliceux, occupe la place du rauracien. Il y a toutefois des bancs fossilifères, notamment vers le haut de la série, près de la Haute-Maison, où nous avons recueilli une faunule qui appartient au corallien.[1]) *Ostrea solitaria*, *Pecten octocostatus* et *Arca Laufonensis* en sont les espèces caractéristiques.

Dans le village des Bois, qui repose sur la même voussure, on trouve dans ces calcaires blanchâtres quelques espèces coralligènes avec le *Pecten solidus*, puis un banc de marne grise très éloigné de l'oxfordien, avec *Pholadomya parcicosta*. Un peu plus à l'est, sur le chemin des Bois au Peu-Claude, ces calcaires argoviens bien lités contiennent de nouveau des polypiers et sont surmontés par des marnes grises à pholadomyes, tandis qu'ils reposent eux-mêmes sur l'oxfordien à sphérites et à fossiles pyriteux, comme on le voit au Bois-Français. Ces calcaires blanchâtres, qui se relient intimement aux calcaires hydrauliques situés plus au sud, forment donc le trait d'union entre ces derniers et le corallien. En prenant tout l'étage rauracien, il y a, par conséquent, parallélisme entre cet étage et l'argovien, comme nous le verrons en outre au Graitery et au Montoz pour le reste des assises, inférieures et supérieures.

En poursuivant les crêts coralliens qui forment le prolongement des calcaires blanchâtres des Bois, dans les chaînes de la Pâturatte et des Montbovets, nous ne trouverons pas de nouveaux changements ni dans l'orographie, ni dans la stratigraphie. La forme de ces crêts est toujours très régulière, et leur superposition sur l'oxfordien est partout évidente. On peut presque partout tirer la limite

---

[1]) L. Rollier. Les faciès du Malm jurassien, p. 69.

entre les deux étages par la lisière des bois, en ce que sur le sol spongieux
de l'oxfordien on n'a pas ménagé les forêts. Sur le flanc des crêts coralliens,
par contre, se trouvent des pâturages et des prés secs. C'est ici que se vérifie
l'exactitude du dicton jurassien: *Où les alètres* (les couches) *virent la face, c'est
la marne; où elles virent le dos, c'est du roc.* L'étage entier du rauracien a des
allures si régulières qu'à part quelques variations insignifiantes dans l'épaisseur
des bancs et la teneur en fossiles, rien ne fait présumer les transformations qui
se préparent pour la stratigraphie et l'orographie des chaînes méridionales. Ces
transformations s'opèrent insensiblement et sur de grandes distances, ce qui est
naturel dans des dépôts pélagiques.

On trouve à la Pautelle le dernier affleurement du glypticien vers le sud,
mais les calcaires qui les surmontent, ainsi que ceux du Rond-Rochat, n'ont
plus rien de l'aspect corallien. Il en est de même dans la chaîne de la Pâturatte, partout les calcaires blanchâtres bien lités occupent la masse principale
des crêts. Dans les bancs supérieurs, on retrouve çà et là des gisements de
coraux. Un affleurement intéressant par la nature de ses bancs est celui de
Lajoux où la roche est très blanche, en bancs très réguliers, fendillés; mais il
n'y a que peu de fossiles. Les mêmes bancs stériles deviennent subcrayeux à
Rebévelier.

Dans les galeries du Pichoux, on trouve aussi le passage du rauracien
à l'argovien qui se traduit surtout dans la partie inférieure des assises. Sur
le terrain à chailles, il y a des calcaires blanchâtres bien lités où Greppin a
recueilli des pholadomyes et qui constituent l'équivalent du glypticien. Mais la
masse principale des calcaires blanchâtres des galeries du Pichoux contient des
polypiers, plus nombreux au passage à l'astartien que dans le bas, de sorte
que le corallien est encore reconnaissable en ce point assez rapproché de la
Caquerelle.

Le corallien se maintient avec ces caractères de transition dans toute la
chaîne du Raimeux. A Domont, à la Verrerie-de-Roche, au flanc nord du
Raimeux, il est compact et forme des crêts saillants dont les bancs sont le
plus souvent redressés à la verticale. Sur le flanc sud, on voit des strates plus
réguliers, d'une roche assez blanche. On les rencontre aussi sous le sommet du
Raimeux, tandis que les bancs coralligènes qui les surmontent forment le pas-

sage à l'étage suivant, comme on peut en juger par la comparaison des coupes que nous avons relevées dans les gorges de Moutier.[1])

L'étage rauracien ainsi modifié forme une belle voussure dans la cluse de Moutier, à l'est de la scierie (fig. 2). Les bancs d'un calcaire gris sont bien lités et séparés par des feuillets marneux. On peut aussi les observer tout près de la scierie, où l'on trouve quelques fossiles du faciès vaseux de l'argovien, et où l'on chercherait vainement des polypiers. Ce n'est qu'au passage au séquanien, à la tête nord du tunnel du chemin de fer, que l'on trouve des assises coralligènes qui rappellent le glypticien dont elles contiennent une faune dérivée, beaucoup plus récente. Nous la retrouverons à l'étage suivant.

Ce sont ces bancs coralligènes qui se développent davantage aux Gressins, sur les deux trouées oxfordiennes qui dominent Grandval. Ici encore l'étage argovien est formé par les mêmes bancs que ceux de la cluse de Moutier. (Scierie Gobat.)

En passant au Graitery, le faciès vaseux s'accentue de plus en plus et se rapporte mieux à l'étage argovien. A partir de Morte-Roche, dont le nom indique des bancs envahis par l'élément argileux, on rencontre une paroi de roches blanchâtres avec des marnes grises qui recouvre le terrain à chailles. L'élément marneux s'introduit surtout à la partie supérieure de l'étage qui apparaît comme la répétition du terrain à chailles et contient comme lui une faune analogue de bivalves, mais composée de formes plus récentes qui sans doute en sont dérivées. Les pholadomyes sont surtout abondantes, et c'est à peine si l'on parvient à les distinguer de celles du terrain à chailles. La plus caractéristique est *Pholadomya peluyica*, qu'Agassiz a décrite du même terrain du Günsberg. Nous avons ici le pholadomyen du Châtelu et des chaînes méridionales du Jura bernois, avec ses caractères bien tranchés. Il est surtout fossilifère au sommet du Graitery, immédiatement au-dessous du plus haut crêt séquanien. On le retrouve dans la cluse de St-Joseph et dans les gorges de Court.

Rien n'est plus intéressant que les étages calcaires et les zones marneuses du Graitery que mettent à découvert les gorges de Court. Il faut les voir depuis le haut de la voussure du Mont-Girod. On embrasse dans son ensemble la composition de quatre étages du malm qui présente deux sections de marnes

---

[1]) Faciès, p. 51—58.

noires, l'une oxfordienne dans le fond, l'autre argovienne, séparée de la première par un groupe de 40 mètres d'épaisseur de calcaires blanchâtres et bien lités. Dans toute la montagne, ce sont ces calcaires argoviens qui jouent le rôle des crêts coralliens, depuis Morte-Roche jusqu'au sommet de la Combe-d'Eschert; mais ils sont en contre-bas des crêts séquaniens qui commencent à s'accentuer, et vont jouer plus au sud le rôle que leur cède le corallien.

La montagne du Moron ressemble beaucoup à celle du Graitery. Mais les crêts coralliens sont encore surélevés au-dessus du séquanien, et le sommet du Moron, à l'altitude de 1340 m., est corallien. La ceinture régulière que forme le rauracien dans cette montagne domine des combes oxfordiennes réduites comme au Graitery.

Il en est exactement de même de la montagne du Jorat sur Tramelan. Partout autour des combes oxfordiennes s'accentuent des crêts formés de calcaires blanchâtres avec quelques feuillets de marne grise qu'on peut encore rattacher au rauracien, mais où les coraux cessent de se montrer. Vers le sommet des assises, on en retrouve des groupes isolés, mais comme dans la chaîne de la Pâturatte, ils appartiennent plutôt à l'étage séquanien.

Au Georget, il y a trois arêtes de calcaires dont la supérieure est franchement séquanienne, tandis que l'inférieure renferme les calcaires blanchâtres argoviens. L'intermédiaire a des polypiers avec *Pecten solidus* et marque le passage au séquanien, sans qu'on puisse la rattacher à l'un plutôt qu'à l'autre des deux étages.

§ III. Combes argoviennes.

Environs de la Chaux-de-Fonds. Cette petite voussure du Georget, où, pour la dernière fois vers le sud, le corallien se traduit en crêts incertains, est aussi la dernière où l'oxfordien joue un rôle orographique. Dans les montagnes de la Ferrière et de la Chaux-de-Fonds, les calcaires argoviens s'épaulent contre les dômes de dalle nacrée, tandis que le passage au séquanien devient marneux, ce que nous avons déjà reconnu au Graitery. Ainsi, à mesure que les combes oxfordiennes disparaissent, les bancs calcaires du spongitien et des calcaires hydrauliques confondent leur rôle orographique avec celui de la dalle nacrée, tandis que l'argovien marneux forme à son tour des combes que nous appellerons *argoviennes,* par-dessus les épaulements calcaires qui correspondent aux crêts coralliens. Il y a longtemps que cette réduction de l'oxfordien a été reconnue par Nicolet dans les environs de la Chaux-de-Fonds, ainsi que la substitution à la combe oxfordienne (vallée de second ordre) des membres de la série corallienne et du calcaire à schistes (spongitien). „..... Le passage du calcaire à schiste à „la dalle nacrée se fait à peine remarquer; point de combe, point de dépression „dans le sol, point de ruisseau pour indiquer la présence de la marne oxfordienne „qui souvent est d'une puissance d'un à deux pieds; elle se fait reconnaître seu- „lement par ses fossiles caractéristiques, et, dans plusieurs endroits, elle ne peut „être rigoureusement déterminée que par la présence du premier membre du „groupe oolithique, et non par son affleurement et par les accidents orogra- „phiques qu'elle détermine, car ils sont nuls ou à peu près." [1])

Mais cette disparition de l'oxfordien et l'apparition de la combe argovienne ne détruit pas dans son ensemble le type de soulèvement du deuxième ordre de Thurmann. C'est un autre étage qui vient former la combe au lieu de l'oxfordien, tandis que les étages supérieurs revêtent une physionomie et une position différente de celles qui leur sont dévolues avec la présence de l'oxfordien.

On trouve les calcaires argoviens en épaulements de la dalle nacrée dans toute la chaîne du Pouillerel, où ils montent fort haut. Depuis le Chalet, où ils forment le recouvrement de l'oolithique, ils passent au flanc nord, et atteignent le sommet du Pouillerel pour passer au Châtelard près des Brenets, en dehors des limites de notre carte. Au flanc sud, ils occupent partout le sommet de la côte et forment un sol sec et couvert de maigres pâturages.

Dans la voussure du Foulet, ils jouent le même rôle, mais ici l'étage argovien est déjà plus marneux dans sa partie supérieure, et les combes argoviennes commencent à s'accentuer. On les trouve aux Culées, au David-Favre et aux Grandes-Crosettes, où le sol est décidément en grande partie marneux. L'argovien forme aussi la Queue-de-l'Ordon et le synclinal des Bressels qui sépare les deux dômes de dalle nacrée des Bénéciardes et des Trembles. La combe argovienne se présente dans tout son développement à la Combe-Boudry

---

[1]) A. C. Nicolet. Essai sur la constitution géologique de la vallée de la Chaux-de-Fonds, p. 2, Mém. Soc. neuch. II, 1839.

et aux Roulets, où elle rejoint celle des Grandes-Crosettes. Le sous-sol est partout recouvert de terres arables qui procèdent en grande partie des marnes argoviennes, mais où l'on observe aussi des apports des crêts séquaniens situés plus au sud, et par places de l'argile glaciaire avec des galets valaisans, comme à l'entrée de la Rue de la Combe à la Chaux-de-Fonds. La voussure oolithique des Petites-Crosettes est aussi largement entourée de combes argoviennes, où le sol est partout en culture et diffère extérieurement déjà des saignes que forme l'oxfordien des Franches-Montagnes. Le spongitien est à découvert dans les carrières de la dalle nacrée.

Les environs de la Ferrière présentent des combes argoviennes bien accentuées; mais elles sont toutes en pâturages, et les affleurements sont peu nombreux. Toutefois, le sol est entamé çà et là par la route ou par les puits et l'on constate bien en ce point la présence des calcaires hydrauliques et des marnes pholadomyennes. L'étage plonge sous le Crêt-de-la-Ferrière et sous les Plânes pour reparaître dans la chaîne du Sonnenberg.

Sonnenberg. Le sommet de la montagne du droit du vallon de St-Imier borde une large combe argovienne qui n'a pas été indiquée dans la première édition de la carte géologique du Jura bernois, et qui est cependant très importante, puisqu'elle s'étend depuis la Vacherie-de-Sonvillier jusqu'à la Bise-de-Cortébert sur une longueur de près de deux lieues. Elle est partout bien accentuée et produit de bons pâturages où la verdure se maintient tout l'été. Elle est aussi remarquable au point de vue botanique par ses champs de narcisses jaunes qui couvrent au printemps de vastes espaces, ainsi que par plusieurs plantes rares pour le Jura, comme l'arnica et les cinéraires. Il y a quelques lignes d'embosieux au contact de l'étage séquanien, et c'est dans ces dépressions qu'on rencontre quelques affleurements du pholadomyen avec ses fossiles caractéristiques. L'*Ostrea caprina* est assez répandue et remarquablement bien conservée avec ses valves imprégnées de silice et qu'on peut ouvrir pour voir un intérieur nacré. Les régions les plus favorables à la recherche des fossiles se trouvent aux Eloyes, au bout de la charrière de St-Imier, aux Demeurances, sur le sentier de St-Imier aux Breuleux, et au Chalet-Neuf au nord de Courtelary. Il y a sur le revers nord de la combe argovienne une arête coralligène intercalée entre deux zones marneuses à fossiles pholadomyens, qui s'observe bien sur la route des Breuleux, ainsi que sur le sentier de Tramelan, vers la Combe-Nicolas. On peut constater ici le mélange du rauracien avec l'argovien.

Quant aux calcaires argoviens inférieurs, ils ont bien l'aspect corallien, mais ne contiennent pas de polypiers. On les observe aux combes des Allévaux, autour des pointements de dalle nacrée, où ils forment un dôme rocheux, peu recouvert de végétation.

Chaîne du Weissenstein. Les combes argoviennes du Montoz sont partout très accentuées. Depuis Brahon à la Cernière, elles forment deux zones de dépressions en grande partie recouvertes de prés et de pâturages. La Vanne, la Thalvonne, le Chable, la Verrière au versant sud, la Grosse-Combe au versant nord, sont des métairies reposant sur les marnes du pholadomyen. Partout on en trouve les caractères qu'ont fait connaître les géologues neuchâtelois. Au Chable, il y a des pholadomyes. Les calcaires argoviens forment par contre des crêts surélevés, de forme triangulaire, entre les ruz qui descendent vers le val de Péry. Ils séparent aussi dans le sens longitudinal la combe argovienne de l'oxfordienne. En raison de la régularité du flanc nord du Montoz, on trouve les calcaires argoviens en longue rampe qui domine partout le dôme oolithique. On trouve à sa base un beau développement du spongitien fossilifère, notamment dans les rocs éboulés de Dos-les-Creux. Le Montoz a, pour les formes extérieures et le déjettement de la chaîne beaucoup d'analogie avec la voussure du Stalberg qui est aussi beaucoup plus ouverte et découpée du côté sud que de l'autre.

Depuis le Grabenschwand, où l'on entre depuis l'extrémité orientale du vallon de Péry par une cluse longitudinale, jusqu'au Weissenstein et plus loin, courent deux larges combes argoviennes dont celle du flanc nord est la plus large à cause de la plus faible inclinaison des couches et du déjettement de la chaîne vers le sud. Elle est particulièrement intéressante entre le Grenchenberg et le Stalberg où le ruz de Chaluet la rend plus profonde avec des glissements marneux. On reconnaît ici le spongitien, les calcaires hydrauliques et les marnes pholadomyennes, où les trois divisions de l'argovien trouvent leurs analogues pour la faune et le faciès, sauf pourtant le pholadomyen qui est un faciès plus vaseux que les Geisbergschichten. On a encore un beau développement de l'argovien au Dillitsch, derrière le Weissenstein, puis au Schafgraben et au Krüttliberg, qui présentent la même série.

Mais c'est au-dessus des rochers oolithiques de Günsberg que l'étage argovien s'observe le mieux dans un vaste affleurement de plus de 100 mètres d'épaisseur. Le ruz au-dessus du Streitwald met toutes les couches de l'argovien à découvert par des glissements toujours renouvelés par les pluies. Le spongitien ou couches de Birmensdorf est des plus caractéristiques, les calcaires et les marnes hydrauliques sont très développés avec un passage insensible au pholadomyen fossilifère que recouvrent les assises coralligènes de la base du séquanien. Puis l'argovien se poursuit dans les pâturages rapides et exposés aux glissements du Hofbergli, les larges paliers du Schmiedenmatt et du Hellrain, au-dessous de l'arête des rochers blancs du Rüttelhorn. Il forme encore des affleurements non moins intéressants au Buchwald et vers l'hôtel Fridau sur Egerkingen, où le spongitien contient en quantité des éponges de grande taille, et toute la faune de Birmensdorf. MM. Lang et Ed. Greppin y ont trouvé *Pholadomya hemicardia* et *Cidaris cervicalis,* qui appartiennent aux couches de Liesberg et montrent encore un trait d'union entre le spongitien et le glypticien. Le reste de l'argovien est très développé, quoique recouvert de forêts sous les rochers des étages supérieurs du malm. Il y a beaucoup d'éboulis dans cette combe argovienne tournée vers la plaine suisse, et le site est des plus charmants, tant par sa position au midi que par son sol accidenté de rocs et de bosquets où coulent les petits ruisseaux qui se ramassent sur la marne.

La combe argovienne qui court au niveau de la plaine depuis Oberbipp au village de Günsberg est en grande partie masquée sous le glaciaire. Mais au-dessus de Balm, au Gipsmühle, elle reparait avec ses calcaires hydrauliques et s'élève rapidement au Nesselboden par le Zwischenberg, dont les noms sont caractéristiques. Au sommet de la coulisse, c'est-à-dire au Nesselbodenröthi, il y a des glissements considérables qui révèlent encore la même nature marneuse de l'argovien avec un faible développement du calcaire à scyphies ou spongitien qui s'adosse directement au dôme oolithique.

Dans la combe du Welschwegli, on a également de bons affleurements qui permettent d'étudier la partie marneuse de l'étage, et vers Althüsli, c'est le spongitien qui présente ses bancs calcaires en forte rampe sur la dalle nacrée. Le talus d'éboulis qui s'étend derrière le Hasenmatt recouvre en grande partie l'argovien, mais à Schauenbourg on est dédommagé par les glissements qui se produisent vers le ruz de Sülsrain. A partir de ce point, la combe argovienne est resserrée entre l'oolithique et les étages calcaires du malm. Dans le ruz de Bettlach et de Granges, il est trop encombré d'éboulis pour pouvoir être étudié, mais la série est tellement régulière dans toute la chaîne du Weissenstein et du Hasenmatt, qu'il n'y a rien ici de nouveau à attendre.

Chaîne du Chasseral. Un des plus puissants affleurements argoviens du Jura bernois est celui de Rondchâtel où l'étage mesure plus de 150 mètres. A la base, on trouve des calcaires blanchâtres, en bancs réguliers, de faciès pélagique avec de gros *Perisphinctes*. Puis viennent les couches à ciment hydraulique dont l'une exploitée mesure quatre mètres d'épaisseur. Les petits bancs marno-calcaires qui les recouvrent contiennent *Perisphinctes Achilles* presque tous de grande taille. On en voit de nombreux échantillons au toit de la couche à ciment exploitée. Le pholadomyen qui affleure sous les roches de Rondchâtel contient plusieurs assises de marnes grises avec des marno-calcaires fossilifères intercalés. Le passage au séquanien est formé par les couches du Châtelu à coraux et *Hemicidaris intermedia* comme au Günsberg.

Les deux versants des gorges de Rondchâtel sont entièrement argoviens sous les roches et nourrissent une forte végétation sylvestre. La rive droite est beaucoup plus recouverte d'éboulis glaciaires et de quartiers de rocs que l'autre, et les affleurements sont aussi moins considérables. Ce sont toutefois bien les marnes argoviennes qu'on y reconnaît, et qui occasionnent bien plus que sur la rive gauche des glissements dans les éboulis.

Depuis le cirque du Tiefmatteli, au sud de la Heutte, jusqu'à la Combe-Biosse courent parallèlement deux grandes combes argoviennes qui sont des plus caractéristiques. Le spongitien, puissant seulement de quelques mètres, s'adosse à la dalle nacrée sans présenter nulle part des crêts isolés ou autre chose que des surfaces arides là où la dalle nacrée s'élève rapidement du fond de la combe. Le rôle orographique que joue l'argovien dans la chaîne du Chasseral revient entièrement aux calcaires hydrauliques de nature marneuse et au pholadomyen. Mais les éboulis des crêts séquaniens masquent le terrain marneux sur plus d'un point, et la végétation se déploie ainsi vigoureusement sur ce sol mélangé. Les saignes font généralement défaut, mais l'écoulement des eaux ne se faisant que lentement dans les points où la combe a peu d'inclinaison, il en résulte des prés humides, comme au Bois-Raiguel, et dans les dépressions fermées, des tourbières, comme au Pierre-Feu. Au contact des marnes avec le dôme oolithique ou spongitien, on aperçoit des lignes d'embosieux, comme dans les combes oxfordiennes. Ils sont surtout bien développés à la Métairie-de-Neuveville-du-Milieu. Malgré le grand développement que prend l'argovien dans la chaîne du Chasseral, on ne peut pas signaler de bons affleurements fossilifères. Le spongitien, assez bien découvert à Meiseschlag, ne renferme pas de grandes richesses paléontologiques; c'est tout au plus si l'on peut y constater la présence de quelques espèces caractéristiques comme l'*Ammonites canaliculatus* et le *Perisphinctes plicatilis*. Les éponges, si abondantes ailleurs, ne sont pas développées dans cette localité. A l'extrémité de la Combe-Biosse, on voit les marnes argoviennes se recouvrir d'éboulis et de quartiers de rocs, et plonger avec la voussure oolithique sous la chaîne du Chaumont.

Une autre combe argovienne, plus intéressante que celle du Chasseral au point de vue stratigraphique et paléontologique, est celle de la Métairie-du-Prince au sud de Courtelary. Elle ne laisse affleurer que la partie supérieure des calcaires hydrauliques, qu'on peut suivre dans le lit du ruisseau qui descend vers le ruz de Cortébert, ainsi que le pholadomyen fossilifère dans tout l'affleurement jusqu'à la Grafenried-du-Haut. On y trouve une faune rauracienne mélangée aux espèces pholadomyennes, dont le *Pholadomya pelagica* d'Agassiz est toujours l'espèce la plus caractéristique. L'étage argovien affleure en entier au fond de la Combe-Grède, où le spongitien qui surmonte le dôme de dalle nacrée présente des fossiles caractéristiques. Les calcaires hydrauliques avec des marnes à ciment sont à découvert le long du ruisseau de Lischensack. Puis vers les Pontins, les argiles glaciaires recouvrent les marnes argoviennes et donnent lieu à une grande tourbière. On en retrouve de plus petites sous les roches de l'Echelette, au sud de Renan, où la combe argovienne va rejoindre la Grand'-Combe, au nord de Montpéreux. Les affleurements y sont rares, partout l'argile glaciaire produit des cultures. A la fabrique de ciment des Convers, où l'étage est comprimé et en partie recouvert d'éboulis, on trouve une bonne tranchée dans le spongitien à l'entrée de la carrière de dalle nacrée. Ce gisement est riche en spongiaires et montre en outre le passage aux calcaires hydrauliques avec des bancs marneux où l'on rencontre *Ammonites alternans* en exemplaires pyriteux.

Chaîne de la Tête-de-Rang. Les belles combes argoviennes des Bugnenets, de la Joux-du-Plâne d'un côté, de la Combe-Robert et de la Combe-Mauley de l'autre côté du dôme oolithique, sont aussi très revêtues de végétation. Leurs formes régulières, les pentes douces de leurs rampes ne donnent guère prise aux érosions actuelles. Mais sur le replat du Bec-à-l'Oiseau, il y a plusieurs marnières ouvertes das nle pholadomyen. Puis, en descendant la route vers Pertuis, on rencontre quelques bancs spongitiens très riches en spongiaires, d'une taille et d'une conservation remarquables. Quelques ammonites caractéristiques comme *Am. canaliculatus* ont été aussi rencontrées en ce point.

En passant à la Chaux-Damin, on aperçoit çà et là des marnes argoviennes, mais la combe est si resserrée et si encombrée d'argiles glaciaires et d'éboulis, dans ce couloir resserré, qu'il n'y a de place que pour les forêts. On est aussi frappé du rétrécissement de la combe argovienne derrière Montpéreux, où les bancs à ciment hydraulique sont cependant exploités en galerie souterraine, et où les matériaux existent en abondance. Le même phénomène s'observe derrière la Tête-de-Rang où l'argovien est décidément pincé entre le séquanien et l'oolithique. Il reparaît en épaisseur normale aux Marnières et aux Charbonnières, tandis que dans la combe des Cugnets, et derrière la Roche-aux-Cros, qui sont cependant des combes argoviennes bien marquées, il est encombré de détritus et d'éboulis.

Le dernier affleurement argovien de notre feuille est celui de la Grande-Sagneule, entre la Sagne et Rochefort, où les caractères de l'étage n'ont pas changé, et où la végétation joue encore un rôle important. Le spongitien entoure la dalle nacrée d'une faible zone calcaire qui se traduit bien par ses saillies de têtes de couches dans le pâturage.

Résumé. En résumé, l'argovien se maintient d'une façon très normale dans les chaînes méridionales depuis Oensingen jusqu'à Rochefort, c'est-à-dire sur toute la grande diagonale de la feuille VII, ou sur une longueur de plus de 80 kilomètres. Ses combes sont des mieux accentuées, elles jouent dans l'orographie de la contrée le même rôle que l'oxfordien dans les chaines septentrionales. Ses dépressions font ressortir les dômes oolithiques qui sont nettement séparés du malm. Mais nous avons fait voir que ces analogies avec l'oxfordien ne sont qu'extérieures. Stratigraphiquement c'est un autre étage, si bien que dans la région centrale du Jura bernois il dévoile clairement sa position et traduit aussi sa manière d'être dans l'orographie. Nous n'avons pas la prétention d'ériger en théorie ces faits qui ressortent de l'observation détaillée du terrain et sont par là même à l'abri de toute réfutation théorique. Mais les allures variables qu'affectent les étages, et les transformations qu'ils subissent d'un point à un autre nous permettent de dire à propos des combes oxfordiennes et de leur substitut, les combes argoviennes, que la nature n'a pas suivi de règle pour former des combes, et que c'est, pour la région qui nous occupe, le fait d'un ensemble de circonstances fortuites et indépendantes les unes des autres, que de voir généralement le malm séparé du dogger par des dépressions marneuses. S'il en est ainsi, c'est à cause des variations de faciès des étages, et non l'expression d'une loi orographique. La figure 3 rend compte de ces transformations.

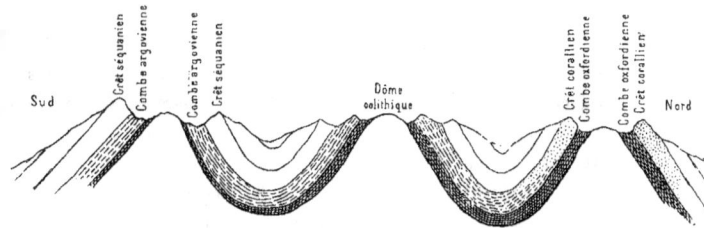

Fig. 3. Rôles orographiques de l'oxfordien, de l'argovien et du rauracien (corallien).

§ IV. Crêts et paliers séquaniens.

En raison de la composition calcaire que présente l'étage séquanien dans les chaînes méridionales du Jura bernois et neuchâtelois, on peut attendre de ce groupe un rôle orographique important. En effet, les principales arêtes des hautes chaînes du Jura sont constituées par les bancs compacts du séquanien. C'est au Chasseral qu'ils sont le mieux développés. Mais on les retrouve plus ou moins nets au Chasseron, à la Tête-de-Rang, au Hasenmatt et au Weissenstein, de sorte que c'est en grande partie le séquanien qui couronne les sommités du Jura neuchâtelois, bernois et soleurois. Ainsi que nous l'avons fait jusqu'ici pour les formes orographiques que nous avons passées en revue, nous examinerons maintenant d'une chaîne à l'autre les caractères du séquanien avec les modifications que subissent ses formes extérieures.

La grande arête des Voirins, à l'ouest de la Tête-de-Rang, est entièrement formée de roches séquaniennes compactes dans lesquelles on distingue à peine les différentes assises. Cependant, les calcaires à grosses oolithes apparaissent immédiatement derrière la crête, et fixent approximativement par leur niveau moyen les limites des étages adjacents. Par contre, au crêt de Cœurie, on retrouve le niveau inférieur à *Hemicidaris intermedia* et polypiers que nous avons rangé à la base de l'étage dans nos travaux antérieurs. Rien n'est venu modifier jusqu'à présent nos conclusions sur l'âge de ces couches. On les poursuit dans toute l'arête de la Basse-Côte de la Sagne, au Mond-Dard, où l'on retrouve des polypiers, à la Roche-aux-Cros, au Roc-Mil-Deux, crêts en grande partie séquaniens, jusqu'aux Prés-de-Cortébert, où ils forment une sorte de borne entourée par les bancs calcaires de l'étage immédiatement supérieur. Cette longue ligne de crêts porte partout le même cachet; ce sont des bancs compacts, fortement redressés, qui présentent des têtes de couches déchiquetées par les agents atmosphériques, et à demi voilées par les sapins. Ces rocs durs ne sont guère accessibles à l'observation géologique que dans les régions plus arrondies où les chemins les traversent, et où l'on peut recueillir des fossiles. C'est ainsi qu'au sud de Renan, de Sonvillier, aux Pontins et à la Perrotte au sud de St-Imier, on en peut étudier plusieurs niveaux dont l'inférieur est toujours de formation coralligène avec quelques beaux échinides. Les ravins entre Pletz et la Métairie-du-Prince sont aussi très remarquables par leurs nombreux niveaux oolithiques, coralligènes ou marneux à *Waldheimia humeralis*. Les roches de l'Echelette et du Bec-à-l'Oiseau, au sud de Renan, sont encore des crêts séquaniens bien accessibles à l'étude géologique, et remarquables par leurs polypiers. Ils sont cités dans le vieil ouvrage de Bourguet sur les pétrifications, et ont été visités par Léopold de Buch pour établir son catalogue des espèces de roches qui constituent les montagnes de Neuchâtel. L'étage séquanien borde très régulièrement la combe argovienne de la Joux-du-Plâne, il est coupé aux Buguenets par la route postale du Val-de-Ruz. En ce point, il y a aussi de grands polypiers comme le *Calamophyllia flabellum* dont on voit de beaux exemplaires au musée de St-Imier. Aux Pointes, on a un cirque séquanien, et le

crêt reprend au sommet de la forêt du droit du Côty pour former une partie
des roches de Pertuis, où il est coupé par une impasse. Il passe ensuite immédiatement dans l'arête du Mont-Damin qui est formée surtout par l'étage kimméridien, se cache également derrière le crêt de la Vue-des-Alpes, à la Saffrière, pour
se dégager un peu à la Sauge, au pied de la Tête-de-Rang. Ici on peut relever
une coupe de l'étage, le long du chemin des Neigeux. On a des bancs oolithiques
blanchâtres au sommet, une alternance de calcaires marneux roux plus ou moins
oolithiques avec des bancs compacts à grosses oolithes, et, à la base, des marno-
calcaires gris passant aux marnes de l'argovien. Le crêt reste recouvert par les
gros bancs du kimméridien qui forment le sommet de la Tête-de-Rang, et ne
se dégage qu'aux Pradières, dans le pâturage. C'est en ce point qu'il présente
le mieux ses caractères de pentes unies, avec des pelouses sèches où croît en
abondance l'alchémille alpine.

Le Chasseral est un type accompli de crêt séquanien. Depuis la Métairie-
de-l'Ile jusqu'au haut des Prés-Vaillons, c'est-à-dire sur une longueur de plus
de deux lieues, se découvre un large front de pâturages au-dessus d'une grande
forêt de sapin. Il est assez remarquable de voir les roches séquaniennes se
détacher presque exactement des kimméridiennes par un changement de régime
dans la végétation. Puis au revers de l'arête où les vastes plans inclinés des
couches sont subitement interrompus, une rampe de trois bancs oolithiques se
maintient sur une grande partie de l'affleurement. Le banc inférieur est coralligène, rempli de blocs de polypiers. Les autres sont oolithiques, de l'espèce
nuciforme que Léopold de Buch a désignée sous le nom de grosse oolithe. Les
paliers intermédiaires entre les bancs oolithiques sont occupés par des marno-
calcaires à *Zeilleria Egena* et *Waldheimia humeralis*, où l'on trouve aussi des
nids d'échinides, surtout *Hemicidaris stramonium*. Cette rampe séquanienne
avec ses plantes alpines, le crêt avec ses pelouses, d'une étendue si constante,
d'une forme si régulière et d'un caractère si agréable, se placent comme au
frontispice de l'édifice orographique jurassien, et l'on retrouve des lignes semblables, des formes analogues dans les chaînes voisines. Dans son flanc d'oolithe
blanche est taillée la Roche-de-Chasseral au pied de laquelle se forment des
éboulis, et où se plaisent, comme dans les Alpes, les linaires alpines et les
vélars odorants. Il y a aussi, au-dessous du signal, un soupirail où personne

n'est encore descendu, et qui paraît conduire très profondément dans l'intérieur de la montagne.

Le séquanien forme un cirque au Saisseli, puis il borde très régulièrement la combe argovienne jusqu'à l'Egasse, avec quatre interruptions très nettes aux impasses de la Porte-de-l'Enfer, au Pont-des-Anabaptistes, à la Métairie-de-Bienne-du-Milieu et aux Auges-Fussmann, tandis que le crêt séquanien du Chasseral n'en possède aucune. La partie du crêt qui porte le nom de Hobel a des blocs de polypiers.

A l'Egasse, le crêt se bifurque pour border d'un côté la Combe-Biosse, et de l'autre pour se relier à la chaîne de la Tête-de-Rang. Le contour de l'Egasse où le crêt séquanien forme un synclinal est bien accessible à l'étude géologique et présente les couches coralligènes de la base de l'étage dans un parfait développement. Le chemin en traverse les bancs, dont l'un marneux contient de très beaux échinides. Ce sont ceux du séquanien inférieur, *Cidaris florigemma var. philastarte Th.*, *Hemicidaris intermedia, stramonium* et *Acrocidaris nobilis*. Le musée de Bienne en renferme une belle série.

On retrouve sous les roches de Rondchâtel un très beau développement de ces couches, comme du reste de tout l'étage séquanien qui constitue la zone inférieure des larges voûtes de la Basse-Montagne de Plagne et du Saisseli. On voit très bien le passage de l'argovien au séquanien dans les marno-calcaires coralligènes à *Hemicidaris intermedia* comme à l'Egasse et au Châtelu. Les calcaires grésiformes qui les surmontent, ainsi que les assises oolithiques moyennes où prédomine l'élément calcaire, sont coupés par la route de Bienne. L'oolithe blanche de Ste-Vérène termine le séquanien au contour de la route.

Le séquanien, dont les assises tendent à se confondre en une seule masse homogène et compacte, forme aussi un étage important dans la chaîne du Hasenmatt, à partir de la ruine de Gestlerfluh au nord de Granges (Grenchen), pour border la combe argovienne de Schauenburg. Dans ce trajet, le crêt séquanien est coupé trois fois par les ruz qui traversent le flanc méridional de la chaîne. La rampe du Hasenmatt est en grande partie formée de roches séquaniennes et couronnée comme la Tête-de-Rang par un chapiteau kimméridien. Mais à partir de la Geissfluh, où l'inclinaison des bancs s'approche de la verticale, le séquanien forme une haute muraille dont les allures sont indépendantes. On la traverse à la Schattenfluh, sur le sentier de Soleure au Weissenstein, puis elle se poursuit derrière la Balmfluh où elle est brusquement interrompue par l'impasse de Niederwyl. Cependant, elle se poursuit en contre-bas par Günsberg vers Niederbipp, où elle s'accuse par quelques collines peu élevées. On observe très bien le crêt séquanien à Oensingen, où il supporte le château, et plus à l'est, par Egerkingen jusqu'à Wangen près d'Olten, où les assises séquaniennes deviennent de plus en plus homogènes, généralement oolithiques de la base au sommet, et l'on rejoint ici la série d'Argovie des Crenularis et des Wangenerschichten. Le crêt séquanien du versant nord de la chaîne du Hasenmatt est très continu depuis Balsthal jusqu'au Langschwand au Grenchenberg. Il est cependant coupé par quelques ruz, comme au Rüschgraben et au Stalberg. Une nouvelle route depuis St-Joseph (Gänsbrunnen) au Kleinkessel a mis à découvert la série séquanienne du Röschgraben où l'on ne distingue que très peu d'assises différentes. Comme à Egerkingen, l'élément oolithique envahit toute la série et en fait des bancs uniformes d'une roche blanchâtre, oolithique, d'un aspect corallien qui a induit plusieurs géologues en erreur. Vers le milieu de la série, nous avons trouvé une épiclive couverte de radioles de l'*Hemicidaris stramonium*. Mais dans le ruz de Stalberg à Chaluet, les niveaux sont mieux différenciés, et l'on retrouve ici l'oolithe rousse et les bancs coralligènes du Jura bernois. Signalons encore les affleurements de Langschwand pour leur richesse en polypiers.

Depuis le Buement sur la paroi de Langschwand, le séquanien forme un dôme sur la chaîne de Montoz qui ne s'ouvre qu'à la Cernière pour laisser affleurer l'argovien. Dans tout ce trajet, accidenté de sillons et de proéminences de diverses formes, il n'y a guère d'affleurements importants pour l'étude de l'étage. Mais le caractère général de toute cette région, c'est celui d'un sol maigre, avec beaucoup de saillies rocheuses, des buissons clair-semés et des prés secs, comme on en voit fréquemment sur le séquanien.

Le sommet de Montoz, à 1331 mètres, est sur les bancs à grosses oolithes de la Rochette-ès-Garbeuses où l'on trouve également des niveaux à polypiers. Ils s'accentuent à la Métairie-de-la-Grosse-Combe, où le séquanien inférieur est tout coralligène, et le moyen présente des nids d'échinides comme au Chasseral. Le crêt suit de très près le bord de la côte à cause de la forte inclinaison des strates, mais au contournement de la voûte, à Brahon, l'arête est plus large et s'accuse par un crêt de calcaires à grosses oolithes bien développé. Au Pré-Devant et au Chable, le séquanien ne présente que quelques niveaux à découvert et paraît un peu comprimé.

Il y a une grande analogie entre le Chasseral et la Montagne-du-Droit ou Sonnenberg, pour la forme et le développement régulier des crêts séquaniens. Celui du flanc sud est très large, grâce à la faible inclinaison des strates qui est de 25° à Mont-Crosin. Cette région, couverte de métairies et de pâturages, offre de nombreux affleurements sur la tranche des bancs qui sortent graduellement de terre entre les paliers des assises plus marneuses. Mais l'élément calcaire prédomine et de beaucoup. On trouve toute la série des calcaires oolithiques, depuis l'oolithe blanche de la partie supérieure jusqu'aux calcaires grésiformes et aux couches à coraux de la base de l'étage. L'oolithe rousse de la partie moyenne est entamée au sommet du Sonnenberg par la route des Breuleux. Au revers de la montagne, on voit bien les couches à coraux séparées de celles de l'argovien par un groupe marneux à pholadomyes. Puis les calcaires à grosses oolithes forment des saillies aux Places-de-Dernier avec les dalles d'oolithe rousse exploitée parfois en guise de dalle nacrée. Il y en a plusieurs carrières sur ce revers, ainsi qu'au Cergnion, au nord de Courtelary.

Le sommet du Sonnenberg, aux Eloies, est un large crêt séquanien dont les différents bancs sont bien assez recouverts de pelouses et de sapins, et dont les rampes passent brusquement à l'argovien. Il y a des bancs coralligènes à découvert chez l'Assesseur, où le séquanien forme la voussure du Sonnenberg, ainsi qu'aux Pruats, où elle est encore trouée pour former de petites tourbières sur les marnes argoviennes. Les crêts des Pruats ont beaucoup de polypiers, ainsi que les environs de la Ferrière, où le séquanien revêt les mêmes caractères que dans la chaîne du Sonnenberg.

Dans les environs de la Chaux-de-Fonds, les crêts séquaniens jouent un grand rôle, en ce qu'ils dominent partout les combes argoviennes de leurs arêtes rocailleuses. Les couches sont ordinairement verticales, mais elles ne s'élèvent pas très haut, de sorte qu'on a sur le même plan une série d'affleurements écornés. Les arêtes des Moulins, celle de Cornu et de la Rue-de-la-Combe sont toutes séquaniennes avec des niveaux coralligènes partout bien

développés. L'oolithe blanche y joue un grand rôle avec ses bancs crayeux,
pétris de nérinées et de coquilles de corbis. Le faciès ressemble tellement
au corallien de Porrentruy qu'on y retrouve une série d'espèces analogues.
C'est une formation intermédiaire entre le vrai corallien des chaînes septentrionales et celui de Valfin d'un âge beaucoup plus récent. M. Jaccard[1]) a
recueilli à la Rue-de-la-Combe, aux portes de la Chaux-de-Fonds, une faune
intéressante qui mériterait une étude paléontologique comme celles de Valfin
et de la Caquerelle. On retrouve ce niveau bien développé et caractéristique
par son oolithe crayeuse entre la Combe-Perret et la Toffière en descendant
le chemin de la gare des Convers, ainsi qu'à Cornu. Le tunnel des Crosettes
l'a également traversé en son milieu où se sont rencontrés les mineurs. Les
matériaux exposés à la désagrégation gisent dans le remblai de la Halte-du-
Creux, où l'on peut recueillir des fossiles. Mais le gisement du chalet de Nods
sur le Chasseral est beaucoup plus riche.

Les crêts du Commun-de-la-Sagne, de la Roche-Coueinée, du Bois-Jean-
Droz, celui des Grandes-Crosettes et du Cerisier au sud de la Chaux-de-Fonds
sont entièrement séquaniens. On y exploite les niveaux oolithiques moyens,
l'oolithe rousse et les calcaires blanchâtres qui livrent des matériaux de mauvaise qualité à cause de la nature poreuse de leur composition oolithique. Ce
sont des pierres plus ou moins gélives, ce que ne sont toutefois pas toutes
les oolithes.

Dans la chaîne du Pouillerel, les crêts séquaniens forment une zone surbaissée qui passe à la Combe-Grieurin, au Cernil et au Rond-Gabus, où les
couches sont partout fortement redressées, avec des carrières difficiles à
exploiter.

Depuis Belair, le séquanien passe au Vallanvron par la Joux-Perret, où
il forme voussure sur l'extrémité du dôme du Pouillerel. Aux Liâpes et aux
Bassets, il forme des affleurements remarquables par leurs roches oolithiques
très compactes et exploitables. L'oolithe rousse y est d'une qualité supérieure
et donne de bonnes pierres de taille. Les calcaires à grosses oolithes y forment
aussi des bancs importants. La base de l'étage est très intéressante par ses

---

[1]) A. Jaccard. Sur un gisement fossilifère astartien à faciès coralligène à la Chaux-de-
Fonds. Archives de Genève, 3me pér., t. XII, p. 532—534, Genève 1884.

niveaux coralligènes très riches en polypiers. On en trouve un bon gisement aux Bassets, sur la route du Doubs. Le niveau touche à l'argovien, mais appartient déjà à l'étage séquanien par ses lumachelles formées de fossiles séquaniens *(Apiocrinus Meriani, Ostrea nana,* etc.). Dans tout le plateau du Vallanvron, il y a plusieurs affleurements séquaniens analogues, plus ou moins accessibles à l'observation, ainsi qu'une zone étroite comprimée dans les côtes du Doubs. La coupe de la Côte-Perret sur la route des Planchettes, et le crêt de la Grébille sont remarquables par leur développement des bancs à grosses oolithes.

Quand on suit la route de la Ferrière à la Chaux-d'Abel, on rencontre de nombreux crêts et paliers séquaniens dans lesquels les niveaux marneux commencent à jouer un rôle orographique. Il y a entre les deux groupes de maisons de la Ferrière un bon développement des calcaires grésiformes de la base du séquanien qui ressemblent à s'y méprendre à la dalle nacrée. Puis des niveaux coralligènes se montrent aux Pruats, et, sur la nouvelle route de la Chaux-d'Abel, les marnes à *Waldheimia humeralis.* A la Grande-Coronel, le séquanien forme une ceinture d'affleurements autour d'une dépression argovienne.

Au sud des Bois, depuis le Crêt-Brûlé aux Fonges, le crêt séquanien est bien marqué et laisse affleurer les bancs de l'oolithe rousse au milieu des pâturages. Tout l'étage s'appuie contre le dôme argovien du Peu-Claude et du Peu-Chapatte en formant partout un crêt saillant que recouvrent les forêts ou les pâturages. C'est le même affleurement qui passe aux Vacheries et dans le village des Breuleux, avec ses roches oolithiques caractéristiques. L'oolithe rousse et les calcaires à grosses oolithes y forment des surfaces plus ou moins recouvertes d'argile glaciaire où les saillies rocheuses et les carrières ne font cependant pas défaut. Le synclinal séquanien qui se termine au nord du Peu-Chapatte montre bien les caractères de l'étage avec ses crêts rocheux à demi recouverts de prés secs et de coudriers.

Les mêmes zones se poursuivent par la Chaux-des-Breuleux au Cernil-de-Tramelan et aux Vacheries-des-Genevez, toujours faiblement recouvertes de terre et de végétation. On en peut étudier la composition dans le pâturage communal vers le moulin de la Gruère, où l'on a un bon affleurement de l'oolithe rousse et le passage coralligène au rauracien. Les crêts séquaniens du Georget sont aussi très caractéristiques, celui du flanc nord est toutefois très rasé et recouvert par le limon de ces hauts plateaux. Aux Reussilles, on retrouve les calcaires à grosses oolithes qui se poursuivent au pâturage du droit de Tramelan, sans former de crêts bien saillants. Dans la montagne du Jorat, comme plus au nord où l'argovien forme des crêts et des voûtes, le séquanien, quoique encore assez généralement calcaire, reste en épaulements et en paliers sur le flanc des montagnes. C'est ce qu'on peut bien observer à Montbautier, dans les pâturages des Genevez, où l'on retrouve encore tous les niveaux caractéristiques du séquanien, l'oolithe blanche, la rousse, les grosses oolithes et les calcaires grésiformes. Toutefois, les intercalations marno-calcaires commencent à s'accentuer.

Le séquanien s'étend sous le finage des Genevez où il est en partie recouvert de limon et forme de petites arêtes méandriques au milieu des champs. Mais à Lajoux, où il occupe le fond d'un large synclinal, il reprend ses surfaces régulières qui s'appuient et montent insensiblement contre les crêts de l'étage précédent.

En passant au Moron, les paliers séquaniens s'accentuent, bien que la composition générale de l'étage n'ait pas beaucoup changé. On trouve encore ici, vers la base, des niveaux coralligènes qui forment de petites arêtes le long des prés du Champois, au pied des crêts coralliens. Les marno-calcaires oolithiques occupent la partie moyenne de la zone qui est fortement recouverte de limon et de pâturages. Dans les ruz du flanc nord de Moron, on a quelques coupes du séquanien; celle du ruz de Souboz révèle clairement le niveau astartien au milieu des marno-calcaires oolithiques de la partie moyenne de l'étage.

Les gorges de Court présentent des fragments d'une coupe séquanienne qui révèle des marno-calcaires bien développés à la base, et des oolithes à la partie supérieure. L'oolithe blanche existe sous les corniches de l'étage kimméridien et se trouve au niveau de la route vers la guérite de la voie ferrée. Immédiatement au-dessous se voit le calcaire gris à *Rhynchonella pinguis* en partie pisoolithique qui contient aussi des lits de *Waldheimia humeralis*. Quant à la partie inférieure de l'étage, elle est fortement recouverte d'éboulis à cause de sa nature marneuse et du passage également marneux à l'argovien. L'oolithe blanche et le calcaire gris sont encore bien développés à la tête du tunnel de la sortie des gorges, vers Moutier. Pour avoir les calcaires grésiformes et les niveaux à échinides de la base de l'étage, il faut monter au Graitery, où le séquanien forme des flanquements et de larges paliers contre les roches argoviennes. Mais une nouvelle transformation s'accomplit à l'Oberdorferberg où l'élément calcaire reprend le dessus, et où le séquanien forme un crêt très accentué pour passer à la Haute-Joux et dans la cluse de St-Joseph. Les calcaires grésiformes sont très développés et très compacts à la base, les assises moyennes finement oolithiques et dures, de sorte que l'on retrouve ici un étage oolithique calcaire très analogue à celui de Günsberg.

Le séquanien revêt au Raimeux, comme au Graitery, des caractères mixtes. Mais au lieu d'y voir le faciès coralligène envahir tout l'étage sur son prolongement horizontal, c'est la base seulement qui est coralligène et qui tranche par là sur les formations oolithiques de la partie moyenne. Nous avons déjà observé aux Franches-Montagnes ce développement coralligène du séquanien inférieur sur son passage au rauracien ou à l'argovien. On voit clairement qu'après le dépôt du rauracien, les coraux ont émigré vers le sud, et on les retrouve à un niveau d'autant plus élevé qu'on s'avance dans cette direction. Dans la chaîne du Raimeux, ils occupent précisément la base du séquanien ou le passage à l'argovien, ce qui donne en ce point une limite peu nette entre ces deux étages. Cependant, le grand développement des calcaires blanchâtres de l'argovien permet de considérer les assises coralligènes du Raimeux comme appartenant déjà au séquanien, d'autant plus que leur équivalent, dans les gorges de Moutier, est franchement séquanien et correspond aux couches du Châtelu à *Hemicidaris intermedia*, *Zeilleria Egena*, *Rhynchonella pinguis*, etc. Ces assises coralligènes sont seulement plus compactes au sommet du Raimeux et forment un large crêt séquanien. Elles bordent aussi les trouées oxfordiennes de Grandval, où l'on observe bien le passage aux calcaires blanchâtres de l'étage précédent. Quant à la partie oolithique du séquanien, elle reste en palier en arrière de l'arête coralligène et présente des affleurements fortement mélangés de limon. Cette série est à découvert aux Gressins-Dessus et dans les roches des Gossins.

Etant donnée la composition toujours plus calcaire du rauracien à mesure qu'on s'approche du val de Delémont, il ne faut pas s'étonner de voir s'effacer les crêts séquaniens au contact de cet étage, et cela d'autant plus que dans cette région la partie moyenne du séquanien, quoique formée d'assises analogues à celles qu'on rencontre dans les chaînes méridionales, présente des assises incohérentes, qui tendent plutôt à former des paliers contre les crêts coralliens. On peut bien s'en convaincre à la Basse-Montagne-de-Moutier, depuis les Arsattes jusque sur le Rochet, et au flanc nord de la chaîne du Coulon, où le séquanien reste partout en contre-bas des crêts coralliens. La partie inférieure de l'étage même y reste plus marneuse qu'au Raimeux et renferme des assises à échinides, exploitées par Mathey, dont la première collection, vendue à M. Mösch, est devenue la propriété du Musée de Zurich.

On retrouve ces dépressions dans les gorges de la Sorne au-dessus des galeries du Pichoux, où le séquanien forme, comme dans les gorges de Moutier, de larges zones marneuses occupées par la végétation sylvestre. Sur la route des gorges, on traverse les assises séquaniennes fossilifères immédiatement à la sortie de la dernière galerie vers Sornetan. Ces assises peu compactes du séquanien donnent lieu dans les champs sur Fornet à des dépressions occupées par la végétation, comme du reste aux environs de Lajoux. C'est encore le rôle que joue cet étage depuis le Moulin-des-Beusses jusqu'à Montcenez, où il se recouvre irrégulièrement de pâturages en épaulements des crêts coralliens. Il passe à l'Etoiné, aux Cufattes, sur le flanc nord de la chaîne des Montbovets, et dans le synclinal de la Sagne-à-l'Aigle et de la Theure, où il forme encore des affleurements entrecoupés de champs. L'oolithe blanche s'observe partout avec les mêmes caractères.

Aux environs du Noirmont, le séquanien forme de grands affleurements qui, sans jouer un rôle orographique bien net, se font néanmoins remarquer par leurs roches caractéristiques. On trouve l'oolithe rousse en montant des Emibois au Roselet, ainsi que la blanche au sommet de la série séquanienne. Cette dernière est aussi très belle par ses oolithes cannabines et son ciment granuleux, à la sortie occidentale du village du Noirmont. Les Cerneux, au flanc sud du Spiegelberg, présentent des bancs d'oolithe rousse, avec des marnes intercalées, en couches peu inclinées. Le séquanien se traduit ici en petites combes qui ne s'accentuent que dans les parties plus inclinées où le corallien prend du relief.

Mais dans les environs de Saignelégier, où il y a plusieurs zones séquaniennes, les formes émoussées du terrain ne prêtent aucun rôle orographique à cet étage qui est toujours recouvert par la végétation. Toutefois, on rencontre de grands bancs à grosses oolithes sur le crêt de Muriaux, ainsi que des assises marneuses d'oolithe rousse dans les côtes de Méboz sur les roches coralliennes de Goumois. Le faciès de l'étage est ici représenté par l'astartien à petits fossiles caractéristiques, comme *Astarte supracorallina*, *Turitella mile-milia*, très nombreux et très serrés sur les plaquettes de la roche oolithique.

Le rôle du séquanien s'efface de plus en plus dans les côtes du Doubs qui sont très rapides et où les étages marneux sont souvent comprimés. Mais on en trouve des assises horizontales au bord de la rivière, qui les entame dans son cours. On voit bien les marno-calcaires à *Waldheimia humeralis* au Moulin-du-Bief-d'Etoz, en descendant de Belfond au Moulin-Theusserret, puis au Moulin-Jeannotat, où la présence du séquanien engendre des paliers qui facilitent les abords du Doubs presque toujours encaissé ailleurs dans les roches rauraciennes ou kimméridiennes.

Le synclinal séquanien des Sairins, sans présenter de nombreux affleurements des roches de l'étage, est cependant bien caractéristique par ses replats couverts de champs et de pâturages. Il se poursuit sans interruption jusqu'aux Pommerats, où l'on trouve quelques affleurements au bord du chemin, ainsi qu'à la côte du Sciet. Le même synclinal reprend à la Combe-du-Tabeillon et à Foradrai où s'observent encore des marno-calcaires oolithiques. Le palier séquanien au sud de Saulcy forme une petite combe dans les gorges d'Undervelier, comme du reste celui du Grand-Rossat, et tous deux reparaissent au Chenal-de-Soulce pour border les crêts coralliens de la chaîne de Vellerat.

On observe bien dans la tranchée de la ligne du chemin de fer à Choindez les assises essentiellement oolithiques du séquanien de cette région. L'oolithe rousse s'y trouve encore représentée par des assises peu cohérentes et fossilifères à nérinées et natices, tandis que les calcaires à grosses oolithes ont fait place à des marno-calcaires moins bien caractérisés. L'oolithe blanche des plus

typiques existe encore au sommet de la série. Ce groupe d'assises essentielle-
ment marneuses recouvre directement les calcaires blancs et crayeux du rauracien.
Le séquanien forme voussure sur Montchemin, et reparaît dans les rochers du
Thiergarten.

Dans la cluse de Roche, où la série est tout à fait comparable à celle
de Choindez, la base du séquanien renferme des calcaires grésiformes à échinides, qui se relient directement à ceux du Raimeux, tandis que le rauracien,
en gros bancs de calcaires blanchâtres, renferme encore des polypiers. La
partie moyenne du séquanien et la supérieure sont très caractéristiques et
fossilifères, de sorte que nous avons à Choindez et à Roche le passage direct
des marnes astartiennes d'Angolat, près de Soyhières, à l'oolithe rousse et
aux calcaires à grosses oolithes qui représentent l'astartien plus au sud. Les
calcaires grésiformes, qui surmontent à Roche le vrai corallien et à Moutier
les calcaires argoviens, ne sont qu'une prolongation de la formation coralligène dans l'étage séquanien, au moment où les polypiers émigrent vers le sud,
mais non l'équivalent du rauracien dans les chaînes méridionales. C'est ce qui
ressort clairement des coupes que nous avons publiées dans les Archives des
sciences physiques et naturelles de Genève, février 1888, auxquelles nous
renvoyons le lecteur pour de plus amples renseignements stratigraphiques.

§ V. Voûtes, synclinaux, crêts et flancs kimméridiens.

On voit bien dans les gorges de Moutier les allures et la composition
constantes de l'étage kimméridien. Ces gros bancs de calcaires pâles se ploient
en voûtes (fig. 4), ou se redressent en murailles verticales qui bordent les
affleurements inférieurs en crêts réguliers et partout continus. On ne trouve
nulle part des polypiers comme dans les autres étages, les fossiles sont du
reste peu abondants, et les bancs compacts, sur de grandes étendues, n'en
contiennent que des traces. C'est aux joints argileux des bancs calcaires que
çà et là on retrouve quelques espèces de la faune de Porrentruy, précisément
les plus caractéristiques: *Pteroceras Oceani, Ceromya orbicularis, Cardium Ban-
neianum, Mytilus Jurensis, Ostrea pulligera, Terebratula suprajurensis.* Il y a
toutefois des bancs oolithiques, plus ou moins blancs, à bryozoaires, d'autres
à nérinées, qui occupent partout le sommet de la série et semblent se relier

aux assises coralligènes du Jura occidental et méridional. Mais ces bancs, ni par leurs caractères orographiques, ni par leur aspect dans les rampes et les crêts kimméridiens, ne se détachent des assises ptérocériennes proprement dites. Nous nous contenterons donc de signaler ici les principaux crêts, les synclinaux et les voussures qui donnent au paysage jurassien quelque cachet, en même temps que les stations les plus intéressantes pour l'étude des assises kimméridiennes.

Le kimméridien de Courrendlin forme une voussure sur Montchemin et sur Mouton où la forme arrondie de la montagne est surtout prononcée. Le sol est très sec, avec de maigres pâturages qui ne sont protégés contre l'aridité que par la fraîcheur qu'y entretiennent les forêts. Les affleurements kimméridiens sont en général les plus arides dans le sol du Jura. L'exposition, l'altitude, influencent beaucoup la force de la végétation, mais en général les affleurements et les crêts du kimméridien sont très exposés à la dénudation, et ne doivent pas être déboisés. Au sud de Châtillon, le crêt kimméridien est bien prononcé et surtout très rapide. Il passe par le Bois-des-Fosses à la Métairie-des-Pics où ses roches sont redressées et même renversées. Le crêt s'appuie mieux contre la montagne à la Forêt-de-l'Emeri et au Vialon, où il est tout en forêt, et forme voussure vers Soulce. Au sud de Berlincourt, l'étage s'élève aussi régulièrement dans la Côte-de-la-Chaux et à l'envers de Glovelier, où l'exposition et les argiles glaciaires sont favorables à la sylviculture. Au nord de Montfaucon, le kimméridien est enfermé dans le synclinal des Sairins et ne borde que le sommet des Côtes-au-Bouvier, pour passer au Plain-sur-les-Roches, où il est fossilifère. Il forme aussi l'étage supérieur des roches de Vautenaivre. Les prés de Beaugourd sont situés sur un synclinal taillé en arête dans les roches kimméridiennes.

Le val de Soulce et d'Undervelier est aussi exclusivement encadré par les roches kimméridiennes qui sont plus redressées et plus arides au droit qu'à l'envers. On voit une voussure régulière depuis le Bambois sur Mont-de-Dos, qui se présente sous la forme d'une rampe largement arquée dans les gorges du Pichoux. Le synclinal kimméridien du val de Soulce se termine à l'envers du Folpotat en une longue pointe au pied des paliers séquaniens. On observe une pointe analogue à la Verrerie-de-Roche, à l'extrémité occidentale du synclinal de Rebeuvelier. La cluse traverse ici des roches verticales dressées comme des tours. Leur prolongement au flanc nord du Raimeux est par contre peu saillant quoique très raide.

Le type d'une voussure kimméridieune est la Basse-Montagne au droit de Moutier, séparée de la chaîne du Raimeux par le beau synclinal de la Combe-du-Pont. Les rochers kimméridiens forment deux arcs réguliers au sommet des rampes de la cluse de Moutier. Les bancs supérieurs sont des calcaires blancs, comme à Undervelier. Au nord de Crémine et de Grandval, les roches kimméridiennes sont très découpées et très resserrées, et elles s'arrêtent à mi-côte sur le flanc sud du Raimeux. Il en est de même au flanc nord du Graitery; partout le kimméridien est trop fortement redressé pour produire des pentes favorables à la sylviculture. Depuis Perrefitte à Fornet, les côtes du droit de Plainfahyn, des Ecorcheresses, du Droit-Mont, moins raides que celles du val de Moutier, sont recouvertes de belles forêts de sapins. Mais le sol y est encore très maigre et exposé aux dénudations.

Aux environs de Lajoux, les synclinaux ne contiennent presque plus de kimméridien; on a plutôt de larges affleurements de roches plus anciennes. Il en reste toutefois un lambeau autour du moulin de Pleine-Saigne et au Pré-Petitjean, où l'on retrouve des fossiles de Porrentruy. Cette région, où le kimméridien est à rase du sol, malgré les inclinaisons de ses bancs, se partage entre les forêts et les pâturages, grâce surtout au lehm glaciaire qui recouvre en grande partie la tête des couches de l'étage qui nous occupe. C'est ainsi que les pâtures du Pécher (Pâquier) et des Communances sont en grande partie sur le kimméridien.

Un synclinal isolé des roches kimméridiennes forme un palier sur les roches de Belfond, dans la Grosse-Côte de Muriaux, où l'on voit aussi des pitons de roches d'un très bel effet depuis le moulin du Theusserret. A partir de Muriaux, un autre synclinal très resserré s'engage dans les côtes du Doubs et ne s'arrête qu'à Biaufond, en formant une rampe qui borde la rivière. Elle est souvent entrecoupée par les ruz qui descendent vers le Doubs. On trouve un gisement intéressant de fossiles ptérocériens en descendant le sentier de la Goule, au pied d'une forte rampe de cet étage. Ce sont de nombreux *Ostrea pulligera Terebratula suprajurensis* munis d'un test nacré de couleur sanguine très remarquable.

Le kimméridien forme au Cerneux-Godat, au sud du Noirmont, aux Chenevières et à la Theure, un synclinal très resserré avec des crêts saillants qui laissent percer les roches à travers les pâturages et les sapins. Elle s'élargit un peu à la tourbière de Chantereine, où l'on trouve des dépôts tertiaires comme à Pleine-Saigne.

Dans les gorges de Court, le kimméridien recouvre les étages inférieurs en s'élevant en crêts au Graitery, dont le flanc nord est très raide, et subitement interrompu, tandis que sur le Mont-Girod, la voûte kimméridienne est entière avec une rampe en arc de plus de 150 mètres de hauteur.

La voûte kimméridienne de l'extrémité orientale du Moron est plus aiguë. Les deux flanquements, tout en étant très inclinés, ne s'élèvent pas au-dessus de 1200 mètres au flanc sud et de 1100 mètres au flanc nord. La voussure est entièrement kimméridienne à l'ouest des Bouts-de-Saules, et après un synclinal à la Combe-des-Peux, l'étage reforme une voussure secondaire très arrondie, sur laquelle est situé le hameau de Moron.

Toutes les forêts du Béroie, au nord de Bellelay, sont sur les roches kimméridiennes insensiblement relevées pour former un synclinal aux Genevez. La pente est, par contre, assez raide vers Montbautier, où le flanquement kimméridien s'arrête au haut de la côte pour laisser, sur un premier gradin, s'étaler les pâturages du séquanien. La côte et les Places, au nord de Tramelan, sont de nouveau occupées par le kimméridien qui n'a pas changé d'allures depuis Courrendlin. On retrouve les bancs fossilifères de la base de l'étage sur la route de Tramelan aux Reussilles où ils sont exploités.

Dans le synclinal du Cernil, les roches kimméridiennes, sans former des crêts saillants, percent cependant le pâturage par leurs têtes de couches, et vont border les finages de la Chaux et des Breuleux pour passer aux Cerneux-ès-Veusils et à la Chaux-d'Abel, où elles s'étalent en grandes surfaces accidentées de bois et de pâturages. Il y en a également des lambeaux disloqués au Vallanvron, et un synclinal resserré et pincé dans les rampes du Doubs, depuis le Rang-Godat jusqu'au cirque de Moron, sur la feuille voisine, où l'on remarque les corniches de ses bancs puissants.

Au flanc sud du Pouillerel, le kimméridien forme bien un crêt, mais il est tellement surbaissé qu'on ne le distingue pas dans la topographie. Il passe au Petit-Château, près de la Chaux-de-Fonds, et livre çà et là des bancs exploitables, quoique fortement redressés. Il est bien développé à la Joux-Perret et aux Arêtes-des-Moulins, où il forme un synclinal. Dans les environs de la Cibourg et de la Combe-du-Pélu, les roches kimméridiennes forment de grands affleurements avec tous les niveaux accessibles, bien qu'un peu difficiles à rassembler. On trouve d'abord à la Haute-Ferrière les assises inférieures fossilifères. L'*Ostrea pulligera*, avec le *Trichites Saussurei*, y est particulièrement abondante. Sur les Crêts-de-la-Ferrière, on trouve les niveaux supérieurs à *Nerinea depressa*, représentés par des roches jaunâtres ou blanches. Toute cette région est accidentée de saillies et de dépressions formées par l'érosion qui laissent bien des bancs à découvert. Le sol est éminemment propre à l'extension des pâturages et des petits bosquets de sapins.

Depuis le droit de Renan, où l'on trouve beaucoup de fossiles kimméridiens, les bancs s'inclinent dans les côtes de Sonvillier pour former des rochers nus et des coulisses. Il affleure depuis mi-côte jusqu'aux pâturages du Sonnenberg au droit du Vallon, où ses couches sont assez redressées et se terminent par des arêtes ou des pyramides curieuses taillées par l'érosion atmosphérique. De ce nombre est la Pierre-Tournante au haut du sentier de la Brigade. A partir de Champmeusel, entre Villeret et Courtelary, la côte est moins rapide et s'élève insensiblement en crêt, que coupe en écharpe la route de St-Imier à Mont-Crosin. La position permet d'exploiter de grands bancs ptérocériens qui livrent une bonne pierre de taille. On y rencontre souvent des coquilles nacrées d'huitres, de trichites et de térébratules de la faune de Porrentruy. Par contre, au nord de Cortébert, les roches kimméridiennes sont redressées au sommet de la montagne, et sont entamées plus fortement au sommet qu'à la base par le Cheneau-de-Cortébert. C'est un site remarquable par ses rocs découpés en arêtes tranchantes.

Sur le revers de la montagne, à l'envers de Tramelan, le kimméridien reste très bas dans le synclinal et passe insensiblement et par des formes arrondies aux paliers séquaniens. On retrouve exactement ici les mêmes bancs à *Ostrea pulligera* qu'à St-Imier.

Le kimméridien forme une voussure sur la montagne du droit de Corgémont, avec un élargissement vers le Plau-au-Maire et la Rochelle. En ce point, la voûte est carrée du côté nord, sur Orange, où la côte est assez rapide et ressemble d'une manière frappante à celle de Montbautier vis-à-vis de Bellelay. Mais le séquanien n'affleure pas, et les roches kimméridiennes s'étendent par les pâturages et les prés secs de la Tane pour se renfler en voussure au sommet du Sonnenberg. Il y a dans cette région de nombreux ruz méandriques où s'abritent les métairies, et où les eaux sont toujours très vite absorbées par les bancs calcaires. La voussure de Pierre-Pertuis est des plus régulières et n'est coupée qu'à mi-hauteur par la gorge. La roche percée de ce défilé du Jura est entièrement l'œuvre de l'érosion naturelle, sans aucun travail artificiel.[1]) Mais, depuis l'époque glaciaire, les eaux ont diminué de volume et pris un passage souterrain jusqu'à la source actuelle de la Birse. On trouve encore au-dessus du portail du tunnel de la voie ferrée, du côté sud, des sables stratifiés qui prouvent le passage d'un cours d'eau dans ce col de Pierre-Pertuis à l'époque glaciaire.

La forêt de Malvaux, très encombrée de terrain meuble et de détritus glaciaires, est en grande partie sur les roches kimméridiennes, ainsi que le replat du Vion. La hauteur de la rampe qui domine ici la gorge est de plus de 120 mètres entièrement dans les bancs kimméridiens. Ceux de la base sont exploités. Par contre, la roche percée se trouve dans les calcaires blancs à bryozoaires de la partie supérieure du kimméridien.

Quant au tunnel du chemin de fer, on sait qu'il traverse en son milieu les marnes de la base du séquanien séparées du pied des roches kimméridiennes par une différence de niveau d'environ 70 mètres d'après la carte au $1/_{25000}$, ce qui donne, comme dans la chaîne du Montoz, l'épaisseur moyenne du séquanien.

L'extrémité occidentale du Montoz, entre Tavannes et Sonceboz, présente trois voussures kimméridiennes, dont celle de Tourne-Dos est la plus aiguë. Ici les roches sont partout saillantes et accessibles. La Suze a entamé le pied de la voûte par une petite gorge très pittoresque. On y retrouve les calcaires blancs du sommet de l'étage dans le massif du tunnel et dans les bancs

---

[1]) De Saussure exprime le même avis à propos du passage de Pierre-Pertuis au chapitre XIV, le Jura, p. 269, du tome premier de ses Voyages dans les Alpes, in-4°, Neuchâtel 1779.

découverts sur la route de la Heutte. Partout, au flanc sud du Montoz, le kimméridien est redressé verticalement ou renversé, et forme un crêt rocailleux où les forêts sont clair-semées. On trouve les bancs ptérocériens fossilifères avec *Mytilus jurensis* en montant à la Vanne. Les forêts sont des plus denses sur le flanc des Chaudières et vers le Bürenberg, par le fait que la chaîne du Montoz se remet d'aplomb. Au flanc nord, le crêt kimméridien, sans s'accentuer outre mesure, s'élève depuis mi-côte jusqu'au replat occupé par le séquanien et fournit un sol forestier des plus étendus. Là où, cependant, l'inclinaison du flanquement devient plus forte, on voit des têtes de couches faire saillie, comme c'est le cas à l'envers de Chaluet.

Plus à l'est, le flanc kimméridien se poursuit sans interruption à l'envers du val de Rosière, sur le flanc nord du Weissenstein, où il est plus ou moins soudé avec le séquanien et forme de larges flanquements recouverts de forêts (Scheiterwald, Lebern).

Par contre, sur la lisière du plateau suisse, depuis Niederbipp à Günsberg, le crêt séquano-kimméridien, comme nous l'avons établi, ne s'accentue que très faiblement, laissant de ce côté les étages oolithiques à découvert. C'est une série de collines alignées en chapelet, plutôt qu'un crêt continu. Le pied de la montagne est du reste fortement recouvert par le diluvium, qui cache beaucoup de malm. Il ne peut naturellement pas être question de voir à Günsberg la molasse toucher au keuper, comme l'indique jusqu'ici la carte; car c'est le glaciaire qui recouvre la contre-partie de la voussure au niveau de la plaine.

Les crêts kimméridiens reprennent bien et subitement leur rôle à partir de la Balmfluh vers l'ouest, et ce sont eux qui caractérisent à proprement parler le Weissenstein. Depuis la plaine, on voit ces roches blanches percer les bouquets de sapins et s'étendre en crêts saillants jusqu'à la rencontre du séquanien qui leur dispute le même rôle orographique. Ici c'est l'étage kimméridien qui s'avance jusqu'à l'arête, là c'est le séquanien qui atteind le plus haut point. On peut dire que la forme du crêt dépend de l'inclinaison du flanquement.

La couverture du Hasenmatt est kimméridienne, avec une inclinaison modérée. Il y a même une sorte de flexion au penchant de la montagne qui fait mieux ressortir le petit plateau incliné du Hasenmatt. Plus à l'ouest, le

Burgbühl et le Himbeeren ont des crêts séquaniens proéminents à cause du fort redressement de la chaîne. Tout le Vorberg et le Stierenberg de Granges, depuis la Gestlerfluh jusqu'à Vor-der-Egg, représentent un nœud confluent régulier dans le kimméridien. C'est d'abord un flanc très incliné qui se transforme en selle, puis en voûte, d'une manière continue, seulement avec quelques saillies rocheuses. L'extrémité du vallon de Péry passe par une cluse longitudinale à Hinter-der-Egg, dans la combe argovienne de Grabenschwand. Ici les crêts kimméridiens sont bien taillés, l'un termine la chaîne du Hasenmatt, l'autre commence celle du Montoz.

La montagne de Plagne est une belle voûte kimméridienne avec des flanquements portlandiens. Le sommet est presque toujours arrondi et occupé par des prés secs. Dans les roches de Rondchâtel, on a la coupe de la voussure qui est très obtuse, mais des plus régulières. On exploite les bancs ptérocériens à la Reuchenette; ils sont massifs et livrent une excellente pierre de taille. On y trouve les fossiles de Porrentruy. Au même niveau, dans le tunnel de la ligne du chemin de fer, on a rencontré de grands nautiles, actuellement au musée de Bienne *(Nautilus giganteus)*. On retrouve au Saisseli la même voûte kimméridienne qui reste comme un tronçon de la chaîne du Chasseral entre la cluse de Rondchâtel et l'impasse du Steinersberg. Le flanc nord est en forêt et, quoique très incliné, beaucoup moins rocheux que celui d'Orvin, très sec et très aride, où les têtes de couches se dirigent en pointes vers le ciel.

Dans la forêt de Londonvilier, on trouve une voûte, un synclinal et un crêt kimméridiens, en ce que la chaîne du Chasseral s'adjoint ici une voussure secondaire essentiellement kimméridienne. Les roches du crêt principal sont verticales, et le synclinal très-resserré. Elle est en outre encombrée de rocs et d'éboulis. La forêt de l'envers de Sonceboz et le pâturage des Boveresses sont presque entièrement kimméridiens, tandis que le crêt des Boveresses ne forme que la continuation de celui de la Porte-de-l'Enfer. Au Pont-des-Anabaptistes, il est coupé par un ruz qui descend vers Corgémont. Ce ruz du Bez montre bien les allures des bancs kimméridiens, qui y forment un large pli aigu au sommet. Puis à la source du Bez, un nouveau repli kimméridien s'ajoute à la montagne. Ces trois zones se poursuivent sur le

revers de la chaîne du Chasseral jusqu'à la Combe-Grède, avec quelques sur-
baissements du pli extérieur. Les rochers de la Chaise-à-l'Evêque sont en
grande partie kimméridiens; ils se prolongent par la métairie de l'Himmelette
au Creux-Joly, où ils se terminent en synclinal. Quant aux petites voussures
de l'envers du vallon de St-Imier, elles disparaissent graduellement et se
recouvrent de portlandien vers le château d'Erguel, de sorte qu'aux Convers
et au Roc-mil-deux, on n'a plus qu'un crêt kimméridien plus ou moins soudé
au séquanien, à cause du rétrécissement de la voûte. Le kimméridien est tout
en forêt à la Basse-côte et au Commun-de-la-Sagne.

Depuis Orvin, on voit le flanc sud de la chaîne du Chasseral s'infléchir
insensiblement tout en montant en altitude, et donner au kimméridien un
flanquement des plus étendus parmi ceux que nous avons vus jusqu'ici. Il
est recouvert de prés jusqu'au Pré-de-Mijoux, puis il supporte les grandes
forêts communales de Nods et de Neuveville, avec le repli de la Baume dans
son milieu. Il atteint le sommet du Chasseral à la Métairie-de-la-Neuveville-
du-devant pour border la Combe-Biosse, où il se rapproche de celui du Ru-
mont. Il en reste toutefois séparé par un ruz qui débouche au Pâquier, tandis
qu'à Fornet, on trouve un synclinal dont le crêt nord passe dans la forêt du
Côty et dans les rochers de Pertuis. Le kimméridien conserve bien ses allures,
et domine le séquanien dans toute la chaîne du Mont-Damin, en passant par
la Vue-des-Alpes, pour former l'arête de la Tête-de-Rang. Ses bancs partout
fortement redressés s'élèvent en un crêt rocheux, tandis que depuis la Sauge,
tout en formant l'arête de la montagne, jusqu'au plus haut sommet, ils s'étalent en flanquement boisé jusqu'au-dessus des Geneveys. La crête de la Tête-
de-Rang est faussement appelée les Rochers bruns sur la carte au $^1/_{25000}$;
ces derniers se trouvent plus au nord, dans la voussure oolithique du centre
de la chaîne. Tandis qu'au Chasseral, le séquanien se détache nettement du
kimméridien pour former l'arête de la montagne, les crêts kimméridiens prennent le dessus à la Tête-de-Rang comme au Hasenmatt, qui ont beaucoup
d'analogies dans leurs pâturages.

En passant aux chaînes riveraines des lacs de Neuchâtel et de Bienne,
nous trouvons des voussures kimméridiennes avec des flanquements portlandiens des plus réguliers. Tout le sommet du Chaumont est occupé par une

voûte qu'y forme le kimméridien supérieur. On en peut déjà étudier les bancs dans les gorges du Seyon, de Neuchâtel à Valangin. Le signal du Chaumont est posé sur les bancs horizontaux du kimméridien supérieur à *Nerinea depressa*. Cette région est excessivement sèche, mais l'argile glaciaire qui remplit les dépressions du sous-sol conserve assez d'humidité pour y entretenir des prés et des bosquets. On retrouve les mêmes caractères au Sujet qui est bien le type d'une voussure kimméridienne, avec des croupes arrondies aux deux extrémités. Ce n'est que par dérision qu'on peut l'appeler Spitzberg. Toutefois on trouve à l'est du sommet des affleurements séquaniens dans des rainures et des dépressions qui n'entament que le dos de cette voussure.

La montagne de Macolin est encore plus régulière, c'est un large dos kimméridien, dont les assises inférieures n'affleurent pas. Les prés secs et les buissons de coudriers recouvrent ces bancs faiblement arqués.

La petite voussure faillée des carrières de Soleure est également kimméridienne, et se trouve sur le prolongement de la montagne de Boujean. Les bancs exploités gisent à la partie supérieure de l'étage, dans les calcaires à bryozoaires et à *Nerinea depressa* qu'on retrouve fréquemment plus à l'ouest. Mais la richesse en tortues fossiles des calcaires de Soleure en fait une station unique pour les recherches paléontologiques. On peut en voir une très belle collection au musée de cette ville.

Les calcaires de Soleure affleurent aussi, quoique sans fossiles, dans les carrières des gorges de Douanne et de Boujean, où ils montrent clairement leur position sous le portlandien.

En résumé, il n'est pas d'étage qui joue un plus grand rôle dans tout notre territoire que le kimméridien, tant par les formes orographiques qu'il détermine, que par la constance de sa composition. Nous l'avons vu former des voussures, des synclinaux, des crêts et des flanquements, mais c'est sous cette dernière forme qu'il occupe les plus grandes surfaces, et qu'il détermine le revêtement en forêt d'une grande partie du Jura. Quant à son utilité technique, il n'est pas sans importance, puisque c'est lui qui livre, dans les endroits accessibles à l'exploitation, les meilleures et les plus belles pierres de taille de la région.

§ VI. Voûtes, synclinaux, flanquements et revêtements portlandiens.

La montagne de Boujean présente le type d'une voussure portlandienne dans toute sa simplicité. Pas d'érosions profondes à sa surface, pas de flanquement crétacique, partout des formes arrondies, un sommet uni, et des extrémités en croupes. La voussure sort brusquement de la plaine et s'isole presque entièrement des autres montagnes pour mieux faire ressortir ses caractères. Elle se relie cependant à la chaîne de Macolin après s'être abaissée en forme de selle aux Stühle sur Boujean et après avoir été fortement entamée par la cluse du Daubenloch. Dans son extrémité occidentale, il y a quelques bancs exploités, notamment au Kapf, dans lesquels on rencontre *Natica gigas*. Le sommet est recouvert de prés secs avec une maigre végétation. La couverture de terre y est très mince, mais elle remplit souvent de grandes poches et des crevasses d'où on pourrait l'extraire pour la répartir plus régulièrement. Elle est mélangée en ce point de bolus sidérolithique avec des grains de fer, comme à l'extrémité orientale entre Romont et Longeau. Le portlandien est ici percé de grandes poches remplies, les unes de bolus sidérolithique avec mine de fer, les autres de sables argileux nommés *hupper* qu'on exploite pour la fabrication de briques réfractaires. Les flancs de la montagne de Boujean, là où l'inclinaison des bancs portlandiens n'est pas trop forte, sont recouverts de forêts, et le versant nord, bien qu'aussi rapide que le flanc sud, est mieux garni de terre végétale, qui, par son exposition, est très favorable à la sylviculture.

La voussure portlandienne à Evilard est par contre beaucoup moins aride et mieux revêtue de terrain morainique nécessaire à la végétation. Certaines zones ont une grande profondeur de diluvium qui contient toujours une certaine humidité ; tandis que d'autres présentent des roches nues ou avec très peu de terre. Cela tient moins à la direction des bancs qu'à l'érosion dont nous expliquerons plus loin les causes et le mode d'action.

La chaîne de Macolin depuis la Métairie-de-Douanne jusqu'à Champ-Fahy est une voussure portlandienne interrompue par la cluse de Douanne qui l'entame jusqu'à au milieu du kimméridien. Il y a aussi quelques bancs de ce dernier étage au nord de Neuveville. Partout ailleurs, on trouve des affleurements portlandiens en série plus ou moins puissante. Les plus caractéristiques sont ceux de la cluse de Douanne et des Mées au nord de la Neuveville. Les bancs supérieurs s'élèvent dans les roches de la Baume au nord de cette dernière localité, puis les couches à *Natica Marcousana* se rencontrent sur les routes de Prêles et de Lignières où Ch. Hisely a recueilli une intéressante faune décrite en partie par Greppin,[1] et conservée au musée de Bienne. Il est curieux de constater en ce point la même faune et les mêmes caractères de fossilisation qu'à Boulogne-sur-Mer, qu'ont fait connaître les travaux de M. de Loriol. Les dolomies portlandiennes se trouvent dans le ruisseau qui descend de Lignières, comme aux abords de ce village, où l'on trouve des fragments de quartzite empâtés dans la roche dolomitique. Les environs de Prêles présentent aussi des bancs portlandiens exploités et renfermant quelques fossiles difficiles à extraire. Le flanc sud de cette voussure portlandienne est en général très rocheux, à cause de la forte inclinaison des bancs qui s'enfoncent sous le lac, tandis que les flanquements portlandiens de la montagne de Macolin sont bien recouverts de forêts. On y trouve des zones longitudinales de diluvium plus épais que dans les régions intermédiaires. Le même phénomène se reproduit dans le Chânet de la Neuveville, indépendamment de la direction des affleurements. En général le diluvium joue dans toute cette région un rôle très marqué, et c'est à lui plutôt qu'aux éléments jurassiques du sous-sol qu'est due la fertilité de la contrée.

Les flanquements portlandiens du Chaumont sont très étendus en raison du grand développement que prend la voussure de cette montagne. On voit les bancs portlandiens s'imbriquer contre le flanc sud du Chaumont à Pierre-à-bot et à Fontaine-André, en formant quelques épaulements, comme c'est le cas de la Tête-Plumée. Dans les gorges du Seyon, ils présentent une voussure surbaissée où l'on peut bien étudier la série. Au pied et sur les flancs de la montagne, ils ne sont guère accessibles à l'observation géologique, à cause du grand recouvrement de diluvium et d'éboulis. De même à la limite supérieure des forêts du Chaumont, les affleurements sont difficiles à déter-

---

[1] J. B. Greppin. Description géologique du Jura bernois, p. 121-123.

miner, à cause de la grande étendue qu'occupent les mêmes bancs. Dans cette
région où la base de l'étage ne présente pas les marnes à *Exogyra virgula*,
il est du reste difficile d'établir la limite entre le portlandien et le kimméridien. Ce dernier étage s'annonce tout au plus par les bancs blancs à nérinées
et à bryozoaires, dont il existe, il est vrai, aussi des bancs vers le milieu du
portlandien, mais d'une puissance beaucoup moindre et plutôt caractérisés par
les nérinées que par les bryozoaires. Mais cette limite nous importe peu,
la puissance ou les caractères généraux des affleurements suffisent pour nous
guider. Le portlandien se reconnaît en général et d'autant mieux qu'on
s'avance vers le nord par ses petits bancs qui alternent souvent avec des
lits argileux, tandis que le kimméridien est caractérisé par des bancs plus
puissants. On désigne dans le pays les bancs portlandiens sous le nom de
jaluzes.

Une voûte portlandienne bien accusée sépare le vallon du Côty du Val-
de-Ruz; c'est celle du Sapet aux flancs boisés et couverte de prés sur son
sommet. Elle est coupée transversalement dans son extrémité orientale par le
Cheneau-de-Villiers, où l'on rencontre une série de bancs portlandiens peu
fossilifères. Cette voussure forme vers l'ouest le plateau des Loges, puis elle
se soude à la chaîne de la Tête-de-Rang. La route des Hauts-Geneveys à la
Vue-des-Alpes traverse les mêmes bancs que le tunnel des Loges a percés
dans sa tête sud.

A l'ouest du Val-de-Ruz, le portlandien ne forme plus de voussure et se
réduit à de simples revêtements ou à des flanquements sur les deux versants
du synclinal. C'est lui qui borde ordinairement le pied des forêts; il y forme
une zone peu fertile, couverte de pâturages sur la lisière des bois. Le vallon
de la Sagne est ainsi encadré dans un synclinal portlandien, et c'est au versant du droit que les assises sont le plus accessibles à l'observation et à
l'exploitation. Il y a dans cette région plusieurs carrières ouvertes dans le
portlandien; les plus remarquables sont celles de Boinod qui ont livré des
dents de ganoïdes *(Pycnodus, Sphaerodus, Strophodus)*, ainsi que le magnifique

---

[1] A. Jaccard. Description du Jura vaudois et neuchâtelois, p. 187. — Rameau de
Sapin, mai 1872.

Lepidotus du Musée de la Chaux-de-Fonds.[1]) Sur le flanc sud du Mont-Damin, aux carrières des Loges, à l'est de la Vue-des-Alpes, on a aussi rencontré des fossiles intéressants, comme *Emys Jaccardi*. Les bancs portlandiens s'élèvent assez haut sur le flanc du Mont-Damin et sont exploités à la base de l'étage. Il est curieux de constater à ce niveau la présence du *Natica Marcousana* qui est plus abondant et caractéristique dans les niveaux marneux du milieu de l'étage. On ne peut donc caractériser les zones par un seul fossile qu'avec la plus grande circonspection.

Dans les pâturages qui bordent le pied du Chasseral, on trouve un grand développement des assises portlandiennes, avec des bancs compacts à la base, contenant également le *Natica Marcousana*, des calcaires à nérinées vers le milieu et toute la série des calcaires dolomitiques et des jaluzes aux Combattes et à l'entrée des Prés-Vaillons. Le village de Nods repose sur le portlandien, dont les assises moyennes et supérieures sont entamées par le chemin du marais et affleurent aux Chânets et aux Epargelières. Ce sont les calcaires saccharoïdes qui terminent ici la série portlandienne, mais non le valangien, comme l'a indiqué jusqu'ici la carte géologique. Aux environs d'Orvin, le portlandien présente des bancs peu fossilifères qui vont en diminuant d'épaisseur sur les flancs de la montagne de Plagne. Depuis Romont à Granges, on le voit réduit et altéré comme au nord de Bienne et de Longeau par les phénomènes d'érosion qui précédèrent le dépôt du sidérolithique. En raison de leur faible épaisseur, ils ne s'élèvent pas fort haut sur le flanc sud du Hasenmatt, et à Soleure, ils ont complètement disparu.

La première station virgulienne se trouve au pied du vieux château de Péry, où le portlandien est réduit à sa partie inférieure. Ce sont des bancs minces alternant avec des lits argileux. Le plus inférieur, celui qui peut servir de limite entre les étages kimméridien et portlandien, a environ un mètre d'épaisseur et se remplit de petites coquilles de l'*Exogyra virgula*. On le retrouve à l'entrée du village de Sonceboz, par-dessus les roches kimméridiennes de Tourne-Dos. Il y a là au bord de la route une série de dalles portlandiennes d'une dizaine de mètres d'épaisseur, tandis que vers l'ouest, l'étage est mieux développé. On retrouve les marnes virguliennes au sud de Cortébert, au sommet de la forêt de l'envers, tandis que tout le flanc de la montagne présente le portlandien plus ou moins redressé et affecté de plissements secondaires. Il en est de même à l'entrée de la Combe-Grède, au château d'Erguel, et partout à l'envers du vallon de St-Imier.

Le portlandien s'élève au droit de Renan jusqu'à la Cibourg et au Haut-des-Vieilles, où l'on retrouve les marnes virguliennes. Les bancs calcaires s'accentuent dans la roche de Sonvilier, ainsi que dans la côte du droit de St-Imier. Mais à partir de Champmeusel, le flanquement portlandien étant moins raide, ses bancs s'imbriquent plus régulièrement dans le pâturage de Villeret et de Cormoret. La route de Mont-Crosin les traverse obliquement et insensiblement en offrant plusieurs niveaux intéressants au point de vue stratigraphique. Il y a dans les dolomies de Champmeusel une couche de marbre rouge très intéressante, mais irrégulière et de peu d'étendue, dont les débris se retrouvent en quantité dans la masse morainique des groisières. Cette couche est tout à fait localisée en ce point et permet de tirer des conclusions certaines sur la nature et la formation du cône de débris de Champmeusel. Les couches en plaquettes et celles à *Natica Marcousana* du même faciès que celles de la Neuveville sont à découvert au coude de la route sur Champmeusel. Puis vient la série des bancs à nérinées de la partie moyenne de l'étage, et enfin les marnes virguliennes à mi-côte. Les carrières de Courtelary sont exploitées dans des bancs portlandiens de constitution variable et d'assez médiocre qualité. Ils sont remplis de nids cariés et d'argiles. On rencontre aussi quelques fossiles, comme des ammonites de grande taille qui caractérisent l'étage *(Ammonites gigas)*.

En passant aux Franches-Montagnes, on ne retrouve guère de portlandien qu'en synclinaux rasés où les bancs ne sont rien moins qu'à découvert. Aux environs de la Chaux-de-Fonds, ils sont toujours fissurés et cariés, remplis d'argiles, défavorables à l'exploitation. Cet étage, peu puissant en ce point, borde le vallon sur ses deux versants, mais il n'y forme ni saillies, ni flanquements importants, et vers le plateau du Vallanvron, on n'en retrouve que des lambeaux. Il y a encore un synclinal portlandien dans les côtes du Doubs, depuis Biaufond jusqu'à la Maison-Monsieur et jusqu'aux Brenets. La route de Biaufond en coupe la base fossilifère au-dessus du Pavillon-des-Sonneurs. C'est la marne à *Exogyra virgula*, très caractéristique en ce point.

Sur le revers du Sonnenberg, le passage du crêt kimméridien au flanquement portlandien est insensible et masqué le plus souvent par le limon glaciaire qui supporte les cultures. Les environs des Breuleux sont, par contre, très favorables à l'étude du portlandien. Non seulement l'étage revêt ses caractères habituels, mais il s'étale sur de vastes surfaces qui permettent d'en reconnaître les bancs. L'affleurement principal occupe le synclinal de la Chaux-d'Abel aux Breuleux. Aux abords de la Chaux-d'Abel, on reconnaît les bancs moyens à *Cyprina Brongniarti*, et, plus à l'est, ce sont les marno-calcaires de la base; mais on ne voit nulle part la partie supérieure du portlandien. La nouvelle route de la Ferrière aux Breuleux met à découvert le virgulien aux Fonges; les marnes y présentent leurs caractères habituels, leur couleur jaune et les myriades de petites huîtres qui s'étendent depuis ce point partout dans ce groupe jusqu'aux confins nord-ouest de notre carte. Les bancs moyens en dalles et en calcaires blancs réguliers occupent les pâturages au sud des Breuleux et les abords de la tourbière de la Chaux. Il y a des affleurements virguliens dans les chemins qui suivent la lisière des bois au nord de cette tourbière et à la Chaux-de-Tramelan. Une bonne station virgulienne se trouve à l'est de Tramelan-Dessous, dans la colline dite du Château qu'entame la route de Tramelan à Tavannes. On trouve ici des bancs marneux d'un mètre, pétris d'*Exogyra virgula*, des calcaires blancs à *Pteroceras Icaunensis*, et la partie supérieure est occupée par des dalles très fissurées à *Natica gigas*. C'est tout ce qui constitue l'étage en ce point, où il est évidemment incomplet et réduit à sa partie inférieure. Il y a aussi des affleurements de marnes virguliennes dans le pâturage au nord de Tramelan-Dessus, où on l'exploite quelquefois comme terre glaise.

Au nord de Pierre-Pertuis, le portlandien n'est guère mieux développé; il borde aussi le pied nord du Montoz d'un mince soutènement qui va se réduire encore au flanc sud du Moron.

En suivant la route du Fuet à Bellelay, on trouve le portlandien en selle sur le col qui sépare le Moron du Jorat. Mais le revêtement ne s'étend pas très loin sur les coupes des deux montagnes. On trouve des bancs blancs à Tramelan et une base marneuse avec *Exogyra virgula*. Le gisement de sable vitrifiable se trouve enclos dans ce niveau marneux. Il en est de même à la Bottière et à Bellelay, où le virgulien seul est développé. Le passage au kimméridien se voit bien sur la route de Bellelay aux Genevez, il est identique à celui de Sonceboz. Puis la colline virgulienne qui domine l'entrée des galeries du Pichoux nous offre la coupe la plus nette de l'étage portlandien de la zone. Ce sont des niveaux de marne jaune à *Exogyra virgula,* surmontés par des dalles que recouvrent les terrains tertiaires. Le tout n'a qu'une dizaine de mètres de puissance, tandis que dans les cluses de Boujean et de Douanne, l'étage entier en compte plus de cent. Mais le portlandien n'est pas seulement réduit dans le Petit-Val, il est aussi détruit dans sa partie supérieure. Au nord de Sornetan, dans le vallon de Soulce, comme à Delémont, il n'y a pas trace de portlandien. On sait, par contre, qu'il existe à Porrentruy.

Vers l'est, cet étage va également en s'amincissant. A Moutier, on n'en trouve que de faibles assises à la colline de la Verrerie. Mais à Champoz et à Court, il forme un revêtement important sur le Mont-Girod. Tout le vallon du Petit-Champoz est portlandien avec un faible revêtement de terre végétale. A l'entrée des gorges de Court, le virgulien est fossilifère et s'élève jusqu'au pâturage de Lajoux pour revêtir ensuite l'extrémité occidentale de la chaîne du Graitery. Le flanc sud du Mont-Girod est entamé par plusieurs ruz qui permettent d'étudier les assises portlandiennes dont la base est virgulienne, et la partie moyenne occupée par des bancs blanchâtres où l'*Ammonites gigas* se rencontre quelquefois. C'est dans l'une des stations virguliennes du Mont-Girod que fut recueillie la dent du *Mosasaurus* (?) *Grosjeani*, décrite et figurée par Greppin,[1] et conservée au Musée de St-Imier. Lorsqu'on longe le pied nord du Graitery, par le vallon de Chaluet, on ne rencontre plus que de faibles traces du portlandien qui disparaît à St-Joseph.

La ligne de l'extension actuelle de l'étage portlandien passe donc par Soleure, Moutier et Porrentruy. Au sud-ouest de cette ligne, le portlandien va en complétant de bas en haut ses assises, et au nord-est de cette ligne il n'existe plus dans les limites de notre carte.

[1] J. B. Greppin. Description géologique du Jura bernois, p. 340.

CHAPITRE IV.

Crétacique.

§ I. Paliers purbeckiens.

Bord des lacs. Bien que l'étage purbeckien ne se présente au pied du Jura bernois et neuchâtelois de Bienne à Neuchâtel que sous une assez faible épaisseur, sa constitution marneuse n'en donne pas moins lieu à des accidents orographiques très marqués, dans une région des plus régulières au point de vue tectonique. Mais la couverture morainique permet rarement de voir affleurer les marnes purbeckiennes, et c'est sans doute la raison pour laquelle cet étage et la séparation qu'il produit entre le jurassique et le crétacique restèrent longtemps ignorés. Il va de soi que les paliers purbeckiens s'accentuent d'autant mieux que le crêt valangien, qui le surmonte, forme nettement saillie dans le terrain, et c'est ce qui a lieu partout sur la rive nord du lac de Bienne. Immédiatement derrière la ville de Bienne, au Jägerstein, on trouve le purbeckien en palier sortir du niveau de la plaine et s'engager dans les vignes. Il est entamé par la ligne du chemin de fer, en un point où l'on a trouvé un beau tronc d'arbre silicifié déposé au Musée Schwab. Après une courte disparition au pied du Pavillon-Römer, qui est sur le portlandien, le purbeckien s'élève dans les vignes du Goldberg, près de Vigneules, et l'on voit les bancs supérieurs dans la tranchée de la ligne s'engager de nouveau sous le valangien. On a ici un très bel affleurement, quoique pauvre en fossiles. Le palier est recouvert de vignes, puis il s'infléchit contre la montagne pour passer derrière le Stiermatt et le Nidauberg où il forme des prés. On le voit ensuite descendre en coulisse ondulée sur Alfermée pour disparaître sous le niveau du lac. Ici le portlandien touche au lac au pied d'une pente aride et rocheuse, dans un coin de pays resserré, où, d'après le nom du hameau, il n'est pas possible de pousser bien loin la division de la propriété. A Tüscherz, au bord de la route, le purbeckien affleure plusieurs fois et remonte brusquement derrière le crêt valangien pour former un palier couvert de vignes. Puis on le voit au contour de la route, à l'ouest de Tüscherz, à l'entrée d'une carrière portlandienne. C'est le seul point du pays où l'on puisse observer le passage entier du jurassique au crétacique à travers les marno-calcaires gris, jaunes ou rouges du purbeckien. C'est une formation d'eau saumâtre d'une stérilité surprenante, remarquable seulement par ses concrétions noires et par ses brèches qui peuvent donner matière à réflexion sur la sédimentation dans cette contrée au début de la période crétacique. Depuis Vingrave à Douanne, le palier purbeckien longe les roches portlandiennes au sommet des vignes et tourne brusquement à Montbijoux dans le petit vallon synclinal de Jugy (Gaicht). Il en sort assez rétréci contre les rochers portlandiens de la Baume, et va se perdre sous la cascade de la Douanne, sans jouer aucun rôle dans la formation des sources de Brunn-mühle qui sourdent au pied des rochers portlandiens touchant pour la seconde fois le lac. Les mêmes accidents de Tüscherz et d'Alfermée se reproduisent à Bipschal, où le purbeckien remonte en coulisse avec les rochers valangiens pour former le palier des vignes de Cerniaux (Schernelz). On le voit très rétréci et encombré d'éboulis derrière la ruine du château de Gléresse.

Tout le pied des rochers portlandiens de Chavannes à Neuveville est occupé par des rocailles qui recouvrent le sous-sol et ne lui laissent pas déployer ses formes caractéristiques. A Maupras même et au tirage de Neuveville, il ne reste au pied des rochers portlandiens, couverts de fortes stries glaciaires indiquant un mouvement longitudinal du glacier du Rhône, ni crêt valangien, ni palier purbeckien; tout est rasé et recouvert de terrain morainique. Mais derrière le château du Schlossberg, on voit renaître le palier purbeckien avec des prés verts; puis il passe aux Plantées où il s'accuse nettement et circonscrit un lambeau de terrain glaciaire cultivé en vignes dans une situation favorisée. La Combe se trouve, par contre, dans une dé-coupure isocline des dolomies portlandiennes formée par le ruisseau de Vaux. Toute la rive droite de ce ruisseau, depuis les Plantées jusqu'à Lignières, est une rampe valangienne recouvrant les talus marneux du purbeckien, où se sont arrêtés quelques gros blocs erratiques. Le sous-sol est aussi fortement recouvert de terrain glaciaire et n'apparaît que çà et là dans quelques par-celles en glissement. Mais à Lignières, derrière les collines des Gibets, le palier purbeckien s'étale en prés humides et spongieux, où l'on trouve une station tout isolée du *Fritillaria meleagris* rappellant Villers-le-Lac et Morteau qui sont sur des terrains analogues. Les affleurements purbeckiens de Lignières sont insignifiants; c'est tout au plus si l'on peut étudier le passage au valangien constitué par une oolithe miliaire à *Corbula Forbesiana*. On voit ensuite le palier purbeckien passer sous les champs du finage, puis descendre par la Baraque au milieu de la forêt de l'Eter où les dépôts glaciaires le recouvrent fortement. Il en est de même à Frochaux et sous les roches de Châtollion où, cependant, son rôle orographique s'accuse nettement. Par contre, à St-Blaise, il disparaît par pincement sur l'extrémité occidentale, très aiguë, de la voussure jurassique. Le même phénomène se reproduit à Enges, dans le vallon synclinal double qu'y forme le crétacique par suite d'un plissement secondaire de son fond, ce qui explique le pincement du purbeckien contre le portlandien. Mais au pied du Chaumont, bien que le terrain morainique, par sa couverture générale, tende à combler toutes les dépressions orographiques, le palier purbeckien est très bien marqué et se dessine en une petite combe dans la région du Trembley jusqu'à Fontaine-André. Ici le palier tend à se confondre avec celui des dolomies portlandiennes, il devient par conséquent plus large et recouvert de glaciaire, il constitue dans cette exposition au pied du Chaumont un des sols les plus riches pour la culture, un des sites les plus riants du pied du Jura. Nous quittons ici le palier purbeckien qui passe, sur la feuille XII de la carte Dufour, derrière la Roche-de-l'Ermitage, au Pertuis-du-Sault, à Pierre-à-Bo, au nord de Neuchâtel, dans des relations analogues avec les dolomies portlandiennes sur le premier gradin du Chaumont.

Val-de-Ruz. A Valangin, la dépression s'accuse très bien sous l'étage qui tire son nom de ce bourg, on aperçoit aussi les marnes grises de la base du valangien, mais la formation d'eau douce, dont Desor avait ici deviné le rôle orographique, reste complètement recouvert d'éboulis et de végétation. C'est ce qui arrive encore sur le flanc nord du Chaumont, et presque partout dans la ceinture qu'il décrit autour du Val-de-Ruz. On en voit cependant quelques traces au nord de Dombresson et dans le vallon du Côty. Le purbeckien affleure aux Posats, à l'extrémité occidentale du vallon du Côty, avec ses marnes grises et ses calcaires marneux bien caractéristiques.

Vallon de St-Imier. Quoique encore moins développé que celui du bord des lacs, le purbeckien du vallon de St-Imier est encore le même étage de marnes grises avec quelques bancs marno-calcaires lacustres où les restes organiques sont excessivement rares. A part les concrétions noirâtres, il n'y a dans ce terrain que peu de matière pour l'étude géologique. Son rôle orographique se maintient par contre dans toute la région. Là où il est en stratification horizontale, servant d'assises aux autres étages crétaciques généralement perméables, il retient les eaux par ses marnes et donne lieu à quelques sources peu importantes. Mais il joue aussi le même rôle par rapport aux étages jurassiques sous-jacents dont les eaux sont retenues par lui dans leur bassin hydrologique et ne peuvent sourdre à la surface du sol que là où il a été enlevé. C'est spécialement le cas entre Cormoret et Villeret, où les sources vauclusiennes sont importantes. Au temps des hautes eaux, plusieurs grandes fissures du portlandien donnent des jets temporaires, pendant que les déversoirs principaux, la Doue et la Raissette, atteignent leur rendement maximum et donnent un volume d'eau considérable. Le purbeckien occupe dans cette région les talus de la rive droite de la Suze entre Cormoret et Villeret, où quelques glissements le mettent de temps en temps à découvert. La route suit le pied du talus purbeckien depuis la tuilerie de Villeret jusqu'à ce dernier village, sur un palier que forment les dernières assises portlandiennes du calcaire saccharoïde. Depuis le village de Villeret, le purbeckien s'élève au niveau de la ligne du chemin de fer qui l'entame dans son passage au valangien. A partir de ce point, le palier est très recouvert par le pied de la moraine frontale de Champmeusel et disparaît de la surface du sol jusqu'au tirage. On le voit ici appuyé contre la montagne, avec un soutènement valangien plus ou moins découpé et renversé par la tête de ses couches. Le palier purbeckien se trouve ainsi élargi et, quoique le plus souvent recouvert d'éboulis, il laisse parfois apercevoir les matériaux de l'étage. Le sommet de toute cette série de petites collines adossées à la montagne du droit entre St-Imier et Sonvillier est occupé par un palier purbeckien. C'est à la Fourchaux, tout au pied de la montagne, qu'on en trouve les assises à découvert et qu'on peut découvrir quelques rares fossiles d'eau douce. Il en est de même au nord du village de Sonvillier, où les marnes grises débordent par-dessus les têtes de couches du valangien renversé. On trouve ici le passage au valangien et l'oolithe grise constatée à Lignières se retrouve en ce point avec les mêmes fossiles, sinon avec la même couleur de roche. Le banc d'oolithe est peu puissant, d'une couleur jaune-roussâtre ou rose, avec de petits fossiles d'eau saumâtre. Le premier banc marin du valangien est une couche ockreuse pétrie de petites huîtres et renfermant un beau *Pteroceras*. Entre Sonvillier et Renan, on n'aperçoit nulle part le purbeckien qui est très resserré contre la montagne et en grande partie recouvert d'éboulis. Il s'engage au Reloge sur la route de la Cibourg dans un repli transversal du portlandien, où se retrouve également le valangien qui y forme le rocher dans lequel est taillée la plaque commémorative de la construction de la route en 1820. Mais à part les dépressions qui s'accusent entre le valangien et le portlandien, on n'aperçoit rien en ce point de la composition du purbeckien. La ligne du chemin de fer a, par contre, souvent entamé les assises purbeckiennes entre Renan et les Convers. C'est ce qui a lieu pour la première fois au contour de la voie qui se trouve immédiatement au-dessous du Reloge. Puis c'est la route qui traverse deux fois le palier purbeckien en coupant aussi le valangien; et avant la Halte-du-Creux, la ligne met quatre fois à jour les marnes du purbeckien, grâce à la forme des crêts valangiens qui montent en triangle sur les flancs de la montagne. Malgré les nombreux affleurements purbeckiens des Convers, il n'y a que peu de profit au point de vue paléontologique à visiter les matériaux de cette formation d'eau douce qui est presque partout stérile. Mais au point de vue agricole, cet étage produit une zone fertile d'une terre profonde, qui maintient un peu de fraîcheur sur les rocs des flancs portlandiens exposés au soleil. Quant au versant de l'envers, il présente aussi un long palier purbeckien qu'interrompent les ruz et les impasses qui descendent de la chaîne des Pontins et de celle de Montpéreux. On en voit les coulisses à l'entrée de la Combe-Grède au sud de Villeret. Mais en général le versant de l'envers du vallon de St-Imier est tellement recouvert par les éboulis glaciaires que tous les accidents orographiques et les saillies formées par les couches crétaciques y sont le plus souvent nivelées et masquées sous une couverture uniforme d'origine morainique.

La Chaux-de-Fonds. Dans le vallon de la Chaux-de-Fonds, l'étage purbeckien est encore plus réduit que dans celui de St-Imier. On ne voit la dépression occupée par le purbeckien qu'à l'entrée de la Combe-des-Enfers près du Locle, où cet étage paraît être comprimé. C'est bien ce qui est arrivé partout à l'envers du vallon, depuis le Locle à la Chaux-de-Fonds, malgré le peu de relief que présente l'arête jurassique des Senties. Mais tous les étages jurassiques y sont redressés jusqu'à la verticale et donnent la raison d'être de la compression. La couverture de terre agraire est partout assez forte pour masquer, comme dans le vallon de St-Imier, les inégalités que produirait sans doute le contraste des étages calcaires ou marneux du crétacique inférieur. Du reste, les terrains tertiaires transgressent ici sur les étages crétaciques, comme nous l'avons constaté à la gare de la Chaux-de-Fonds, lors de l'ouverture du fossé pour la grande conduite d'eau, et produisent les anomalies orographiques signalées par M. Jaccard.[1]) La structure du vallon de la Chaux-de-Fonds est en outre compliquée par un repli secondaire qui affecte le centre de ce synclinal. Au pied du Pouillerel, dans toute la bordure du vallon, les terrains tertiaires et l'argile glaciaire recouvrent de même toutes les saillies que pourraient former les étages crétaciques, et la marne rouge touche au portlandien.[2])

La Sagne. Comme dans le vallon de la Chaux-de-Fonds, le purbeckien n'est pas d'une épaisseur considérable dans le vallon de la Sagne, les paliers qu'il y forme sont souvent détruits par les érosions transversales ou bien effacées par le terrain détritique ou glaciaire. On peut cependant poursuivre un palier purbeckien au sommet des collines crétaciques de la Sagne. Il marque assez bien la limite des champs et des pâturages. On en trouve un affleurement à la Corbatière, où la composition de l'étage est la même que dans le vallon de St-Imier. Quant au versant de l'envers, il n'est pas question d'y retrouver le palier purbeckien, complètement recouvert par les détritus de la Basse-Côte.

§ II. Crêts ou épaulements valangiens.

Val-de-Ruz. Dans la localité-type du valangien, on voit les calcaires compacts du marbre bâtard s'élever en corniches entre la colline du château et le

---

[1]) A. Jaccard. Description géologique du Jura vaudois et neuchâtelois, p. 107.
[2]) C. Nicolet. Plan géologique de la Chaux-de-Fonds, 1838, dans son Essai.

moulin, et se prolonger en crêts vers le Chaumont et du côté de Montmollin. Mais la couverture morainique très développée dans le Val-de-Ruz masque le plus souvent tous les étages supérieurs au jurassique. C'est ainsi que depuis Fenin jusqu'à Villiers, on n'aperçoit plus rien du crêt valangien. Il s'accentue cependant au pied de la voussure portlandienne du Sapet, comme aussi en montant à Clémesin, puis au nord de Dombresson, à Chézard, et surtout à Fontainemelon, où sont ouvertes des carrières dans le marbre bâtard. Le crêt assez surbaissé en cet endroit y forme plutôt une sorte de flanquement qui se recouvre fortement de glaciaire du côté des Hauts-Geneveys. Puis le rôle du valangien va en s'effaçant vers Coffrane; on ne le voit reparaître en crêts avec ses roches d'un jaune rose pâle que dans le vallon de Montzillon à Rochefort.

Il en est encore de même dans le vallon du Côty, excepté toutefois dans son extrémité occidentale, aux Domaines-du-Mont-Damin où le crêt sud du synclinal crétacique se poursuit régulièrement en rampe boisée jusqu'aux Posats. Quant au crêt nord, il est resserré et comprimé contre la montagne.

La Sagne. On trouve fréquemment les têtes de couches des roches valangiennes en saillies ou en crêts sur les deux versants du vallon de la Sagne. Le versant de l'envers est même affecté d'un plissement secondaire qui se trahit par un double crêt valangien à la Loge. Il s'accentue surtout à Plamboz où on observe une petite voussure portlandienne bordée par deux lèvres valangiennes d'inégale altitude. Toutes les collines du droit de la vallée sont des crêts valangiens avec épaulements néocomiens plus ou moins saillants. On ne trouve cependant le roc que sur la ligne de faîte des crêts, leurs flancs sont en culture. Comme du reste tous les étages crétaciques de cette vallée sont réduits en épaisseur, on ne peut s'attendre à y voir des formes bien accentuées.

La Chaux-de-Fonds. Nous avons déjà fait remarquer, à propos du purbeckien, les difficultés qu'on rencontre dans l'étude du sous-sol de la vallée de la Chaux-de-Fonds. Le valangien n'y forme que de rares pointements qui servent à jalonner la direction des bancs souterrains. C'est ainsi qu'à l'entrée de la Combe-des-Enfers, on trouve la tranche de l'étage, toujours caractérisé par ses roches pâles, d'une teinte rosée. Elles sont très fissurées en ce point et d'une épaisseur plus réduite encore que dans le vallon de la Sagne. Les travaux de terrassement ont révélé la position du valangien à la gare de la Chaux-de-Fonds, où il forme le noyau d'un plissement secondaire qui se prolonge dans le village jusqu'au tertre du temple. Mais partout ailleurs, comme surtout au pied du Pouillerel, il n'existe pas de crêts valangiens.

Vallon de Saint-Imier. A l'extrémité occidentale du vallon de Saint-Imier, près du groupe principal des maisons des Convers, on voit un synclinal valangien assez bien découvert, et montant en crêts triangulaires sur le versant du droit. A l'envers, par contre, le glaciaire recouvre le sous-sol. Mais après une voussure portlandienne, on retrouve un synclinal valangien sur le premier gradin de Montpéreux, dans un repli du flanc de cette chaîne, comme à Plamboz dans le vallon de la Sagne. Depuis les Convers à Renan, le crêt valangien souffre quelques interruptions du côté du droit, pendant qu'à l'envers, il est toujours recouvert jusqu'à l'entrée de la Combe-Grède. Il en est encore de même au pied des roches de la montagne du droit, depuis Renan jusqu'au Beugrange près de Sonvillier. Mais au nord de ce village, débute une série de collines à couches renversées qui s'étendent régulièrement au pied de la montagne jusqu'à Champ-Meusel près de Saint-Imier. Les roches du valangien sont un peu morcelées, et entrelitées de couches marneuses, où les fossiles ne sont pas rares. C'est une formation vaseuse qui n'indique pas précisément le voisinage de la côte de la mer valangienne, bien que ce soit ici le bord de l'extension actuelle du valangien vers le nord. Le renversement des bancs valangiens est un fait inexpliqué qui affecte d'autre part, et d'une manière toute locale, plusieurs têtes de couches du flanc du Sonnenberg. Le substratum du crétacique, formé par les calcaires saccharoïdes compacts du portlandien supérieur, est le plus souvent incliné régulièrement à 70⁰ vers le sud-sud-est. Le palier purbeckien reçoit de ce renversement quelque élargissement favorable aux affleurements. Il faut, selon nous, chercher l'explication de ce renversement dans l'action des calottes de glace qui ont recouvert les montagnes du Jura à la fin de l'époque glaciaire, et qui ont fait chavirer les têtes de couches reposant sur la marne, dans leur mouvement de descente dans la vallée. Sous la moraine frontale de Champmeusel, un ancien tunnel creusé pour la recherche de l'eau dans l'hémicycle a traversé les bancs valangiens plongeant régulièrement au sud. Ils reparaissent en plissement secondaire renversé à la colline de Beau-Site à Saint-Imier, puis sous la colline du Tilleul à Sonvillier, dont Gressly a déjà reconnu la structure en 1858[1]).

Mais à Villeret, où les flancs portlandiens des deux montagnes qui encaissent le vallon de Saint-Imier commencent à s'espacer davantage, le plissement secondaire a disparu, et le valangien se dégage régulièrement de dessous la moraine de Champmeusel pour traverser la Suze au village même de Villeret, où il formait autrefois le rocher détruit pour la construction du collège. La ligne du chemin de fer a traversé le flanquement valangien du pied de Champmeusel et mis à jour les assises moyennes de l'étage, particulièrement fossilifère en ce point. On y trouve des bancs oolithiques riches en gastéropodes, en bivalves et en échinides. *Natica Pidanceti* et *Pteroceras Jaccardi* y sont abondants. La route de Villeret à la Tuilerie suit le pied d'une rampe valangienne très régulière et bien accentuée. Elle disparaît sous le tertiaire au sud de Cormoret et paraît terminer en ce point l'extension de l'étage de Valangin qu'on ne retrouve plus vers le nord à partir de ce point. Quant au versant de l'envers, on n'y voit pas de crêt saillant comme on pourrait s'y attendre; c'est qu'il y a été détruit par l'érosion et recouvert de terrain glaciaire, mélange de limon, de roches valaisannes et jurassiennes avec quelques fragments valangiens ou néocomiens. Mais on constate bien la présence des roches valangiennes en bancs adossés à la montagne dans les points où le recouvrement glaciaire disparaît. C'est ainsi qu'on trouve la limonite fossilifère au bas du sentier de la Vieille-Vacherie, et les bancs redressés du marbre bâtard à l'entrée de la Combe-Grède. Il y a derrière le château d'Erguel un lambeau de valangien pincé dans le synclinal qui s'étend derrière la voussure du donjon. Un autre lambeau valangien très bien accessible à l'étude se prolonge en synclinal étroit depuis la Vieille-Vacherie jusqu'à la Grafenried-du-Bas, à l'altitude de 1100 m., soit à 400 mètres au-dessus de celui de Villeret. Ce lambeau avec les marnes jaunes fossilifères qui le recouvrent et permettent de le déterminer stratigraphiquement, n'est pas sans importance pour l'orogénie du Jura.

Vallon d'Orvin et Montagne-de-Diesse. Le lambeau valangien indiqué à Frinvillier dans la première édition de la carte géologique n'existe pas en ce

---

[1]) A. Gressly. Coupe à Sonvillier (Bulletin de la Soc. vaud. des sc. nat., t. V).

lieu. C'est du portlandien teinté par le bolus sidérolithique. On ne voit du valangien qu'un petit crêt dans le vallon de Jorat à l'ouest d'Orvin, où l'on remarque la couche fossilifère à échinides de la base de l'étage. Partout ailleurs dans le vallon d'Orvin, on ne voit rien affleurer au pied des flancs portlandiens, grâce au grand rôle qu'y joue le glaciaire. Il en est de même à la montagne de Diesse où les moraines si bien développées au flanc des côteaux cachent les terrains crétaciques et tertiaires qui doivent remplir ce large synclinal. C'est ainsi que les pointements valangiens indiqués par la carte au sud du village de Nods ne sont que le calcaire saccharoïde du portlandien supérieur. Mais entre Lignières et Prêles, on trouve des tronçons du crêt valangien qui doit se trouver normalement sur le pourtour de la Praye et du Marais. La Vieille-Roche est ainsi un petit triangle du crêt valangien. A Prêles et aux moulins de Lamboing, on a de bons affleurements, avec des roches exploitées et bien caractéristiques du marbre bâtard.

Bord des lacs. Un lambeau isolé, le dernier qu'on rencontre à l'est de Bienne, se reconnaît de loin à ses roches fissurées, garnies de buissons d'aubépine. C'est la Rochette s'élevant au milieu des vignes qui croissent sur le portlandien. Le Jägerstein est l'extrémité d'un lambeau analogue, traversé en tunnel par la ligne du Jura ; il borde le pied des vignes au Pasquart à Bienne, où l'on voit ses rochers jaunes entrecoupés de bancs argileux fossilifères qui contrastent par leurs découpures et par leur végétation avec les rocs gris et nus du portlandien. Ces derniers se rencontrent au Pavillon, tandis que le crêt valangien reparaît au Goldberg, constitué par les bancs inférieurs de l'étage. Puis un grand coteau entre Vigneules et Alfermée, montant jusqu'au Stierenberg et au Nidauberg, est tout valangien et surtout occupé par la forêt. Ses roches jaunes, compactes, d'une structure grenue, suboolithique, sont exploitées dans la grande carrière du Rusel à l'ouest de Gottstadt, sur le territoire de Nidau. Les bancs sont inclinés à 20⁰ où 30⁰ vers le lac, où ils se terminent en falaise et sont entamés par la route et par la ligne du chemin de fer. Les calcaires du Rusel appartiennent au valangien supérieur, tandis que vers Gottstadterhaus, au bord de la ligne, on trouve les bancs valangiens moyens avec une couche argileuse très riche en fossiles, surtout en échinides des genres *Phyllobrissus* et *Toxaster*. La couche est un marno-calcaire jaune, avec des oolithes cannabines et reposant sur une surface taraudée par les lithophages. A Alfermée, on voit le crêt valangien disparaître dans le lac, pour en remonter un peu plus à l'ouest, vers Tüscherz. Il y est bien accentué en ne laissant que fort peu d'espace entre ses rocs fortement redressés et le lac. On les a exploités à la sortie occidentale du hameau, mais comme ils appartiennent à la base de l'étage, ils ne présentent pas les bancs réguliers et puissants de la carrière du Rusel. On voit très bien le crêt valangien s'adosser à la montagne entre Weingreis et Douanne; ses bancs sont fortement inclinés. Ils contournent en croupe Montbijoux, et pénètrent dans le vallon de Jugy (Gaicht). La limonite apparaît ici pour la première fois au bord du lac en bancs de quelque épaisseur, et fortement imprégnés d'hydroxyde de fer pisoolithique. Elle est fossilifère, Ch. Hisely y a recueilli les espèces du musée de Bienne, caractéristiques de la limonite: *Pygurus rostratus* et *Buchii*.

Après la lacune de Brunnmühle, le valangien s'élève brusquement à Bipschal pour former le coteau planté de vignes de Gléresse. Les bancs sont découverts dans la rampe et les carrières de Bipschal où l'on retrouve la couche à échinides de Gottstadterhaus. En ce point ce sont de jolies actéonines qui sont fréquentes parmi les fossiles, nous les devons à la bienveillante communication de M. Baumberger, maître secondaire à Douane.

Depuis Poudeille jusqu'à Neuveville, le valangien est bien resserré contre la montagne, et recouvert par le quaternaire. On ne voit que quelques pointements de ses têtes de couches entre Maupras et la Baume. Mais au Schlossberg, il reparaît en crêt bien accentué et supporte les ruines du vieux château. C'est également le valangien qui forme les rochers de la cascade de Crossevaux, d'où il s'élève par les Plantées pour occuper le sous-sol de toute la forêt du Chânet du Landeron et des Escaberts. Il forme en cette région surbaissée de la chaîne du lac un grand recouvrement de portlandien, et borde le ruisseau de Vaux jusqu'aux Crêts-des-Gibets à Lignières. Le sol recouvert inégalement de terrain morainique présente des surfaces nues, et les fameuses roches polies de Montet qu'Agassiz faisait voir aux incrédules de la théorie glaciaire. Ce sont les épiclives polies du marbre bâtard.

Les roches de l'étage entier sont très compactes dans cette région, et le marbre bâtard est aussi bien développé que plus à l'ouest. La limonite affleure dans la petite combe du Moulin, dans la direction de Belair. On y trouve quelques mètres d'un dépôt brunâtre, rempli d'oolithes et de pisoolithes ferrugineuses. Le flanquement valangien s'arrête au milieu de la forêt de l'Eter, et présente partout les roches du marbre bâtard qu'entame le Ruhaut de Cressier.

Dans les roches de Châtollion, le valangien forme deux crêts bien nets de chaque côté de l'arête portlandienne. Le crêt nord s'efface à Frochaux, avant de passer dans le vallon d'Enges, où il forme un repli secondaire visible immédiatement à l'entrée du hameau. Il disparaît ensuite sous les dépôts glaciaires et fluvioglaciaires de la Grange-Vallier, où son rôle est complétement masqué.

Mais l'arête typique du crêt ou épaulement valangien est celle des Râpes au pied du Chaumont, entre Enges et Fontaine-André. C'est un crêt à demi-boisé, où la roche est souvent à fleur de terre. Ses nombreuses anfractuosités nourrissent les arbrisseaux et les plantes des coteaux calcaires, secs et exposés au soleil. A Hauterive et à la Coudre, le crêt valangien quitte les limites de notre carte pour aller former la Roche-de-l'Ermitage et le Pertuis-du-Soc au nord de la ville de Neuchâtel.

§ III. Combes hauteriviennes.

Tous les géologues qui ont visité Neuchâtel ont remarqué les marnes bleues dites de Hauterive derrière la colline du château, ainsi que la combe qu'elles déterminent au Vausseyon. Cet accident orographique est d'une importance relative, suivant le développement que prennent les marnes hauteriviennes. Mais dans le canton de Neuchâtel il est caractéristique, et mérite d'être distingué. On voit la combe se prolonger par les Fahys vers la Coudre, où elle est fortement remplie de diluvium. Puis Hauterive, le hameau connu par ses marnières, est caché comme un nid dans la dépression formée par l'étage marneux auquel il a donné son nom. Les affleurements ne sont pas considérables, mais n'importe, les quelques points qui ont entamé le sous-sol ont montré qu'il y a dans ce terrain matière à l'étude géologique. Plus à l'est, vers le Villaret et Voëns, la combe est bien marquée au pied du crêt valangien, et se recouvre de champs et de prés. Mais dans le vallon d'Enges, où elle se rétrécit, elle est en outre recouverte de moraines et de végétation qui tendent à effacer son relief. Il en est encore de même au nord de Châtollion, où elle est du reste pincée entre les étages calcaires qui forment à Saint-Blaise une voussure très aiguë. Mais à partir des prés qui dominent en palier le Loclat, la combe hauterivienne se dessine nettement sur le flanc de la colline de Châtollion; elle s'élève insensiblement contre le flanc valangien, et passe au Roc pour y former un large palier tout en culture, dans un site des plus agréables. Elle est ensuite un peu rétrécie au pied de la forêt de l'Eter, et nivelée par la couverture morainique des vignes de Cressier. Mais au pied des roches valangiennes qu'entame le Ruhaut, elle est excavée et présente quelques affleurements. Puis elle passe derrière le Pain-de-Sucre, et après un coude vers les Rables, elle va former le palier de Bellevue. C'est elle qui s'accentue si bien à Combes, et malgré le manque d'affleurements, elle joue un certain rôle dans la composition du sol végétal. Sur le palier des Banderettes, elle est de nouveau nivelée par le glaciaire, et par l'effacement du crêt néocomien. Mais à la Baume, elle est des plus nettes et s'accentue encore davantage par l'érosion du ruz du Bécuel. Ici l'on rencontre l'affleurement le plus intéressant et le plus riche en fossiles que l'on puisse visiter au pied du Jura neuchâtelois; les marnes de Haute-rive sont entamées pour l'amendement des terres et révèlent bien leur stratigra-phie. Nous les avons souvent explorées sous le rapport paléontologique, et malgré les nombreuses récoltes qu'y avait faites Ch. Hisely, nous y avons recueilli la faune presque complète de cet étage, décrite par MM. Pictet et de Loriol. Les fossiles ne sont le plus souvent que des moules internes, mais ils sont généralement bons et déterminables. Notre collection réunie à celle de Ch. Hisely est actuellement installée au musée de Bienne. Depuis le moulin, la combe hauterivienne passe à Montet, où elle est toute recouverte de glaciaire et de vignes, ainsi qu'au pied du Chânet, sur l'emplacement de l'antique Nuge-rol. On la voit s'accentuer pour la dernière fois vers l'est, à la cascade de Crossevaux, mais sans affleurement. Sans doute l'étage hauterivien se pro-longe aux Prés-Gutins jusqu'à Poudeille, sous la grande couverture morainique du vignoble de Neuveville. Puis il y a interruption par le lac. A Douanne, on n'a dans les vignes que des marnes jaunes fortement mélangées de gla-ciaire. Les fossiles qu'on y recueille sont bien ceux du Landeron, mais ce sont des moules d'un marno-calcaire plus fin, et d'une couleur différente de celle des marnes bleues ou grises de l'étage typique de Hauterive. Il s'est opéré ici une oxydation du marno-calcaire, qui lui a procuré sa couleur jaune. Mais cette oxydation doit avoir été accompagnée de remaniement qui semble coïncider avec la formation du sidérolithique. On ne voit des affleurements ou des couches en place qu'à l'entrée du vallon de Gaicht, puis on retrouve ces marnes jaunes désagrégées entre Alfermée et Bienne dans plusieurs poches du valangien. Nous les avons beaucoup visitées, surtout celles d'Alfermée, au contour de la route, à la sortie orientale du hameau, et celles de la carrière du Rusel près de Vigneules, qui a déjà livré tant de fossiles hauteriviens. On en trouve une bonne collection dans les musées de Berne et de Bienne. Ces poches du roc valangien ont quelque chose d'anormal, et ont paru être pour plusieurs des fissures où le hauterivien a glissé en masse, et en effet, les fossiles qu'on y trouve sont remaniés, séparés en fragments, comme c'est souvent le cas des ammonites. Mais la forme de ces poches dans les bancs parfaitement réguliers, et quelquefois non disloqués, ne nous permet pas d'y voir des fissures remplies par un simple glissement. Nous aurons l'occasion d'exposer notre manière de voir au sujet de leur formation, en traitant du sidérolithique. Il y a encore un lambeau de hauterivien ou de marne jaune dans les vignes de Vigneules, fortement recouvert et mélangé de terrain glaciaire. Le terrain glaciaire est aussi la couverture ordinaire des poches de marne jaune dans le roc valangien. A Bienne même, nous ne connaissons du hauterivien que quelques bancs de la base de l'étage mis à découvert pendant la construction du funiculaire de Macolin. C'était un calcaire jaune, poreux, suboolithique, où M. Schüler de Bienne a recueilli un *Pteroceras* probablement nouveau. Le même fossile se rencontre aussi dans la marne jaune du Rusel.

Dans le vallon de St-Imier, l'étage hauterivien se présente toujours sous la forme de marnes jaunes, plus ou moins onctueuses, très riches en fossiles. Citons d'abord le petit lambeau situé entre la Vieille-Vacherie et la Grafenried, dans le synclinal valangien dont nous avons parlé. La marne jaune affleure sur le chemin, où l'on peut recueillir tous les fossiles de Vigneules. L'*Exogyra Couloni* y est particulièrement abondante. Dans le village de Villeret, sur l'emplacement actuel du collège, on a trouvé, lors de la construction de cet édifice, des poches de marne jaune avec de très beaux fossiles, comme c'est partout le cas dans la contrée. Mais le rôle orographique du hauterivien est ici complètement masqué par la couverture glaciaire des champs de l'envers du vallon. Nous avons du reste lieu de croire que cette marne jaune est considérablement réduite en épaisseur. C'est du moins le cas dans le village de St-Imier, où, lors de l'ouverture de la rue de l'Hôpital, on a mis à découvert une série très instructive. La colline de Beau-Site, sur le trajet de la rue en question, présente un renversement qui met le marbre bâtard, puis un mètre de limonite, deux mètres de marne jaune et enfin la molasse d'eau douce inférieure dans l'ordre inverse de leur superposition normale. La marne jaune, quoique en couche régulière, était comme désagrégée, avec des fossiles fragmentés, comme c'est le cas dans les poches de Vigneules. L'*Ammonites Astieri*, le *Fimbria cordiformis* et le *Cyprina Deshayesiana* s'y trouvaient en moules très bien conservés. On rencontre partout la marne jaune au pied des collines de St-Imier, tantôt en couches plus ou moins altérées, avec des pisoolithes ferrugineuses, tantôt en amas où l'on ne voit plus rien de stratifié. Mais la position de ces marnes sous les calcaires renversés du valangien explique le plus souvent les déplacements qu'elles ont subis. A Sonvillier, la marne est mieux protégée par un recouvrement néocomien, mais ici encore, on remarque des dérangements et des altérations dans ce terrain. Il est en outre considérablement réduit. On en trouve encore un affleurement vers les cibles au tirage de Renan.

Dans le vallon de la Chaux-de-Fonds, Nicolet a signalé l'existence de la marne jaune mise à jour par les creusages qu'il a visités. Nulle part on ne l'observe à fleur de terre, et sa position suit les crêts valangiens. Tout ce que nous avons vu depuis nous indique les mêmes couches de marne jaune à *Exogyra Couloni* que dans le vallon de St-Imier, si ce n'est encore en épaisseur réduite.

A la Sagne, par contre, on trouve au pied des crêts valangiens des paliers ou des replats couverts de végétation, qui indiquent déjà une épaisseur plus normale du hauterivien. La ligne du chemin de fer régional a coupé la série hauterivienne en tranchée à la Corbatière-de-Vent, et révélé l'existence de la marne grise comme à Hauterive. Mais plusieurs bancs sont altérés et transformés en marne jaune ou ochreuse, avec peu de fossiles. Sur le ver-

sant de l'envers, la couverture glaciaire ne permet pas de fixer bien exactement la zone marneuse qui renferme le hauterivien.

Il y a à Pertuis, sur le plateau des Domaines-du-Mont-Damin, quelques
marnières où l'on a exploité les marnes de Hauterive. C'est ici une marne
jaune ou grise suivant sa distance de la surface du sol, avec les fossiles caractéristiques du hauterivien. A la Crotèle, on trouve aussi la marne à *Toxaster
complanatus,* peu altérée, et présentant sa couleur grise habituelle. Il en est
de même à la Métairie-des-Plânes, sur le sentier de St-Imier au Chasseral, où
l'on trouve un petit lambeau crétacique à l'altitude de 1300 mètres, renfermé
dans le synclinal formé par les bancs valangiens. On trouve ici la marne grise
hauterivienne fossilifère, mise à découvert pour la captation d'une source.
C'est le point le plus rapproché de la marne jaune du vallon de St-Imier.

Le hauterivien ne joue pas dans le Val-de-Ruz un rôle bien considérable; d'abord parce qu'il y est peu puissant, une quinzaine de mètres au
plus, ensuite par le fait du fort recouvrement glaciaire de cette région. La
combe hauterivienne s'accentue cependant au Pâquier, à l'entrée de la cluse
du Cheneau-de-Villiers, puis derrière le village de Dombresson, où l'on trouve
un palier avec des marnières anciennement exploitées.

Nous ne connaissons aucun affleurement hauterivien à la Montagne-de-Diesse.

§ IV. Crêts néocomiens.

Quand on a vu à Neuchâtel la colline du château, on ne peut refuser
au néocomien proprement dit l'honneur de jouer un rôle dans la topographie
du pied du Jura. Mais on nous en voudra peut-être de l'appeler du nom de
l'étage que Thurmann avait proposé pour tout le crétacique inférieur connu
de son temps. Ce n'est pas ici le lieu de discuter la valeur et le démembre-
ment des noms d'étages. Nous nous réservons d'y revenir à l'occasion. Constatons seulement un fait historique en géologie, c'est que c'est la colline du
château de Neuchâtel qui est le type du néocomien, et que c'est ce nom d'étage
qui doit lui rester. Que M. Renevier ait séparé de l'étage néocomien de Thurmann, composé suivant l'expression de Montmollin: du calcaire jaune et de la
marne bleue (le valangien, sauf la limonite, restait dans le jurassique supérieur), la marne de Hauterive du calcaire jaune pour en former son étage

hauterivien, c'est ce qui nous paraît raisonnable et confirmé par l'usage. Le néocomien, comme il en advient des genres démembrés en botanique et en zoologie, se trouve réduit par là à sa plus simple expression, au calcaire jaune, qui pourra bien, à lui tout seul, porter le nom hellénisé de Neuchâtel. Nous espérons trouver en cette manière de voir l'approbation de nos confrères, et nous ferons, au paragraphe suivant, la part de l'urgonien. Mais quant à étendre le nom du néocomien de Thurmann au valangien de Desor, c'est un procédé qui ne nous semble pas justifié, ni surtout bien pratique. Mais ce sera peut-être l'expression de crêt qui sera critiquée. Nos souvenirs ne portent pas bien loin en rappelant l'existence du Crêt-Taconnet, au-dessus de Neuchâtel, sur le prolongement de la colline du château, et que les travaux d'agrandissement de la gare ont fait disparaître au profit du nouveau quai. Il en reste heureusement un quartier où l'on peut encore étudier le calcaire jaune. Au Mail et à Monruz, le crêt néocomien est encore intact.

Le néocomien ou la pierre jaune exploitée dans les carrières de Hauterive supporte aussi avec un épaulement urgonien, tout le vignoble de cette région; puis il s'engage dans le vallon de Voëns, où il forme de nombreux crêts et des arêtes. Ce terrain est très accidenté et remarquable par ses cultures. Le village de St-Blaise présente une voussure néocomienne qui se prolonge en crêts sur les flancs de la colline de Châtollion. Il y forme le coteau du Roc au nord de Cornaux. On le voit aussi très net au Pain-de-Sucre et à la Chanaz sur Cressier, puis il passe à la chapelle de Combes et au coteau des Prises et de Beauregard au nord du Landeron. Cette localité mérite de fixer l'attention du géologue. C'est dans les bancs calcaires roux, à la limite inférieure de l'urgonien, que se trouve la majeure partie de la faune de l'étage néocomien, si bien décrite par M. de Loriol dans la Monographie de l'Urgonien inférieur du Landeron. Nous regrettons que notre manière d'envisager la stratigraphie de l'étage néocomien nous mette en désaccord avec le titre de l'ouvrage d'un paléontologiste distingué. Mais de l'avis même de M. de Loriol, la faune des calcaires jaunes du Landeron n'étant ni hauterivienne, ni urgonienne, elle a des caractères propres et convient précisément à l'étage néocomien devenu comme légendaire parmi les nouveaux noms d'étages qui se sont attachés aux roches crétaciques du pied du Jura.

A partir de Montet vers Neuveville, le crêt néocomien se cache dans les vignes et ne reparaît qu'à Crossevaux, grâce à l'érosion du ruisseau de Vaux. Plus à l'est, il disparaît encore sous la couverture morainique pour passer probablement vers la maison de Poudeille (Maison blanche), sous le niveau du lac.

Ce n'est ni à la Montagne-de-Diesse, ni dans le vallon de St-Imier, qu'on peut retrouver l'étage néocomien avec les caractères qu'il présente au pied du Jura neuchâtelois. Il y existe cependant, mais très réduit, et avec les mêmes caractères stratigraphiques. C'est à Sonvillier, au finage du Beugrange, qu'on peut le voir pour la dernière fois vers le nord. Ses calcaires jaunes, suboolithiques ou gréseux, recouvrent en ce point la marne jaune, et contiennent quelques fossiles analogues à ceux qu'on recueille au Landeron. Mais malgré la position apparemment plus voisine du rivage de la mer crétacique, on ne recueille ici que peu de débris d'êtres organisés. Mentionnons encore le coteau de la Charbonnière, entre Sonvillier et Renan, où le néocomien s'applique en pente douce sur les étages inférieurs, avec quelques affleurements de ses dalles oolithiques, rousses. Il existe aussi un crêt néocomien renversé près de la ferme Nicolet au bord de la Suze, entre Sonvillier et St-Imier, avec une couche marno-sableuse jaune, mais sans fossiles, au contact des calcaires blancs de l'urgonien. On peut faire la même observation à l'ouest de Renan, dans un contour de la voie ferrée.

Dans le vallon de la Sagne, on trouve une zone de calcaires jaunes, tout le long de la route, depuis la Corbatière-de-bise, jusqu'aux Ponts, où il contient des éponges, et présente un recouvrement de molasse marine. Ce sont les mêmes bancs oolithiques que dans le vallon de St-Imier, et leur relief orographique est des plus réduits.

Mais dans le Val-de-Ruz, le néocomien s'accentue davantage, d'abord au Côty, où le chemin de Pertuis en coupe les bancs très morcelés, d'une couleur d'ochre très prononcée. A l'entrée du Cheneau-de-Villiers, il forme le crêt assez net des Devins. Puis à Dombresson, il s'accentue derrière le village, à la colline du temple. On en rencontre quelques têtes de couches sur le coteau de St-Martin, où il est comme raboté et recouvert de terrain glaciaire. A l'envers du Val-de-Ruz, on constate le même recouvrement; ce n'est qu'à l'entrée des gorges du Seyon qu'on le voit à découvert. Il constitue en majeure partie la colline du château, qui se prolonge par la Cernia en une arête que coupe la route de Fenin, puis dans la forêt de Bussy, où il franchit presque aussitôt les limites de notre carte.

§ V. Flanquements urgoniens.

E. Desor, qui fixa le premier l'attention sur l'existence des calcaires urgoniens dans le vignoble neuchâtelois, fit très justement remarquer le prolongement de cet étage vers St-Blaise et Souaillon, où l'on distingue parfaitement un flanquement urgonien séparé du crêt néocomien par le palier des couches à spongiaires. Il en est de même à la colline du Mail et sur le côteau de Champreveyres, lorsqu'on y regarde de près. L'urgonien y présente des calcaires pâles, d'abord grenus, spathiques, sorte de brèche à échinodermes où les fossiles reconnaissables sont cependant très rares. Mais on ne tarde pas à trouver des bancs blancs, d'un calcaire irrégulier, subconchoïde, comme à Chair-d'Ane sur St-Blaise. Nous n'y avons pas vu des caprotines, mais il est fort probable que l'on pourrait y en découvrir. A Souaillon, ce sont les bancs grenus, blanchâtres, qui s'adossent à la colline de Châtollion, et qu'entame la ligne du chemin de fer, jusqu'au tunnel de St-Blaise. Quelques feuillets plus tendres, intercalés dans les bancs compacts présentent encore la couleur jaune du néocomien, mais nous pensons que le palier qui forme en cet endroit les couches à spongiaires, ne peut être dépassé comme limite supérieure du néocomien. Du reste les caractères pétrographiques de ces bancs, à défaut de fossiles déterminables, ne suffisent-ils pas pour constater ici la présence de l'urgonien? qui est bien le même que celui du bord du lac de Neuchâtel. On le poursuit régulièrement derrière Cornaux, au château de Cressier, et partout dans les vignes au pied du côteau de Combes, où il affleure pour la dernière fois vers l'est.

L'urgonien existe aussi dans le vallon de St-Imier, où ses bancs compacts, d'un calcaire blanc, conchoïde, superposés régulièrement au calcaire jaune, ne laissent aucun doute sur leur position stratigraphique. Ils forment une assez grande portion du côteau à l'ouest de Renan, et sont bien en place, dans une position peu inclinée, mais ne sont guère observables que dans la tranchée de la ligne du chemin de fer. A l'ouest de Sonvillier, au bord de la route, nous avons observé *Terebratula Moutoniana* dans ces calcaires. Les mêmes bancs se retrouvent au bord de la Suze, entre Sonvillier et St-Imier, adossés en renversement au calcaire néocomien, près de la ferme Nicolet. C'est l'affleurement le plus essentiel que nous connaissions pour l'urgonien. Caractère bien remarquable, quoique négatif au point de vue paléontologique, c'est que ces bancs stériles ne s'annoncent point comme une formation de rivage, en ce point extrême de l'extension actuelle de l'étage, ce qui parle en faveur des ablations prétertiaires qu'a subies le crétacique dans le Jura bernois.

§ VI. Lambeaux de gault.

Dans toute l'étendue du territoire compris sur la feuille VII, nous n'avons pas pu découvrir d'autres lambeaux de l'étage albien que ceux qu'ont fait connaître Thurmann et Gressly. Mais la couverture quaternaire en cache encore le prolongement. Le premier se trouve au bord du chemin vicinal qui longe le finage un peu au-dessous de la lisière du bois, entre le stand et les cibles à l'est de Renan. On trouve parmi les gravailles qui recouvrent actuellement ce lieu d'une ancienne exploitation des sables albiens, quelques fragments de la roche phosphatée remplie des fossiles du gault inférieur. Il y avait aussi des blocs de grès siliceux jaune-vert pâle, contenant de petits cailloux de quartz blanc. Mais nous n'avons rien vu en place, et nous ne pouvons rien ajouter aux observations de Thurmann[1]. Le deuxième affleurement, rencontré par la ligne du chemin de fer au coin de l'ancien cimetière de Renan, est également tout recouvert. Quant au gisement signalé par Gressly à Sonvillier[2], il devait être aussi bien observable lors de la construction de la voie ferrée, dans la tranchée des Grands-Champs, au nord-ouest du village. Actuellement on ne trouve, parmi les matériaux fortement mélangés de quaternaire en ce point, que quelques fragments de fossiles phosphatés du gault. C'est cependant bien une station en place par sa position normale sur le crétacique inférieur, et que

---

[1] J. Thurmann: Lettres écrites du Jura à la Société d'histoire naturelle de Berne, 1853.
[2] J.-B. Greppin: Description géol. du Jura bernois, p. 141.

rien n'empêche de supposer reliée à celles de Renan par-dessous la mince couverture glaciaire de ce flanc du vallon. On peut dire en outre, pour expliquer la présence de ces lambeaux des grès-verts, très réduits en épaisseur, qu'ils se trouvent placés dans des replis transversaux des roches crétaciques inférieures, qui les ont protégés contre les ablations prétertiaires. Et lors même que dans nos affleurements, les matériaux albiens auraient été plus ou moins remaniés avec le glaciaire, leur présence isolée en ces points de contact du tertiaire et du crétacique inférieur prouve qu'ils ne proviennent pas de fort loin. Le milieu du vallon est formé, entre Sonvillier et Renan, par les calcaires et les marnes d'eau douce inférieurs, sous lesquels les dépôts albiens doivent plonger. Ils pourraient bien porter les traces d'une altération ou même de remaniements très anciens; mais c'est une question qu'on ne peut élucider qu'en présence d'une tranchée bien nette dans ces affleurements; elle n'existe plus aujourd'hui, malheureusement. A l'envers du vallon, tout est caché sous la couverture quaternaire.

§ VII. Affleurements cénomaniens.

Dans le port de St-Blaise, nous avons vu parmi les galets de la grève quelques blocs de calcaire rose cénomanien, qui doit exister en ce point sur la croupe souterraine formée par le néocomien et l'urgonien de l'extrémité occidentale de la colline de Châtollion. Un pêcheur d'antiquités lacustres de St-Blaise a recueilli dans ces blocs quelques beaux fossiles cénomaniens qu'il doit avoir vendus au musée de Neuchâtel. A Souaillon même, on voit toujours le lambeau de calcaire rose entre la route et la ligne du chemin de fer. Mais la meilleure localité pour l'étude de cet étage remarquable est le lit du Mortruz sous le château de Cressier. En ce point, on trouve de nombreuses assises d'une épaisseur totale d'environ 20 mètres, formées par un marno-calcaire jaune, rouge ou rose, appuyé contre l'urgonien. Comme le contact n'est pas visible, nous n'avons pas pu constater une discordance, ni même l'absence du gault ou de l'aptien, qui, s'ils existent, ne peuvent ensemble mesurer qu'un ou deux mètres d'épaisseur. L'urgonien supérieur, ou les bancs à caprotines manquent du reste en ce point. Il doit donc y avoir quelque lacune correspondant au dépôt des grès-verts.

Les fossiles ne sont pas abondants dans cet affleurement cénomanien, les plus fréquents sont les inocérames, et il faut avoir bien de la chance pour tomber sur un *Ammonites Mantelli* sortant son dos des strates. Le cénomanien forme entre Cressier et Cornaux le côteau des Chumereux, tout recouvert de vignes, où les travaux de marcottage mettent quelquefois les bancs roses et les ammonites à découvert. Il se prolonge certainement sous le vignoble de Cressier et du Landeron jusqu'à la Neuveville; mais le terrain morainique partout très épais ne permet aucun affleurement. Toutefois lors du creusage des fondements d'une maison à l'ouest de la colline de l'hospice Montagu, à Neuveville, Ch. Hisely put recueillir dans un bloc de calcaire cénomanien le *Holaster laevis* qui figure avec des ammonites de Souaillon dans sa collection au musée Schwab à Bienne.

Gilliéron[1]) cite, entre Neuveville et Bienne, des lambeaux cénomaniens que nous n'avons pas pu retrouver; celui du Ried au nord-est de Bienne reposerait sur le portlandien.

§ VIII. Résumé sur les affleurements crétaciques.

C'est dans les limites du territoire que nous avons étudié que le crétacique s'arrête dans son extension actuelle vers le nord-est. Tous les étages inférieurs y sont représentés et bien caractérisés. On constate entre eux des passages insensibles, ainsi qu'entre le jurassique et le purbeckien, de sorte que rien n'est venu interrompre la succession des dépôts depuis le purbeckien jusqu'à l'urgonien, si ce n'est des changements de faciès.

Le crétacique inférieur se présente dans le Jura bernois et neuchâtelois sous la forme de dépôts littoraux qui augmentent en épaisseur dans la direction du sud-ouest, laissant entrevoir la provenance de leurs matériaux, ainsi que la profondeur de cette partie du bassin crétacique. Depuis le purbeckien, d'une formation de mer basse ou de lagune, jusqu'à l'urgonien qui revêt les caractères d'une mer ample, on constate le retour des eaux salées à partir du valangien, c'est-à-dire l'affaissement du fond, ou peut-être l'ascension du

---

[1]) P. de Loriol et V. Gilliéron. Monographie paléontologique et stratigraphique de l'étage urgonien inférieur du Landeron, p. 110-111.

niveau de l'eau. L'urgonien dont il reste des lambeaux dans le vallon de St-Imier n'existe pas en retrait sur les étages précédents, comme on pourrait le croire d'après les affleurements des bords du lac de Bienne; il s'étend au contraire aussi loin vers le nord que le néocomien et le hauterivien. D'après les caractères pétrographiques et stratigraphiques que revêt notre urgonien, on peut admettre une extension primitive de cet étage vers le nord beaucoup plus grande que ses affleurements actuels. Rien ne laisse en outre soupçonner l'existence de plusieurs bassins pour le dépôt de cet étage dans le territoire de notre feuille. Il est au contraire très probable que l'urgonien, avec les autres étages crétaciques inférieurs, ont été primitivement déposés sur tout le Jura central, et qu'ils ont été réunis à l'origine, avec ceux de la Haute-Saône et du Doubs. Ils ont disparu du nord du Jura central par suite d'érosions et d'ablations prétertiaires ou prémiocènes que nous examinerons plus loin. Constatons encore à partir du retour de la mer depuis le sud, pour le dépôt du valangien, du hauterivien, du néocomien et de l'urgonien, une transgression lente vers le nord-ouest.

Les grès-verts qui existent en lambeaux isolés dans notre territoire, avec des caractères identiques à ceux de l'est de la France, doivent aussi avoir été primitivement réunis avec eux, et font supposer une communauté d'origine. L'aptien qui n'a pas été constaté jusqu'ici peut faire supposer une lacune plus ou moins locale dans la sédimentation du pied du Jura. Mais l'insuffisance des points favorables pour l'étude des grès-verts ne nous permet pas de tirer des conclusions certaines. On pourrait penser aussi que les dépôts des grès-verts vont en s'amincissant vers le sud, et que l'absence de ces étages dans les Préalpes romandes est due à la profondeur du bassin, ou au trop grand éloignement des côtes du nord.

Quant au cénomanien, qui est le terme initial des dépôts crétaciques supérieurs, ses affleurements de St-Blaise et de Cressier nous font voir une formation pélagique qui doit se relier avec les couches rouges des Préalpes romandes. Nous avons ici une station intermédiaire entre le nord et le midi, qui témoigne de la progression de ce dépôt sédimentaire vers le sud. Mais il n'y a aucun lambeau cénomanien visible au nord de St-Blaise; ils sont problématiques sous les couvertures tertiaires et quaternaires du Val-de-Ruz et de la Montagne-de-Diesse. Dans le vallon de St-Imier, nous n'en avons pas non plus reconnu l'existence. Il est même impossible d'en retrouver plus au nord, pour les raisons indiquées au sujet de l'absence du crétacique inférieur dans cette direction. Mais ces ablations n'excluent pas les relations stratigraphiques de nos lambeaux crétaciques avec ceux de la Franche-Comté. Il est dès lors probable que la mer cénomanienne a recouvert une grande partie du territoire actuel du Jura, où ses dépôts ont été ultérieurement détruits.

CHAPITRE V.

Terrain sidérolithique.

L'étude du sidérolithique est l'une des plus difficiles que présente le Jura. Ces derniers temps surtout, où l'exploitation du minerai de fer est entrée dans sa période de déclin, on n'a plus guère l'occasion de visiter de nouveaux puits. Les anciens travaux sont, bien entendu, tous recouverts ou éboulés; seuls quelques taches rouges dues au bolus et quelques grains de mine trahissent encore à la surface du sol les recherches qui ont été dirigées dans ces lieux. Les prévisions de la commission spéciale des mines du Jura, relatives à l'épuisement prochain des minières, ne se sont que trop bien confirmées[1]. Actuellement il n'y a plus que deux hauts-fourneaux en activité. L'exploitation est circonscrite à la plaine au sud de Delémont, où le minerai se rencontre encore en dépôts isolés. Tous les anciens travaux du pourtour de la vallée sont abandonnés, on peut les considérer comme épuisés.

Dans la région actuellement exploitée, comme dans tous les anciens puits des environs de Delémont, le sidérolithique se présente en couches non ou irrégulièrement stratifiées, sur le roc jurassique (étage kimméridien), dont il remplit les fissures et les excavations. Le minerai de fer en grains pisoolithiques, plus ou moins serrés ou mélangés de bolus, constitue des dépôts sporadiques d'un mètre environ d'épaisseur, en forme de lentilles ou de nids sur le roc jurassique et dans ses excavations. On a remarqué une sorte de stra-

---

[1] Préavis de la Commission spéciale des mines du Jura, adressé au Conseil exécutif du canton de Berne, 8°, Porrentruy 1854.

tification très vague dans les nids où les pisoolithes sont très serrées. Ailleurs c'est le bolus qui seul recouvre le roc jurassique. Son épaisseur, ainsi que sa composition varient beaucoup. On peut, en général, admettre 20 à 30 mètres de bolus sidérolithique dans la nappe régulière; puis par-dessus on trouve la terre jaune, les marnes bigarrées bien stratifiées avec quelques bancs de calcaires d'eau douce qui ne doivent plus être rangés dans le sidérolithique. Suivant les localités, le bolus devient sableux, et passe aux argiles réfractaires, ce qui est toujours un mauvais indice pour l'existence de la mine. Mais on ne peut plus faire actuellement de comparaisons, et pour nous renseigner, nous avons dû avoir recours aux documents et aux matériaux recueillis par Quiquerez, pendant près de quarante ans de service, dans un manuscrit intitulé: „Renseignements géologiques sur les minières du Jura bernois“, que M. Frey, inspecteur à Delémont, a bien voulu mettre à notre disposition. Nous en extrayons les principales données relatives à notre territoire.

Il faut rappeler d'abord, ce qu'ont constaté les recherches du minerai de fer, c'est que les affleurements théoriques du terrain sidérolithique sont très souvent recouverts par les brèches et les éboulis du pied des montagnes. Seules quelques fissures ou cavités des roches jurassiques supérieures (kimméridien et portlandien) du flanc des montagnes peuvent ou ont pu présenter des matériaux à ciel ouvert pour l'étude ou pour l'exploitation. La nappe continue n'affleure qu'en quelques points dans les environs de Moutier, mais sa présence a été constatée dans la plupart des vallons du Jura par les sondages. Sans doute sa composition varie d'un point à l'autre, et le minerai de fer, qui en particulier en occupe toujours la base, n'apparaît que rarement; mais soit les argiles ferrugineuses, c'est-à-dire les bolus, soit les argiles réfractaires nommées hupper, ou bien encore les sables vitrifiables essentiellement quartzeux, forment partout dans le fond jurassique des vallons, des dépôts presque sans interruption. Ce fait résulte des nombreux sondages qui ont été pratiqués dans tous les vallons en vue de la recherche du minerai dans les années prospères de l'industrie sidérurgique du Jura. Le val de Moutier a été fouillé dans tous les points accessibles, c'est-à-dire où l'on a pu atteindre le terrain sidérolithique sans inconvénients et sans frais trop considérables, parce que de toute antiquité on y a exploité des gisements variables et disséminés de minerai. Il en est de même de celui de Balsthal, où les abords des roches jurassiques présentaient quelques crevasses avec de la mine. Dans le vallon de Rebeuvelier, la société des forges Louis de Roll de Soleure a fait faire plus de trente puits, sans rencontrer de mine exploitable (Quiquerez, Renseignements, p. 285), mais seulement des argiles rouges dont on voit encore les débris sur le terrain. Pour les autres vallons, voici ce que dit Gressly dans son rapport géologique inséré dans le Préavis de la commission spéciale des mines du Jura, p. 66: „Les vals de Moutier, Court, Sornetan, Péry, etc., ou sont épuisés, ou sont occupés par des dépôts qui excluent les gites métallifères de grande étendue." On a aussi trouvé les argiles sidéroli-thiques sans mine au sud de Sonceboz, sur le premier gradin dominant la route de Reuchenette, où l'on a ouvert „une galerie de plus de 100 pieds de long dans les terrains ébouleux, et l'on est arrivé au rocher jurassique, contre lequel s'appuyaient des argiles rougeâtres" (Quiquerez, Renseignements, p. 367).

On voit par ces citations qu'avec la dissémination du minerai de fer et son épuisement, l'existence du terrain sidérolithique a été constatée dans tous les vallons jurassiens situés entre Bienne et Delémont, et nous pouvons admettre qu'il y formait à l'origine une nappe continue, par-dessus le jurassique qui ne présentait encore qu'un fond plat ou peu accidenté. On en a des preuves directes dans les fissures remplies de bolus avec grains de fer qui existent au sommet des voussures peu entamées par l'érosion. (Montagnes de Boujean, Mont Girod, Raimeux, etc.) Mais sur le plateau des Franches-Montagnes, nous n'avons rencontré aucune trace de terrain sidérolithique dans les fissures des roches jurassiques. Quiquerez écrit à ce sujet dans ses renseignements géolo-giques p. 351: „Nous avons visité le plateau des Franches-Montagnes de St-Brais à Muriaux et vers les Côtes-du-Doubs sans remarquer vestiges de sidé-rolithique. La carte de Thurmann est incomplète pour divers détails de ce plateau, qui, sous le rapport géologique, demanderait une étude toute spéciale." Et bien! malgré l'étude spéciale que nous avons faite de ce territoire, nous n'avons pu decouvrir ni argiles rouges, ni pisoolithes, qui, si elles avaient jadis recouvert le plateau des Franches-Montagnes, y auraient sans doute laissé des traces dans les fissures des roches jurassiques, comme on les observe dans les rochers du malm d'où le sidérolithique a été enlevé. Il n'en est pas de même dans le Haut-Jura neuchâtelois, où il y a quelques indices de l'extension primitive du sidérolithique. M. Jaccard a découvert aux Brenets une crevasse remplie d'une argile sableuse avec des grains de fer. Une autre cavité du même genre a été rencontrée dans le tunnel des Crosettes au kilomètre 75,435, où elle contenait un sable siliceux, mélangé de très petits grains noirâtres de fer ou de manganèse. Une poche remplie d'argile probablement sidérolithique se trouve sur le sentier de St-Imier au Sergeant, où l'argile brune accuse un mélange avec de la terre ordinaire. Sur les roches valangiennes de St-Imier, au Manège, on voit des argiles rouge-tuile, et des grains de silicate de fer dans les marnes jaunes hauteriviennes, altérées et remaniées. Voilà à peu près tout ce que nous avons observé de ce terrain au contact des terrains crétaciques. Les poches de marne jaune dans le valangien de Vigneules, sans présenter de pisoolithes ferrugineuses, sont aussi altérées et remaniées de la même façon. Il en advient par place une véritable terre glaise où la stratification disparaît, et où les fragments du même fossile *(Ammonites radiatus)* sont plus ou moins séparés. Citons aussi d'après M. Lang, les fossiles hauteriviens trouvés dans le hupper de Longeau: *Rhynchonella depressa, Pygurus Montmollini*, et d'autres non déterminés spécifiquement[1]. Gilliéron qui confirme ces observations dit à ce sujet dans son étude stratigraphique de St-Blaise à Bienne[2]: „J'y ai recueilli des fragments de *Rhynchonella multiformis* et d'huîtres, isolés dans les sables, en sorte qu'il semble que le fossile n'y a pas été déposé entier; on ne voit point de morceaux d'une roche d'aspect néocomien. Ce fait nous semble avoir son analogue au bord du lac de Bienne, dans des intercalations de marne jaune (hauterivien) dans le valangien qui ont été observées en premier lieu vers Gléresse par M. Hisely. On en trouve de semblables jusqu'à Bienne.... Rien n'est plus commun que de trouver les assises jurassiques et valangiennes coupées en sens divers par des crevasses plus ou moins grandes, à parois corrodées et remplies d'argiles à teintes vives; ces argiles contiennent quelquefois du sable siliceux et les grains

---

[1] F. Lang: Geologische Skizze der Umgebung von Solothurn, p. 18.

[2] P. de Loriol et V. Gilliéron: Monographie paléontologique et stratigraphique de l'Etage inférieur du Landeron, p. 114 et 115.

de fer s'y montrent aussi çà et là.... Il me semble que les intercalations du néocomien (hauterivien) peuvent être rapportées à la même époque."

Les gisements de sable vitrifiable occupent généralement des cavités ou des fissures du jurassique supérieur (portlandien ou kimméridien), dont on ne connaît pas le fond, et qui, malgré leur position presque toujours verticale, ont subi le redressement des couches qui les renferment.

On voit souvent à Moutier des cavités plus ou moins grandes de la roche kimméridienne, remplies de bolus avec de rares grains de fer, et d'autres avec des sables quartzeux ou des argiles réfractaires. Au-dessus de l'affleurement normal du terrain sidérolithique de Champ-Vuillerat, on en voit plusieurs bien garnies de la même argile rouge-brique que celle de la nappe continue. C'était une poche analogue dans la carrière de la Basse-Montagne, celle où le Dr Greppin recueillit des ossements de *Palaeotherium* qui fixèrent l'âge éocène du terrain sidérolithique [1]. On ne peut considérer les matériaux qui remplissent ces cavités que comme témoins de la nappe sidérolithique qui s'étendait dans cette région avant le plissement du Jura.

Sur le flanc sud du Raimeux, au nord de Grandval, il existe des cavités remplies de sables quartzeux noirâtres dans lesquels on a cru trouver des métaux précieux. Quiquerez écrit à ce sujet: „Ce n'est proprement qu'une crevasse entre les strates redressées des roches jurassiques supérieures et remplies plus particulièrement de sable quartzeux avec du fer en grains plus ou moins arrondis par le frottement ou le charriage des eaux. Ces dépôts sont stratifiés en discordance avec le terrain jurassique, et très irrégulièrement déposés entre des fissures de roche qui ont parfois l'étendue de grandes cavernes. On est descendu jusqu'à environ 200 pieds de profondeur, et l'on en a extrait beaucoup de sable, qui devait fournir de l'or et de l'argent. On avait bâti en 1850 une grande maison vers Crémine, pour fondre ces mines, les fourneaux étaient tout construits, un chimiste étranger prétendait avoir reconnu la présence de l'argent dans ces sables, tandis que l'essayeur des monnaies de la Confédération déclarait qu'il n'y avait qu'un fripon qui pût prétendre y trouver des métaux précieux. L'entreprise a échoué à la ruine

---

[1] J. B. Greppin. Description géologique du Jura bernois, p. 158.

des entrepreneurs, comme de tous leurs prédécesseurs qui à diverses époques ont voulu exploiter cette même caverne."

„A la sortie des roches de Court, la commune de Moutier a fait ouvrir une galerie pour exploiter du sable vitrifiable. Les travaux ont indiqué un amas assez considérable de ces sables déposés en couches successives et arrondies, d'abord colorées en jaune, puis devenant de plus en plus blanches vers le bas, mais séparées par des bandes de sable offrant les plus belles couleurs, depuis le rouge au bleu, passant par le rose, le violet, etc. Sur la dernière couche de sable blanc existe un banc de roches quartzeuses d'environ quatre pieds d'épaisseur, et dans les sables, quelques rognons de roches de même nature, mais dont l'extérieur arrondi est nuancé de rose. Ces roches sont des sables durcis, mais ils ont pris un peu de translucidité."

„Entre la Verrerie et Moutier, il y a une cavité dans le portlandien virgulien, d'où l'on extrait aussi des sables et des argiles réfractaires dont on fait usage pour des briques à la verrerie, et pour des creusets qui se vendent (1855) à la Chaux-de-Fonds, et sont très estimés. On rencontre dans ces argiles de petits nids d'argiles smectiques, colorées de rose, blanc et bleu. Il me semble que c'est une grande crevasse éjective, où plusieurs sources ont fourni ces matières qui varient à de petites distances." (Renseignements géologiques, p. 327, 19 et 26 juillet 1855.)

Il existe à Court deux exploitations à ciel ouvert de sable vitrifiable d'une pureté remarquable. Ils se trouvent sur les flancs opposés du vallon au contact du tertiaire et du portlandien. C'est celui de Champ-Chalmé le plus intéressant pour l'étude géologique. Dans les couches très redressées à 70⁰ du portlandien, immédiatement sur le niveau de l'*Exogyra virgula* qui affleure à l'entrée des gorges, se voit une très grande cavité de plus de 20 mètres de diamètre, remplie sur une hauteur égale par un beau sable quartzeux blanc, à peu près pur, c'est-à-dire ne contenant qu'une faible proportion de silicate d'alumine. Le grain est arrondi et usé, et ressemble beaucoup à certaines variétés blanches du grès-bigarré. On constate en ce point une absence totale de stratification. Le centre de l'amas est absolument homogène et semblable à de la neige gelée, selon l'expression de Quiquerez. Le contact avec le portlandien est plus ou moins mélangé d'argiles jaunes ou brunes, dont la teneur augmente vers l'extérieur. Il y a aussi en dehors du gisement de sable vitrifiable des bolus rouges avec des pisoolithes ferrugineuses. La couverture des sables est formée par des brèches plus ou moins imprégnées de bolus. La profondeur de la masse est inconnue, et rien n'en fait présumer le fond. On peut admettre que la cavité a en somme la même inclinaison que les bancs jurassiques, ce qui lui donne au temps de la formation du sable une position à peu près horizontale.

Les mêmes faits observés à Court se reproduisent dans le gisement du Fuet. L'avancement de l'exploitation y procure un dégagement plus net du portlandien. La roche est altérée, et toujours imprégnée de bolus dans ses fissures. C'est encore un amas de sable compris dans le niveau marneux du virgulien dont il suit à peu près les plans de stratification. On doit donc se figurer à l'origine une sorte de galerie horizontale, ou très peu inclinée vers le bas, où le sable vitrifiable s'est accumulé. Le plancher de l'exploitation est toujours occupé par les mêmes matériaux, sans qu'on ait aucun indice d'en trouver la fin.

On a exploité anciennement à Saicourt un gisement où, d'après les notes de l'ingénieur des mines du Jura, on a perdu par suite de la mauvaise exécution des travaux beaucoup de matière minérale. „Ayant visité la localité (31 juillet 1866), j'ai reconnu que ce nid de hupper était limité par la roche jurassique supérieure dans laquelle il était enfermé, ayant pour recouvrement une très mince couche de brèches. Tout à l'entour la roche affleure.“

Les environs de Bellelay ont aussi livré à l'exploitation des sables vitrifiables analogues pour les besoins de la verrerie qui a éteint ses feux depuis quelques années. „Jusqu'au commencement de ce siècle, écrit l'historien du Jura, les verreries qu'il y avait le long du Doubs, à Biaufond et au Biez-d'Estoz, allaient chercher leurs sables dans le voisinage de Bellelay. Pendant longtemps la famille Voirol des Genevez s'occupa de cette exploitation à ciel ouvert. L'exploitation du hupper se fait au pied de la montagne de Moron, au levant des Bottières. On remarque que le dépôt est circonscrit par la roche jurassique supérieure, et n'a qu'une étendue limitée. Le travail se fait au moyen de galeries dont l'ouverture est au niveau du chemin, en sorte qu'on n'exploite que la partie supérieure de l'amas. Il y a déjà d'anciens travaux

peu profonds en ce lieu. Le hupper est absolument pur, il renferme de la
silice, de l'alumine et quelques traces de carbonate de chaux, excepté au voisinage du rocher où il se colore un peu en jaune, et sous les brèches peu
puissantes qui le recouvrent. On ne sait pas quelle est sa profondeur. Il
paraît s'étendre au sud, jusque dans les terres cultivées, où il a été déjà
entamé par les travaux hors de terre. Il est remarquable qu'à Moron et au
Fuet, les argiles réfractaires sont fort rares aux alentours des dépôts de hupper, et qu'on voit çà et là à la surface de celui-ci quelques grains de mine
de fer.

On a exploité des argiles réfractaires près de Semplain. Il y en a aussi
à l'entrée des gorges du Pichoux. Leur qualité est très variable. Quand elles
sont trop plastiques et chargées de fer et de manganèse, il faut ajouter du
hupper pour en former des briques réfractaires."

Un autre gisement de sable vitrifiable, analogue à celui des Bottières, se
trouve au revers de Moron, près de Souboz. C'est toujours au niveau des
marnes virguliennes que se trouvent les amas. Nous ne connaissons que très
peu de fissures des étages inférieurs du malm remplies de terrain sidérolithique. Les gorges de Court en renferment des traces à la base du kimméridien. Il existe aussi des poches de sable vitrifiable au sommet de la voussure
portlandienne du Mont-Girod. Ici encore, on a la preuve de l'extension du
sidérolithique par-dessus les voussures actuelles du Jura.

Nous lisons dans les notes de Quiquerez, datées de 1861 (Renseignements géologiques, p. 345): „La vallée de Péry a été fouillée et exploitée
pendant un certain temps pour alimenter le haut-fourneau de Frinvillier (voyez
Histoire des forges et des mines du Jura). L'étude géologique de la vallée
fait voir qu'on ne pouvait chercher de la mine que du côté septentrional, et
encore seulement le long de la montagne, près du redressement des roches
jurassiques. On remarque que les argiles siliceuses y prédominent et que le
minerai de fer ne devait s'y trouver que très exceptionnellement." On ne voit
plus guère actuellement que les taches rouges des argiles retirées du sol pour
la recherche du minerai, en suivant le chemin de la Combe-de-Péry vers le
Bürenberg. Il y a tout à l'extrémité de ce vallon une poche dans le portlandien, remplie d'argiles réfractaires jaunâtres. Partout ailleurs les éboulis mas-

quent le pied du Montoz, et ne laissent apercevoir que des débris remaniés du terrain sidérolithique, qui doit cependant former une nappe souterraine continue.

Dans le val d'Orvin, et dans celui de Vauffelin, il y a de fortes couvertures morainiques et fluvio-glaciaires qui masquent toute la série tertiaire, comme les éboulis du pied des montagnes recouvrent le sidérolithique. Ce n'est que dans les fissures et les crevasses du portlandien qu'on peut reconnaître les traces de ce terrain, qui ne consiste pas seulement en sables quartzeux, mais aussi en bolus rouge ou violet, très fin, et pénétrant dans les plus petites excavations. Les carrières de l'ancienne route du vallon entre Frinvillier et Boujean sont traversées par une multitude de tuyaux et de veines encore garnis de ce bolus. Le sentier des gorges du Dubeloch les a aussi mis dernièrement à jour. On les retrouve jusque dans le valangien des bords du lac de Bienne. Le minerai de fer est très sporadique, et peu abondant. On en trouve cependant quelques poches d'un certain intérêt géologique sur la montagne de Boujean. La forêt de Romont sur Longeau en renferme des traces. Dans cette région, où le crétacique fait entièrement défaut, on trouve des cavités du roc portlandien occupées par des amas de hupper ou de sable vitrifiable moins pur que dans le val de Tavannes, mais remarquables par leurs grandes dimensions. Elles sont actuellement encore en exploitation pour la fabrication de briques réfractaires et pour d'autres usages. La cavité principale a près de quarante mètres de diamètre, et elle est exploitée sur une quinzaine de mètres de profondeur. On remarque toujours les sables les plus purs vers le centre de l'amas, tandis qu'au contact du roc portlandien, il y a mélange de bolus ferrugineux qui teind les sables insensiblement en rose, en jaune, ou en brun, suivant qu'on s'approche davantage des argiles. Hormis ces différences de coloration, les sables quartzeux ne présentent aucune trace de stratification. Le roc portlandien est fortement altéré par les argiles; il est caverneux, décomposé et corrodé sur tout le pourtour et la hauteur du gisement. La position des couches de la roche encaissante est ici à peu près horizontale, et la cavité prend la forme d'une vaste cheminée dont on ne connaît pas la profondeur.

Il y a vers l'ouest de Longeau, au-dessus des vignes, sur le chemin de Romont, le contact du sidérolithique, en nappe ou en couche normale redressée contre le portlandien. On remarque ici comme à Moutier, que les bolus à grains de fer occupent la base de la couche, et que la partie supérieure est formée par un mélange de bolus et de sable quartzeux. On peut même observer des moëllons de sable durci, alignés, dans le milieu de la couche. Cette succession est peut-être locale, et sans donner précisément la preuve d'une stratification régulière de la nappe sidérolithique, elle fait voir que le dépôt de différentes substances dont se compose ce terrain, s'est effectué successivement, et dans un certain ordre. S'il s'agissait là d'autre part du résidu de la décomposition sur place de roches préexistantes, on pourrait s'étonner d'y trouver encore aussi nettement la succession des assises altérées. Nous n'y avons pu découvrir aucun débris fossile.

De tous les faits relatifs au gisement et à la composition du terrain sidérolithique, que nous venons d'examiner, il résulte que cette formation ne nous fournit pas des preuves indiscutables en faveur de son origine hydrothermale, non plus que terrestre, qui ne semblent pas du reste s'exclure réciproquement. Il nous semble que ce dépôt s'est effectué sur une surface horizontale émergée, en partie simultanément et en partie après les érosions du crétacique. Il est possible que la limonite valangienne, les marnes hauteriviennes et le calcaire jaune néocomien en aient fourni les matériaux. Les poches de marne hauterivienne dans le roc valangien du bord du lac de Bienne et du val de St-Imier peuvent être considérées comme les points où ces lévigations et ces décompositions terrestres se sont arrêtées. Mais la dispersion des amas de mine de fer doivent faire intervenir un transport tout au moins chimique, sinon mécanique, par les eaux. En outre, le creusage des cheminées et des cavités dans le roc jurassique, dans le valangien, le néocomien et l'urgonien, font supposer une action corrosive de l'eau minérale précédant le dépôt du sidérolithique. Il convient aussi de distinguer la forme et le gisement des sables vitrifiables qui, d'après ce que nous avons vu, peuvent s'être formés indépendamment du terrain sidérolithique proprement dit, et à une époque différente. Leur recouvrement, et leur pénétration de bolus au contact de la roche jurassique, tendent à leur assigner un âge plus reculé que la formation des bolus et de la mine de fer. Leur remaniement dans certaines régions de la nappe sidérolithique reste hors de cause.

CHAPITRE VI.

Terrains miocènes.

Bien que l'âge du terrain sidérolithique ait été reconnu tertiaire par les ossements de mammifères éocènes rencontrés à Moutier, à Egerkingen, à Obergösgen et au Mormont, nous pouvons, en le reliant aux phénomènes d'émergement et d'érosion qui ont affecté notre territoire à partir du crétacique supérieur, le considérer comme une formation spéciale (terrestre), dont l'âge ne tombe pas précisément dans les limites de tel ou tel étage stratigraphique. C'est pourquoi nous avons traité à part ce terrain qui correspond à la première phase continentale du Jura.

Le premier dépôt tertiaire stratifié normalement dans le Jura bernois est le calcaire d'eau douce de Moutier, qui s'est rencontré aussi dans les sondages en plusieurs points du val de Delémont. Il forme un second affleurement en crêt au tirage de Moutier, où il recouvre directement le sidérolithique. Ailleurs il est actuellement impossible de le retrouver, à cause du recouvrement diluvien du pied des montagnes. Nous ne transcrirons pas ici les observations détaillées qu'ont fait connaître MM. Choffat et Gilliéron [1] et nous adopterons les conclusions de ce dernier géologue relativement à l'âge éocène de ce dépôt. On observe un autre calcaire d'eau douce dans une position analogue par rapport au sidérolithique dans la colline de la Verrerie. Il est probablement d'âge miocène inférieur.

Les terrains tertiaires de notre territoire se rapportent essentiellement à la période miocène, pendant laquelle le golfe helvétique créé par le premier soulèvement des Alpes a fait transgression du sud au nord, pour recouvrir insensiblement notre premier continent jurassien. Dans la partie septentrionale

---

[1] P. Choffat: Bulletin de la Soc. géol. de France, 3ᵉ série, t. V, p. 562.
V. Gilliéron: Sur le calcaire d'eau douce de Moutier, Verhandl. Basel, VIII.

du Jura bernois, ainsi qu'aux Franches-Montagnes, on constate au début du miocène une invasion de la mer tongrienne ou du golfe alsatique, dont les dépôts normaux n'atteignent pas Moutier, tandis que la gompholithe qui passe au bassin helvétique par les Franches-Montagnes en constitue le cordon littoral. La rencontre de deux golfes annoncée par la gompholithe est intéressante à constater au point de vue orogénique, et les matériaux qu'ils ont reçus des plages jurassiennes peuvent nous renseigner sur la forme et la configuration des plages jurassiennes après le dépôt du sidérolithique.

Comme il ne reste des terrains tertiaires, d'après l'estimation que nous en ferons plus loin, que les 15 % de la surface qu'ils ont occupée avant les érosions pliocènes et quaternaires, leur rôle orographique se trouve actuellement limité aux vallons et aux synclinaux de notre territoire. En présence d'aussi fortes ablations, nous n'aurons pas à considérer en détail chaque étage dans son rôle orographique, comme ce pourrait être le cas dans un pays essentiellement formé de terrains tertiaires, mais nous décrirons séparément chaque lambeau pour l'ensemble des dépôts miocènes dont il est composé. Il y a du reste pour chacun d'eux des particularités et des changements de faciès à signaler. Afin d'éviter les répétitions stratigraphiques, ou pour justifier les limites des étages que nous adoptons dans ce travail, nous renvoyons le lecteur aux travaux que nous avons publiés en 1892 dans les Archives des sciences physiques et naturelles de Genève.

Vallon de Vermes. Le vallon de Vermes renferme une série variée et assez complète des terrains tertiaires, grâce à la protection qu'ont exercée les montagnes contre les ablations pliocènes et quaternaires. On trouve derrière l'église de Vermes une colline formée par les calcaires et les marnes d'eau douce inférieurs.

Le sidérolithique paraît être recouvert par la molasse à feuilles ou alsacienne qu'on voit affleurer sous le délémontien au même endroit. La molasse alsacienne est bien à découvert à l'extrémité occidentale du vallon à la Verrerie-de-Roche, où elle est pincée dans le fond du synclinal kimméridien découvert à la tête nord du tunnel de la voie ferrée. L'helvétien et les sables à Dinotherium sont partout recouverts dans le vallon de Vermes, excepté près de la ferme de la Melt où ils sont décrits par Greppin[1]. On voit bien, dans le lit du ruisseau de Vermes, les marnes rouges et leur passage à l'œningien. Les marno-calcaires à *Melanoïdes Escheri* sont directement surmontés par les calcaires d'eau douce et les marnes à ossements qui ont rendu célèbre le village de Vermes en géologie. Le ravin œningien qui borde le ruisseau se poursuit par la colline de la Cure jusqu'à Rebeuvelier, en produisant quelques ondulations de terrain recouvertes de prés ou de détritus quaternaires.

Vallon de Soulce. Quoique occupé par les terrains tertiaires, ce vallon ne présente guère à la surface du sol que des terrains d'alluvion et des moraines jurassiennes. On voit aux abords du village de Soulce de très petits affleurements delémontiens. A l'est d'Undervelier, les assises des calcaires delémontiens sont fortement redressées, parallèlement aux flancs kimméridiens de la montagne de Vellerat, et formées par des bancs compacts et durs où les fossiles sont peu fréquents. Mais à l'ouest du village, sur les collines du Mentois, on trouve des assises plus marneuses avec un niveau de marne rouge pisoolithique à *Helix Ramondi* à la base. Cet affleurement de calcaire d'eau douce delémontien se prolonge jusqu'au Pré-de-Joux, à demi recouvert d'éboulis et de graviers jurassiques. Le sol est d'une extrême pauvreté de végétation sur les calcaires d'eau douce. Le miocène supérieur est très peu, ou pas du tout, représenté dans ce vallon. Ce qui a été considéré jusqu'ici pour de l'helvétien (Description géol. du Jura bernois, p. 187), est en réalité inférieur au delémontien, et la coupe des collines du Mentois renferme un anticlinal de molasse alsacienne dans son centre. Le poudingue que surmonte le calcaire d'eau douce est d'origine vosgienne. Il ne peut donc pas être question d'œningien dans la coupe, comme nous l'avions premièrement admis (Archives, t. 27, mars 1892).

Petit-Val. Ce vallon très étroit présente des collines miocènes bien accentuées, grâce aux érosions des ruisseaux de Chaiebez, des Fontaines et de la Sorne. Lorsqu'on arrive à l'entrée des gorges du Pichoux, on ne voit que des

---

[1] J. B. Greppin: Description géologique du Jura bernois. Essai géologique. Notes géologiques, p. 15.

collines de calcaire d'eau douce s'élever sur le fond du synclinal. Celles de
Souboz, de Sornetan et de Monible en sont les principales. On voit bien à
Souboz le redressement du tertiaire au flanc nord du Moron, tandis qu'à
Monible, la colline du milieu du vallon a plutôt des assises horizontales. La
série miocène s'observe bien dans son ensemble au sud de l'auberge du Pichoux,
en montant depuis la route de Bellelay à Sornetan et à Souboz. Les éboulis
et les détritus tertiaires rendent fertiles les régions bien exposées de ce vallon solitaire.

Bellelay. La forme du vallon de Bellelay est celle d'un plateau triangulaire produite par la rencontre de trois synclinaux, celui des Genevez venant
de l'ouest, et ceux du Petit-Val et de la Combe-des-Feux au levant. Cette
disposition est occasionnée par la voussure secondaire sur laquelle est perché
le hameau de Moron, qui arrête ou rétrécit le prolongement direct du Petit-
Val. Ainsi encaissé, le plateau de Bellelay n'a pas un écoulement facile pour
ses eaux; il a donné naissance à une grande tourbière, et l'on voit la Sorne,
depuis sa source aux Genevez, se partager dans un marais, et produire des
déversoirs dans deux directions différentes; l'un qui continue la rivière par
l'étang du couvent, l'autre qui traverse la tourbière pour aller se perdre dans
une fondrière au Moulin de la Rouge-Eau. Le moulin est actuellement en
ruine, comme beaucoup d'autres constructions ou édifices de la contrée, et on
n'approche pas sans précaution de ce sombre ravin où les écluses sont em-
bourbées, et où le ruisseau reste seul à l'œuvre pour conserver son issue. Il
y a dans cette région beaucoup de limon et de brèches quaternaires qui
recouvrent le tertiaire; puis les marais et la tourbière font supposer l'existence de la même formation dans le sous-sol. Au-dessous du couvent de Bellelay, où la rivière a concentré ses érosions, on trouve des affleurements qui
correspondent tout à fait à ceux de Sornetan. A l'est du moulin, au pied de
la montagne de Moron, on trouve une arête de calcaire d'eau douce dont les
fossiles, comme ceux de Sornetan, ont été rapportés par Greppin au calcaire
d'eau douce inférieur, tandis que Maillard les a déclarés être œningiens. Nous
avons maintenant tout lieu de croire que les relations stratiphiques qu'on peut
établir avec les assises tertiaires d'Undervelier et de Moutier sont plus pro-
bantes que la détermination de quelques fossiles terrestres ou fluviatiles.

Val de Moutier. Un terme qui fait totalement défaut dans le val de Moutier, et que nous n'avons pas rencontré davantage dans le val de Delémont, c'est le muschelsandstein. Ce fait peut s'expliquer par un barrage momentané de la mer en cet endroit, et dont on trouve en effet la preuve dans les galets jurassiens du poudingue polygénique helvétien au sud du Moron. Mais lors du dépôt des molasses d'eau douce inférieures, la mer s'étendait par un golfe dirigé du sud au nord vers le bassin de Mayence. Preuve en sont les calcaires delémontiens qui affleurent dans les ravins du bord de la Rauss sur la route de Grandval (Sous-les-Rives). Ils alternent avec les marnes bigarrées qui passent à la molasse alsacienne. Cette dernière s'observe bien à Corcelles et dans la tranchée de la ligne du chemin de fer au sud de Moutier où elle prend un fort développement. Elle occupe partout le fond du vallon, reposant soit sur le jurassique, soit sur l'éocène, comme l'ont démontré les sondages entrepris à la recherche de la mine de fer (Corcelles, Elay). Dans le val de Moutier-Grandval la couverture quaternaire repose généralement sur les groupes inférieurs du miocène. Il n'y a que de rares indices au sud de Moutier pour l'existence de dépôts plus récents. Ce sont donc les ravins de la rive gauche de la Rauss qui traduisent tout le rôle orographique du tertiaire. A voir ses couches horizontales au milieu du vallon, Pagnard, comme l'enseignait aussi Thurmann, a supposé que le tertiaire devait rencontrer en discordance de stratification les roches jurassiques verticales. Mais cette prévision ne s'est pas confirmée dans la galerie de Corcelles pratiquée en 1873 et 1874 (Quiquerez, Renseignements géologiques, p. 273), „qui a rencontré 400 pieds de tertiaire, surtout de molasses plus ou moins compactes, puis 34 pieds d'argiles sidérolithiques sans mine, et la roche jurassique renversée.“ Le croquis joint à la notice montre toutes les couches renversées à 120⁰, ce qui donne au synclinal de ce vallon, suivant l'expression pittoresque de Quiquerez, la forme d'un chaudron.

Vallon de Rosières (Welschenrohr). C'est dans ce vallon que les éboulis prennent l'extension la plus considérable. Partout le pied des montagnes est recouvert de talus et de cônes dont plusieurs sont d'origine glaciaire. Les affleurements tertiaires y sont rares. Tout ce que nous avons vu jusqu'à présent sont les marnes rouges inférieures, et la molasse alsacienne. Les calcaires delémontiens semblent y avoir été détruits, mais ils reparaissent à Matzendorf. Dans un glissement de terrain qui a eu lieu au pied des roches de Dillitsch, au sud de St-Joseph, nous avons vu la molasse alsacienne recouvrir directement le roc jurassique. Sur la route de Rosières à Herbetswyl, on peut observer des faits analogues.

Val de Tavannes. La plus belle coupe des affleurements tertiaires du Jura bernois se trouve à Court, depuis Champ-Chalmé à la colline du Golat. On y voit toute la série miocène avec des dépôts bien caractérisés. On trouve ici les deux calcaires d'eau douce superposés, et séparés par la molasse feuilletée, le poudingue polygénique et le muschelsandstein. On peut compléter les niveaux de cette ligne par plusieurs affleurements aux environs de Court et de Sorvilier. La molasse lausannienne peu développée, et recouverte à Champ-Chalmé, se voit derrière la butte qui en est formée au sud du village de Court.

Quand on pense à la rareté des fossiles des terrains molassiques en général, ou à la stérilité de plusieurs bancs de calcaire d'eau douce, on peut considérer les gisements de Court et de Sorvilier comme étant des plus intéressants à explorer. Il ne manque que des tranchées et des creusages plus étendus pour mettre à jour le muschelsandstein et les sables à Dinotherium. Mais avec la colline de Champ-Chalmé, il y a matière à l'étude, ne serait-ce que la sédimentation littorale de la mer helvétienne, pour être dédommagé. Le poudingue polygénique de Sorvilier n'est pas moins instructif; il résume avec la colline du Golat, dans un affleurement restreint, toute la géologie de la plaine. Et les épaisseurs ne sont pas à dédaigner, car les sables à Dinotherium avec l'œningien, qui forment en couches à peu près horizontales la colline du Golat, donnent une puissance verticale de près de 100 mètres pour ces deux étages. Le reste de la série miocène peut en mesurer autant, si ce n'est davantage.

Le val de Tavannes est en général tapissé par les calcaires et les marnes d'eau douce inférieurs. L'œningien n'occupe pas le 1 %, de la surface du vallon, tandis que partout sur son pourtour on rencontre les crêts du calcaire delémontien. La colline du Golat, restée comme un îlot au point le plus bas du synclinal, entre les ruz des deux cours d'eau autrefois plus violents, n'est qu'un reste de la couverture que formait le calcaire d'eau douce supérieur dans toute la contrée.

Les calcaires d'eau douce inférieurs sont aussi fortement recouverts dans le val de Tavannes, surtout à l'envers, où une grande couverture morainique descend du Montoz. Au droit, les glaces jurassiennes les ont disloqués et amoncelés en moraines. Ces moraines jurassiennes occupent tout le versant du droit, le pied du Moron et celui du Graitery. On en voit de très caractéristiques à l'entrée du pâturage de Chaluet, ainsi qu'au nord de Malleray et de Bévilard. Les collines intactes de calcaire delémontien sont très nettes à Saules et à Saicourt, jusqu'à Montbautier. Dans cette région, les bancs sont plus puissants que partout ailleurs dans le Jura. Ils sont peu fossilifères. A Pontenet, et surtout à Reconvillier, on voit une voussure très régulière de calcaire d'eau douce delémontien dans le milieu de la vallée.

Il est difficile, à cause du manque d'affleurements étendus, de tracer la limite entre le delémontien et le lausannien, comme en général entre tous les dépôts miocènes. Le passage nous a paru insensible, autant qu'on peut en juger à Saicourt, par les bancs alternativement marneux et sableux qui précèdent le lausannien. Mais étant donnée la puissance du delémontien, nous avons lieu de croire que c'est lui, avec les marnes supérieures, souvent sableuses, qui forme une grande partie des pâturages humides et peu productifs de l'envers du val de Tavannes. Les molasses restent concentrées dans deux rayons: l'un est celui que nous venons d'examiner autour de la colline du Golat, l'autre est compris à l'extrémité opposée du vallon, entre Saicourt, Tavannes et le Fuet.

On trouve ici un coin de pays qui porte tout à fait les caractères de la région molassique de la plaine. La molasse y forme un large synclinal dont le muschelsandstein occupe le centre, et en même temps le point le plus élevé (Châtelet). La molasse lausannienne présente deux lèvres sur le delémontien. La route de Tavannes au Fuet coupe en tranchées les affleurements du lausannien. C'est à ce niveau qu'on rencontre les dents de lamna répandues dans les collections (Saicourt). Nous ne pensons pas que ces bancs appartiennent au muschelsandstein dont la roche est beaucoup plus dure et d'une structure plus grossière. Ils ne contiennent pas les petits cailloux brillants caractéristiques du muschelsandstein qui leur est du reste supérieur au Châtelet. Mais le passage du lausannien à l'helvétien doit être assez insensible, et ne fait pas supposer de changement brusque dans la sédimentation. Les dents de lamna de Saicourt, d'après une communication de M. le Dr Früh, sont souvent creuses sous l'émail, à l'emplacement de la racine, d'autres sont gercées par les éponges perforantes, ce qui démontre une formation de rivage. Cette décomposition de la substance dentaire des lamna exige même un séjour plus ou moins prolongé à l'air libre sur la plage. En constatant l'absence totale du lausannien au nord-ouest de Saicourt, nous n'avons pas de peine à nous figurer ainsi une plage libre au temps du dépôt de la molasse lausannienne et avant la formation de brisants de l'helvétien.

Vallon de Tramelan. On ne trouve dans le vallon de Tramelan, en fait d'accidents orographiques produits par les terrains tertiaires, qu'un petit crêt de calcaire d'eau douce supérieur au bas du village de Tramelan-dessus. Ce fait s'explique par la réduction considérable qu'éprouve le miocène dans cette région, et par l'absence de toute sa moitié inférieure. On rencontre immédiatement sur le portlandien le poudingue polygénique, ou bien les sables à galets et à pierres d'aigle, sans trace de sidérolithique, ni de delémontien, ni de lausannien, seulement des indices de muschelsandstein remanié. En plusieurs points, comme au nord du vallon, et dans le synclinal de la Paule, c'est la marne rouge supérieure qui repose directement sur le portlandien. Tout le coteau ou le finage du droit de Tramelan est formé par les terrains tertiaires plus ou moins recouverts de brèches particulières, peut-être pliocènes, et de détritus glaciaires. On trouve une rampe de calcaire d'eau douce entre les deux villages, plus particulièrement visible à Tramelan-dessous, où elle surmonte les sables à galets dont on a retiré les nombreuses pierres d'aigle répandues dans les collections. Ces dépôts sont affectés par le plissement secondaire de la colline portlandienne du Château, qui resserre les assises tertiaires dans un repli synclinal aigu vers la Tuilerie. On voit en ce point un bon affleurement des sables à galets alpins avec le gisement du *Cerithium crassum*. Mais dans toute la fin du Tilleul, les graviers et les débris morainiques recouvrent le tertiaire qui ne joue plus qu'un rôle secondaire.

Franches-Montagnes. Il n'existe plus aux Franches-Montagnes que de minces et étroits lambeaux de terrains tertiaires qui n'ont d'autre intérêt que celui de fixer les limites du golfe helvétique pendant les âges tertiaires. Inutile de dire que c'est dans le fond des synclinaux qu'il faut les chercher, et le plus souvent ils sont cachés par les tourbières.

Le lambeau des Communances au sud de Montfaucon contient un dépôt de gompholithe; il s'étend vers l'ouest sous les prés humides et spongieux qui ne nous ont rien indiqué de plus précis que des sables à pierres d'aigle mélangés de limon quaternaire.

La tourbière de la Chaux-des-Breuleux et de Tramelan recouvre un lambeau tertiaire, reconnu par Mathey. Il laisse affleurer vers les Breuleux quelques marnes sableuses que Greppin a considérées comme delémontiennes, suivant sa tendance pour tous les dépôts miocènes touchant au jurassique.

Au sud du Noirmont, au lieu dit Sous-le-Terreau, on trouve au fond d'un synclinal kimméridien un petit lambeau de muschelsandstein d'un faciès un peu spécial, sorte de calcaire coquillier, blanchâtre, à petits cailloux de quartz. Les fossiles caractéristiques sont: *Conus canaliculatus, Turritella turris, Ostrea.* C'est le gisement de l'helvétien le plus éloigné de la plaine que nous connaissions.

Tout près de là, sous la tourbière de Chantereine, il y a un dépôt de galets jurassiens perforés par les lithophages. On ne distingue ni son substratum, ni son recouvrement stratigraphiques. Les galets sont en grande partie du jurassique supérieur, mais il y a quelques galets crétaciques. Cette gompholite n'est peut-être pas de même âge que celle de Montfaucon ou de Châtelat. Nous l'avons cru remarquer aussi dans les prés spongieux des Prélats, situés dans le même synclinal.

Aux Cerneux-ès-Veusils-dessous, il y a un petit lambeau de molasse feuilletée, fortement redressée contre le portlandien. On ne voit pas le contact des deux formations, cependant il n'y a pas de discordance appréciable dans la stratification.

Le gisement tertiaire le plus intéressant des Franches-Montagnes est celui de la tourbière de la Chaux-d'Abel, où l'on voit l'helvétien prendre la forme d'un calcaire coquillier blanchâtre, à galets jurassiques, et recouvrir le portlandien. Il est fossilifère, riche surtout en bryozoaires, tandis que la partie supérieure, que cachent l'argile glaciaire et la tourbe, contient des coquilles marines, et d'autres fossiles caractéristiques de l'helvétien supérieur. Tout l'étage est réduit ici à quelques mètres de puissance, mais sa composition spéciale indique le bord de la mer helvétienne. On trouve près de là, vers les bancs portlandiens redressés, des sables molassiques indéterminés.

Vallon de la Chaux-de-Fonds. Le tertiaire est absolument caché sous le sol alluvial et tourbeux du vallon de la Chaux-de-Fonds, et ne joue aucun rôle orographique. N'étaient les puits qu'à défaut de sources dans cette région élevée, on a creusés dans son sol et qu'a soigneusement étudiés Nicolet[1], on ne soupçonnerait pas ici l'existence du tertiaire. Le vallon du Locle est plus abordable. On y rencontre une série miocène analogue à celle qu'a fait connaître Nicolet en 1839. C'est exactement celle de Tramelan, soit la série miocène supérieure à partir des sables à galets. Même marne rouge et calcaire d'eau douce œningien fossilifères. Le terme supérieur est la marne à ossements qui a livré dans les puits mêmes de la Chaux-de-Fonds de si intéressants débris de mammifères conservés au musée de cette localité. Lors du creusage d'un canal pour les eaux d'écoulement à l'est de la Chaux-de-Fonds, vers les abattoirs, on a traversé quelques bancs de molasse marine fossilifère : *Pecten scabriusculus.* Nous ajouterons pour compléter nos connaissances sur cette partie du territoire jurassien, que lors de l'établissement du canal pour la conduite d'eau d'alimentation, au sud de la gare de la Chaux-de-Fonds, on a rencontré plusieurs bancs helvétiens en place sur le portlandien érodé, sans crétacique inférieur, ce qui témoigne d'anciennes érosions en ce point avant le dépôt de l'helvétien. Ce dépôt contient de nombreux débris de gault remanié. Par-dessus l'helvétien, et dans des poches du portlandien, on voyait la marne rouge. Les mêmes observations ont été faites à la tête nord des tunnels lors de la construction du régional Pont-Sagne. La marne rouge qui touchait au portlandien par-dessus la molasse marine se trouvait redressée à la verticale contre les brèches du portlandien désagrégé. Le sol de la Chaux-de-Fonds

---

[1] C. Nicolet: Essai sur la constitution géologique de la vallée de la Chaux-de-Fonds. (Mémoires Soc. Neuch.)

présente les plus curieuses irrégularités. On y reconnaît positivement des érosions prémiocènes, bien que rien dans la stratification n'indique nettement la discordance qui doit exister ici entre la molasse et le néocomien.

Vallon de la Sagne. Le seul point où l'on puisse reconnaître actuellement l'existence de la molasse marine dans le vallon de la Sagne se trouve sur la route à l'est des Ponts où le néocomien entamé par la tranchée est renversé sur l'helvétien. C'est le niveau supérieur de l'étage, et le muschelsandstein ou le grès coquillier manque, comme du reste toute la série miocène inférieure. On retrouve le même niveau à la Combe-Girard près du Locle[1] dans les mêmes relations avec le néocomien.

Vallon de St-Imier. On trouve dans le vallon de St-Imier une série miocène analogue à celle du val de Tavannes. Comme les érosions pliocènes et quaternaires ont considérablement détruit les dépôts tertiaires, on ne peut pas reconnaître sûrement ici jusqu'à quel point la transgression miocène s'est produite. Cette remarque se rapporte surtout au muschelsandstein qui s'arrête à Villeret et qui pouvait s'étendre primitivement beaucoup plus à l'ouest. Actuellement c'est le calcaire delémontien qui s'avance le plus vers l'ouest. On le trouve à St-Imier et dans la tranchée de la voie ferrée à Sonvillier. Cet étage, représenté par des marnes sableuses plutôt que par des calcaires, se relie intimément au lausannien. On voit ce dernier sous l'helvétien dans les champs des Longines à l'est de Villeret. Ces deux groupes recouvrent presque partout le fond du vallon, sans lui prêter des accidents aussi caractéristiques que ceux du val de Tavannes. Du reste les terrains quaternaires beaucoup plus développés que plus au nord permettent rarement de voir le tertiaire. Les pâturages de l'envers se distinguent par leur couverture morainique, et ce n'est que tout près de la Suze, comme à Corgémont, que l'on peut reconnaître les assises marno-sableuses du delémontien supérieur. Dans quelques rares affleurements, on voit des calcaires blanchâtres à *Helix Ramondi*, comme au pied du Cheneau-de-Cortébert, et sous le chemin de la Fauchette au sud de Villeret. On en a également rencontré les assises lors de la construction de la ligne du chemin de fer à St-Imier.

A. Jaccard : Description géologique du Jura vaudois et neuchâtelois, p. 108.

La seule colline tertiaire qu'aient respectée les érosions pliocènes et quaternaires dans le vallon de St-Imier, est celle de Rainson entre Courtelary et Cortébert. On trouve ici, bien qu'un peu voilée par la terre agraire, toute la série miocène supérieure, à partir du grès coquillier qui en forme la base. Cette assise provient du ravin de Cortébert, où il surmonte la molasse lausannienne qui contenait en quantité des dents de Lamna dans un affleurement aujourd'hui recouvert. Puis les sables à galets alpins s'observent en ceinture sur le milieu de la colline de Rainson, avec un large anticlinal qui fait plonger ces sables vers la Suze, et contre la montagne du droit, dans les ravins et les sablières de Courtelary. Sans pouvoir reconnaître précisément le même poudingue polygénique qu'à Sorvilier, on trouve cependant un fort développement des assises supérieures au muschelsandstein. Elles renferment une plus grande quantité de galets jurassiens à mesure qu'on remonte la série des couches. Ce fait nous paraît significatif. Certains bancs de galets sont cimentés en poudingue par de l'oxyde de fer, et l'on y trouve les rudiments des pierres d'aigle de Tramelan. Ils sont fossilifères, avec de rares ossements de mammifères, quelques dents de squales et des coquilles de paludines. Le sommet de la colline de Rainson est constitué par les bancs peu inclinés des calcaires œningiens, très fossilifères.

La série tertiaire du vallon de St-Imier, moins nette que celle du val de Tavannes, est cependant caractéristique et nous montre ce qu'on peut attendre plus au sud. Les calcaires delémontiens vont disparaître au profit de la molasse lausannienne; la molasse marine va s'uniformiser à partir du muschelsandstein, et les calcaires œningiens, en tant qu'ils n'ont pas été détruits ultérieurement, vont perdre insensiblement leurs caractères littoraux, et leur type d'Oeningen.

Pied du Jura. En signalant la rareté des affleurements tertiaires au pied du Jura, ainsi que leur fort recouvrement de terrains quaternaires, il faut aussi reconnaître les ablations qui les ont affectés avant la formation des terrains morainiques. Il est peu probable qu'il reste dans le vallon de Péry, dans celui d'Orvin, à la Montagne-de-Diesse et dans le Val-de-Ruz des lambeaux helvétiens importants sous les terrains glaciaires et fluvio-glaciaires qui ont pris leur place. L'helvétien qui va en s'accroissant vers les Alpes, et qu'on rencontre déjà bien développé avec le lausannien dans les falaises du bord sud du lac de Bienne, à Jolimont et au Krähenbergwald, ne se traduit ici par aucun accident. Tout ce que nous avons observé au pied du Jura et dans les premiers vallons, ce sont quelques lambeaux de molasse d'eau douce inférieure dans les points faibles de la couverture morainique. C'est d'abord dans le val de Péry, au pied du Montoz, de nombreuses assises de molasse alsacienne sous les éboulis qui sont très puissants et recouvrent aussi le sidérolithique. En plusieurs points du thalweg, vers l'extrémité orientale du vallon, même molasse en recouvrement du sidérolithique. On observe aussi ce dépôt à Granges et à Longeau. On voit ici deux ou trois collines de molasse d'eau douce inférieure s'adosser presque au portlandien, laissant seulement un espace de quelques mètres pour le terrain sidérolithique. A la tuilerie de Lamboing, au milieu du synclinal resserré entre la montagne du Jorat et le Sujet, affleure une molasse indéterminée sans autre recouvrement tertiaire. Le delémontien doit avoir été observé à Orvin, en creusant un réservoir sous les roches au haut du village. [1]

Il y a en outre un affleurement de marnes sableuses près de la scierie, au moulin du vallon qui est dégarni en ce point de sa couverture morainique habituelle.

Tout le pourtour de la Montagne-de-Diesse laisse à peine affleurer les terrains crétaciques, que sera-ce du tertiaire? On n'en voit aucune trace, et comme il n'a été fait, sur ce large plateau marécageux, aucun sondage pour reconnaître la nature du sous-sol, on ne peut que présumer en ce point l'existence de la série miocène inférieure, rasée et nivelée par les dépôts glaciaires.

Entre le Landeron et Jolimont, tout est glaciaire et alluvial. Il en est de même au sud de Cressier et de Cornaux; on y trouve une étendue de terrain appelée les Malpierres, occupée par une puissante couche de galets. On voit même des blocs erratiques à la surface des prés marécageux. Le pied des roches crétaciques de Cornaux et de St-Blaise ne laisse apercevoir aucun affleurement tertiaire; tout est recouvert par le quaternaire. Mais on en trouve un lambeau à la gare de St-Blaise, où les travaux de terrassement l'ont mis à découvert il y a quelques années. Nous y avons remarqué des marnes lie-

[1] Communication de M. Auroy, percepteur.

de-vin qui s'étendaient vers le lac, dans une dépression formée par l'urgonien. Il s'agit ici probablement de la „molasse rouge" du pied du Jura.

Le Val-de-Ruz, comme la Montagne-de-Diesse, matelassé de terrains morainiques et fluvio-glaciaires, ne laisse apercevoir du tertiaire qu'à la Borcarderie, en couches horizontales de molasse grise, peu cohérente, en gros bancs, qui reste à déterminer.

Les caractères généraux de nos terrains tertiaires donnent ceux des vallons jurassiens. Ils sont mieux accentués au nord de Pierre-Pertuis que dans les premiers replis du Jura, grâce aux érosions qui les ont entamés en même temps que les terrains quaternaires, tandis que plus au sud, les dépôts diluviens masquent généralement les restes de la formation tertiaire. D'après les caractères stratigraphiques qu'affectent les différents termes de la série miocène, on peut se convaincre d'une extension primitive de ce terrain sur la plus grande partie de notre territoire, et d'une destruction générale de cette nappe dans les derniers temps de l'époque pliocène. Ces érosions qui ont surtout affecté l'œningien ne laissent actuellement subsister que des lambeaux tertiaires de plus en plus restreints à mesure que l'on s'élève dans les assises. On pourrait attribuer ce fait au rétrécissement progressif des bassins, mais il n'en est rien, car l'œningien est affecté tout aussi fortement que les groupes inférieurs par le redressement et le plissement du jurassique ou du crétacique (Undervelier). On constate aussi des érosions prémiocènes dans le crétacique et le jurassique, qui font reposer le miocène sur des étages jurassiques d'autant plus anciens que l'on s'avance davantage vers Delémont et vers Bâle, en dehors de notre territoire. Puis dans les limites des étages miocènes, on constate en outre une transgression des dépôts vers le nord-ouest, qui permet de suivre les limites et les déplacements du golfe helvétique dans le Jura.

CHAPITRE VII.

Terrains quaternaires.

Il vaudrait bien la peine d'écrire la stratigraphie complète des terrains quaternaires du Jura bernois, tant les dépôts y sont variés et instructifs. Si nous ne le faisons pas ici, c'est afin de rester dans le cadre général et orographique que nous nous sommes tracé. Nous regrettons donc de ne pas pouvoir donner les coupes et les croquis des terrains quaternaires que nous avons relevés et qui feront à l'occasion l'objet d'une publication spéciale. Pour le moment, nous allons signaler les divisions principales que nous avons cru rencontrer. Les nouvelles dissertations parues ces dernières années sur les terrains diluviens nous ont permis d'appliquer les vues nouvelles à notre territoire. Le Jura bernois est resté jusqu'ici bien en arrière dans l'étude de ces terrains. En lisant Greppin, on croirait voir renaître la théorie des courants diluviens, les phénomènes glaciaires ont été méconnus et révoqués en doute dans ses travaux. Desor et Gressly, comme on devait s'y attendre de la part des compagnons d'Agassiz, ont écrit plus juste et ont aussi mieux observé. Ainsi depuis 1859 les terrains quaternaires n'ont plus été sérieusement étudiés dans notre territoire, nous aimons à croire que ces nouvelles données contribueront à éclaircir l'histoire si intéressante des temps quaternaires avec leurs glaciations réitérées.

Les terrains quaternaires sont bien les plus importants, puisque, comme l'a dit Boubée, sans quaternaire il n'y aurait pas de cultures sur de vastes territoires. On peut vérifier cette assertion sur plus d'un point de nos montagnes. En général les cultures cessent avec l'extension du quaternaire. Nous envisagerons donc ces dépôts dans leurs relations avec le sol agraire, et nous en distinguerons les groupes dans l'ordre de leur âge probable, d'après les derniers travaux sur le diluvium.

Brèches préglaciaires. On trouve à Tramelan et au Locle, immédiatement sur les calcaires œningiens, des brèches particulières formées presque exclusivement d'éléments empruntés à l'œningien, et que nous estimons être les plus anciennes parmi les brèches quaternaires. On ne les voit pas nettement recouvertes par les terrains glaciaires proprement dits, elles occupent une position assez dégagée dans les tranchées où on peut les observer. Mais en constatant que les autres terrains n'ont guère contribué à leur formation, ce qui aurait facilement pu avoir lieu dans la position qu'occupent actuellement ces brèches, nous pensons qu'elles ont été formées immédiatement après le soulèvement de l'œningien, et que les phénomènes glaciaires ne leur sont peut-être pas étrangers. Il n'est pas possible de les considérer comme des éboulis, parce que leur position est à peu près horizontale. Les matériaux qui composent les brèches œningiennes sont cependant assez anguleux, mais ils sont cimentés par une boue calcaire qui semble provenir de la trituration des mêmes éléments. On y remarque quelquefois des fragments d'un calcaire noir qui appartient probablement aussi à des bancs œningiens de cette nature.

Cailloutis. Il y a aussi sur l'œningien de Tramelan, dans les collines de Pâquier, des matériaux stratifiés, formés de fragments jurassiques et œningiens avec des fossiles œningiens remaniés, qui paraissent être également très anciens dans le diluvium. Les éléments sont en général petits, nuciformes, assez réguliers et à demi-arrondis. Ils pourraient provenir du remaniement des brèches œningiennes. On trouve des cailloutis analogues sous le mésoglaciaire du vallon de St-Imier, dans la groisière du bord de la route des Pontins à l'Envers. Ils sont cimentés en poudingue par du spath calcaire. On y rencontre quelques fragments de calcaire noir qui peuvent provenir de l'œningien. Cette formation torrentielle pourrait être interglaciaire. Elle existe aussi dans la vallée de la Chaux-de-Fonds.[1]

Sables de Pierre-Pertuis. Il y a dans la cluse de Pierre-Pertuis des sables calcaires d'origine torrentielle, inclinés vers le nord, alternant avec des bancs de cailloux jurassiques. (Greppin, Observations géologiques, historiques et critiques, 5° numéro, 1880.) Ils reposent sur le kimméridien de la gorge et sont recouverts par des éboulis fixés par la végétation. Leur altitude à 800 m. ne nous permet pas de les relier avec l'alluvion ancienne de Sonceboz à 700 m., ou à celle de Malleray à 730 m. Nous pensons donc qu'ils proviennent d'un courant d'eau antérieur à l'alluvion ancienne, alors que les vallons tertiaires étaient encore peu érodés. Ils sont toutefois plus récents que la formation de la cluse et de la roche percée. Ils contiennent 93 % de galets kimméridiens et portlandiens du Jura, et quelques débris de roches alpines (gneiss, micacites et calcaires noirs).

Brèches mixtes. Ces matériaux formés d'éléments jurassiens anguleux et de galets alpins (gneiss, micacites, quartzites, etc.), cimentés, se rencontrent

[1] C. Nicolet: Essai sur la constitution géologique de la vallée de la Chaux-de-Fonds, p. 20.

en deux points de notre territoire et peuvent appartenir au protoglaciaire. Les éléments alpins sont une petite fraction de la masse entière, et cette circonstance nous empêche d'y voir du mésoglaciaire. Mais il se peut que notre manière de voir ne soit pas fondée. Nous signalons ces dépôts à l'attention des glacialistes. On en trouve un lambeau pincé dans le synclinal portlandien de la métairie de Nidau près de la Heutte, un autre sur le sentier de Sombeval à la montagne du Droit, en arrivant dans le pâturage au lieu dit „Vers la Pompe".

Terrains mésoglaciaires. Les grandes couvertures quaternaires des vallons jurassiens, ainsi que les dépôts de lehm du plateau des Franches-Montagnes, ont été formés lors de la grande extension des glaciers alpins. Ce sont les glaces valaisannes qui ont recouvert à cette époque la plus grande partie de notre territoire. On peut en effet constater partout l'existence de blocs erratiques disséminés et de fragments de roches des Alpes pennines, à partir de la Tête-de-Rang, du Chasseral et du Weissenstein vers le nord. Arnold Guyot[1] qui avait constaté le fait s'en servit pour établir la loi de distribution des roches dans le bassin erratique du Rhône. Dernièrement M. Du Pasquier[2] l'a mis en harmonie avec l'idée des glaciations successives, et nous sommes convaincu de la justesse de sa manière de voir.

Blocs erratiques mésoglaciaires. Tandis que les terrains néoglaciaires caractérisés par les protogynes du Mont-Blanc, les diorites, les euphotides, les éclogites, etc., s'arrêtent au pied du Jura, les terrains mésoglaciaires avec leurs roches pennines, l'arkésine, le gneiss d'Arolla, les schistes chloriteux, etc., s'écartent davantage des Alpes. Les derniers fragments que nous avons rencontrés dans le nord-ouest du Jura sont: le bloc de Maizières, sur la route d'Ornans, un fragment de schiste chloriteux à Bonnétage au nord du Russey, les blocs de Bellelay, ceux de Crémines, de Courrendlin et des environs de Bâle. (Greppin: Notes géologiques, p. 11.)

---

[1] A. Guyot: Note sur la distribution des espèces de roches dans le bassin erratique du Rhône. (Bulletin de la Soc. des sc. nat. de Neuchâtel, 20 nov. 1844 et 5 nov. 1845.)

[2] L. Du Pasquier: Sur les limites de l'ancien glacier du Rhône le long du Jura. (Bulletin de la Soc. des sc. nat. de Neuchâtel, 11 févr. 1892.)

Les principaux blocs erratiques sont indiqués sur les feuilles de l'atlas Siegfried. Nous avons eu l'occasion d'en visiter plusieurs et d'en marquer de nouveaux. Le plateau des Franches-Montagnes est très pauvre en blocs erratiques. Il y a un petit bloc d'arkésine au hameau du Cerneux-Godat, puis des fragments de schistes chloriteux au Cerneux-Madeux, aux Guinots près du Russey. On voit une accumulation de blocs et de fragments de roches pennines dans la forêt de l'Envers, entre Tramelan et Tavannes. Nous avons aussi constaté un schiste chloriteux dans l'argile qui sert d'assise à la tourbe à la Chaux d'Abel. Il y a un très beau bloc de gneiss dans le finage au levant de la Corbatière-de-bise dans le vallon de la Sagne, à 1100 m. d'altitude. Il porte le nom de *Grison* comme ses congénères. „Deluc ayant remarqué à la „Chaux-de-Fonds, que les meules de moulin étaient de granite, s'informa „auprès du meunier d'où elles venaient; celui-ci répondit que les pierres de „cette espèce abondaient dans toutes les parties de ces montagnes, où elles „portaient le nom de grisons, parce qu'on les reconnaissait de loin à la cou-„leur que leur donnaient les lichens; que celles qui étaient assez grosses „pour faire des meules se trouvaient principalement sur le penchant de la „colline qui descend vers le Doubs; entre autres dans la combe près de Darenet „(Dazenet), connue par le nom de Plain-de-Peseux." (Mémoire publié en anglais à Londres en 1813. Extrait par J.-A. Deluc de Genève dans sa lettre communiquée à la Société géologique de France réunie à Porrentruy du 5 au 12 sept. 1838. — Bulletin de la Soc. géol. de France, t. 9, p. 368.) On voit devant la maison de la cure de Tramelan une grande plaque de gneiss de 1 à 2 m² de surface. On l'a transportée au village depuis la forêt de l'Envers. Sur le Sonnenberg, à 1200 m. à la Juillarde, à 1250 m. aux Pruats et aux Eloies, il y a de nombreux petits blocs et fragments de micacites chloriteux. Dans le vallon de St-Imier, les blocs valaisans sont un peu plus nombreux. La carte au $^1/_{25000}$ indique les plus grands, dont le volume atteind rarement 15 m³. On trouve deux blocs d'arkésine entre Courtelary et Cortébert, de chaque côté du vallon. (Bachmann, Erhaltene Fündlinge, Berner Mittheilungen, 1870.) Celui de la source de la Doue à Cormoret est un petit bloc d'arkésine de 2 à 3 m³. Sa surface est fortement décomposée. On trouve un bloc semblable d'une dixaine de mètres cubes à 1300 m. d'al-

titude derrière la crête du Chasseral, près de la métairie de Choberg (Jobert).
Citons encore le bloc du pâturage de Corgémont. Ceux du Montoz à Bürenberg (feldspath rose) 1231 m., et à l'ouest de Chez Thommet au sud de Court, à 1200 m., sont également des plus remarquables. Ils ont été signalés pour la première fois par le pasteur Grosjean de Court en 1846[1]. Un petit bloc de gneiss se trouve dans le pâturage à l'Envers de Sorvilier; il porte des entailles et un trou prismatique triangulaire dont nous ne nous sommes pas rendu compte.

Il y a aussi quelques blocs sporadiques dans le vallon de Balsthal. D'abord des galets et des fragments valaisans au nord de Herbetswil, dans le pâturage; les quartzites présentent des anneaux de percussion (Schlagringe). M. le professeur Lang a signalé à l'Envers de Herbetswil un bloc d'arkésine de 12 m³ à 800 m. d'altitude. (4ᵉ Rapport de A. Favre, Soc. helv., 1871.) A Laupersdorf, au lieu dit „beir alten Kirche", petit bloc d'arkésine, au sud de Bleikehubel, dans les champs, de nombreux fragments de gneiss d'Arolla. Au Bisiberg, sud de Balsthal, dans la forêt, M. Allemann, forestier, nous a fait voir une grande plaque d'une roche analogue. A Schwengimatt, à 1010 m. d'altitude, sur la chaîne du Weissenstein, il y a encore de nombreux galets valaisans, ce qu'il importe de signaler à cette altitude.

Telles sont les données principales sur les blocs erratiques de la région extérieure aux moraines internes, et qui doit appartenir, suivant M. Du Pasquier, au glacier du Rhône de l'avant-dernière glaciation. Lorsqu'on compare ces blocs erratiques à ceux du pied du Jura, depuis Neuchâtel à Soleure, on remarque des différences essentielles. La liste des roches des blocs disséminés est fort restreinte, tandis qu'au pied du Jura la série est beaucoup plus complète. Ce fait ne tient pas seulement à la rareté des blocs, puisqu'on retrouve la même chose parmi les menus fragments assez nombreux de la moraine profonde. C'est le fait d'une époque différente de la provenance des matériaux, et d'une distribution différente des moraines à la surface du glacier.

---

[1] Coup d'œil sur les travaux de la Société jurassienne d'Emulation, 1846, voir aussi Quatrième rapport sur la conservation des blocs erratiques, p. 15, Soc. helv. sc. nat., 1871, et Actes de la Soc. jur. d'Emul., 1852.

Moraines profondes mésoglaciaires. Les vallons du Jura situés au nord du Chasseral présentent la moraine profonde de l'ancien glacier du Rhône de la période mésoglaciaire. Abstraction faite des brèches calcaires qui recouvrent le pied des montagnes et qui sont néoglaciaires, on trouve partout sur les terrains tertiaires et sur les lambeaux protoglaciaires, des matériaux morainiques parfaitement caractérisés. Le vallon de St-Imier est intéressant sous ce rapport. Dans toute l'étendue du versant de l'Envers, il y a une forte couverture morainique qui cache presque toujours les terrains tertiaires et crétaciques. Par contre, les rives de la Suze, à Renan, à Sonvillier, à St-Imier, à Corgémont, présentent ces matériaux morainiques à découvert. Ce sont des cailloux arrondis, souvent striés, emballés dans une terre fortement argileuse. Les éléments alpins sont des gneiss, des micacites, des schistes chloriteux, des quartzites et d'autres roches plus rares. On trouve parmi les galets jurassiens, généralement moins arrondis que les premiers, toute la série des roches des crêts séquaniens, des couches argoviennes, et des dômes oolithiques de la chaîne du Chasseral et de la Tête-de-Rang. Il y a des plaques de dalle nacrée, des calcaires hydrauliques, des calcaires coralligènes du séquanien inférieur avec fossiles, des oolithes séquaniennes (grosses oolithes, oolithe rousse, oolithe blanche), des calcaires kimméridiens et portlandiens en majorité. Tous ces matériaux dont le cube est assez considérable, étant donnée l'épaisseur de plusieurs mètres de la moraine profonde du vallon de St-Imier, ont été arrachés par le glacier aux arêtes des montagnes situées au sud de St-Imier. Il y a une moraine composée d'éléments analogues, et plus anguleux pour les roches jurassiennes, sur la montagne située au sud de Renan, au lieu dit le Bec-à-l'Oiseau. On trouve aussi à Corgémont dans la moraine profonde de l'Envers, des fragments du calcaire néocomien de Renan. On voit donc quelle était la direction du glacier.

Les matériaux alpins sont plus disséminés sur les coteaux du Droit du vallon; mais ici encore on constate des amas de matériaux alpins (Beugrange p. Sonvillier, les Planches de Villeret, Cormoret, Corgémont) et des fragments jurassiens dans une argile de trituration qui forme la terre agraire. Les terres sont généralement lourdes, mais dans certaines zones elles deviennent plus graveleuses quand elles sont fortement mélangées d'éléments jurassiens. (Corgémont, Sonceboz.) Sur les terrains tertiaires, il y a généralement des terres à briques qui proviennent également de la trituration et des décompositions glaciaires.

Les autres vallons du Jura ne présentent pas des moraines profondes aussi importantes que celles du vallon de St-Imier. Dans le val de Tavannes on voit bien encore des débris de roches pennines, mélangés à des éléments jurassiens, mais elles sont rares, et les matériaux quaternaires proviennent plus généralement des terrains tertiaires sous-jacents. Il est aussi parfois difficile de distinguer les terrains néoglaciaires de ceux de la grande glaciation. En général, vers le milieu des vallons, les terrains mésoglaciaires sont plus dégagés qu'au pied des montagnes. Une localité intéressante pour l'étude de la moraine mésoglaciaire, c'est la tranchée de la nouvelle route à l'ouest du village de Champoz. On trouve là dans 1 à 2 m. de terre brune qui repose sur le portlandien découpé en tous sens, des fragments anguleux du sous-sol et des schistes chloriteux, presque au fond de la masse triturée qui forme actuellement la terre arable.

Lehm des Franches-Montagnes. Toutes les dépressions du terrain du plateau des Franches-Montagnes sont occupées par une terre jaune-brun où les fragments de roches pennines se rencontrent çà et là dans un état de trituration fort avancé. Nous avons signalé la présence de schistes chloriteux sous la tourbière de la Chaux-d'Abel; ils sont accompagnés de grains de bohnerz, de fossiles du gault, de la molasse marine, du calcaire d'eau douce supérieur remaniés dans une argile blanchâtre, dépourvue de stratification. Nous pensons avec Ch. Martins[1] que cette argile est de la boue glaciaire, formée en ce point par la trituration des terrains tertiaires. Les roches pennines sont assez fréquentes dans le lehm des environs de la Chaux-de-Fonds. Une tranchée de la ligne Chaux-de-Fonds-Renan a mis à découvert de nombreux schistes chloriteux et des gneiss valaisans mélangés avec des blocs jurassiens, au Crêt-des-Olives, vers les Petites-Crosettes, profondément enfouis dans un dépôt de lehm de plusieurs mètres d'épaisseur. Ces matériaux étaient assez fortement

---

[1] Ch. Martins: Observations sur l'origine glaciaire des tourbières du Jura neuchâtelois. (Bulletin Soc. géol. de France, 2e série, t. 25, p. 133.)

décomposés. Les blocs calcaires en particulier ont subi dans l'argile glaciaire de fortes corrosions dues à l'eau d'infiltration. C'est aussi dans ce terrain aux environs de la Chaux-de-Fonds, altitude au moins 1000 mètres, que suivant Nicolet[1] on a trouvé une défense de Mammouth. Au Vallanvron et au Cerneux-Madeux près des Bois, nous avons aussi rencontré des fragments de roches pennines dans le lehm.

Ces faits doivent suffire pour montrer l'origine mésoglaciaire du lehm des Franches-Montagnes, ou du moins d'un remaniement des matériaux préexistants dans la moraine profonde de l'ancien glacier du Rhône. Il est probable qu'une partie des matériaux morainiques a été poussée dans la vallée du Doubs, ainsi qu'on en trouve des indices dans l'alluvion ancienne de Goumois. Une remarque générale sur le diluvium des Franches-Montagnes, c'est le remplissage des dépressions, le moulage des formes orographiques, des paliers et des combes sur les différents étages du malm, qui donne à la couverture quaternaire un cachet particulier, une harmonie parfaite dans la distribution des terres agraires et des pâturages boisés de ce plateau élevé.

Alluvion ancienne. L'alluvion ancienne est le diluvium stratifié formé pendant et après la période mésoglaciaire. Nous en connaissons quatre lambeaux dans notre territoire : Villeret, Sonceboz, Malleray et Goumois.

La groisière de Villeret est ouverte au sud du village, à droite de la route des Pontins. On y remarque sous la terre des champs, remplie de débris jurassiens anguleux d'âge néoglaciaire, de gros galets jurassiens alternant avec des zones de cailloutis et d'argile bien stratifiées. Il y a parmi les galets quelques roches alpines, des schistes chloriteux, des micacites argentés plus ou moins désagrégés. Les galets jurassiens, assez bien arrondis, présentent les roches suivantes : calcaire spathique rouge du portlandien, des calcaires blancs ou jaune pâle du kimméridien, l'oolithe blanche séquanienne, l'oolithe rousse séquanienne, les calcaires à grosses oolithes, les calcaires grésiformes et coralligènes de la base du séquanien, les calcaires hydrauliques et des galets plats de la dalle nacrée. Nous avons aussi rencontré un galet du calcaire d'eau douce delémontien. Ce sont donc les mêmes roches que celles de la

---

[1] C. Nicolet : Essai sur la construction géologique de la vallée de la Chaux-de-Fonds. (Mémoires Soc. neuch., 11, 1839.)

couverture morainique, dont elles dérivent probablement en majeure partie. La grande oolithe qui affleure au Petit-Chasseral n'a pas été constatée sûrement. La composition pétrographique, la position du dépôt d'alluvion ancienne de Villeret à 20 m. au-dessus du thalweg actuel et son éloignement des brèches néoglaciaires montrent que ce dépôt est antérieur à la dernière glaciation et qu'il se relie intimement aux dépôts mésoglaciaires.

La grande sablière de Sonceboz est aussi bien intéressante au point de vue géologique. Elle est ouverte dans l'angle nord-est du finage de l'envers, à 30 ou 40 m. au-dessus de la Suze. Contre la montagne, on la voit se recouvrir de matériaux néoglaciaires jurassiens. Toutes les couches présentent les caractères de la stratification torrentielle avec des inflexions vers la rivière actuelle. Ce sont des couches lenticulaires de sables calcaires mixtes (calcaires et siliceux), et des bancs de cailloutis ou de galets jurassiens et valaisans. La proportion entre ces deux dernières catégories peut être de 90 à 92 pour 10 ou 8. Il y a aussi quelques galets jurassiens céphalaires et des blocs de schistes alpins. Dans le fond de la sablière, on rencontre des amas cimentés en poudingue.

Roches de la sablière de Sonceboz.

1. Eléments jurassiens : Silex gris, conchylioïde (craie blanche?).
   Calcaire néocomien, jaune, oolithique.
   Calcaire de la limonite valangienne.
   Calcaire du marbre bâtard.
   Calcaire roux valangien.
   Calcaires blancs ou jaune pâle, kimméridiens et portlandiens.
   Calcaires séquaniens.

2. Eléments valaisans : Quartzite blanc.
   Silex rouge.
   Grès dur, noirâtre.
   Calcaires noirs.
   Calcaire gris-brun à échinodermes.
   Serpentine.
   Gabbro saussuritique.

Porphyre vert. (Peut-être tertiaire remanié.)

Schistes chloriteux.

Schistes séricitiques.

Micacite argenté.

Autres micacites.

Gneiss.

Au sud du village de Malleray, à 30 m. au-dessus de la Birse, est ouverte une groisière renfermant des éléments subanguleux, rarement arrondis, de la grosseur du poing ou plus petits, stratifiés un peu irrégulièrement, avec des lits de sable fin, calcaire et siliceux. Tout le dépôt est comme pénétré de sables molassiques. Il y avait dans une lentille de sable un *Cerithium crassum* remanié. Le gisement le plus rapproché des cérites est actuellement celui de la tuilerie de Tramelan.

Composition des galets:

40 % de galets du calcaire d'eau douce inférieur. Gisement à Reconvillier, Tavannes, Tramelan.

50 % de galets jurassiques, surtout kimméridiens.

5 % de galets valaisans, malm alpin et micacites.

5 % quartzites et galets tertiaires remaniés.

Au Moulin de Loveresse, on rencontre un dépôt analogue, où les éléments sont en général plus gros, plus anguleux et plus riches en galets du calcaire d'eau douce delémontien.

A 50 mètres au-dessus du niveau du Doubs (500 m.) à Goumois, se trouvent des alluvions anciennes adossées à la colline de dalle nacrée qui domine le village du côté du sud. On en voit les matériaux en place dans une groisière ouverte sur une épaisseur de 6 m. Les couches sont horizontales, avec les lignes obliques de la stratification torrentielle dans le bas. Les éléments du haut sont généralement des galets de grosseur moyenne, tandis que ceux du fond sont plutôt des sables calcaires avec quelques gros galets. La plus grande partie des éléments, les 99 %, sont jurassiens, de tous les étages du malm, surtout du kimméridien. Nous avons remarqué l'oolithe blanche comme elle affleure à Biaufond, un galet de l'oolithe ferrugineuse oxfordienne des Crosettes près la Chaux-de-Fonds, et des galets plats de dalle nacrée.

L'oolithe ferrugineuse ne se trouve pas sur le parcours direct du Doubs. Il y avait aussi un galet de calcaire d'eau douce. Les schistes chloriteux et les micacites valaisans sont en faible proportion de la masse entière des galets.

Tous les affleurements de l'alluvion ancienne que nous venons d'étudier au nord du Chasseral sont concordants par leur composition et par leur position sous le néoglaciaire. Ceux du vallon de St-Imier sont plus riches en éléments valaisans que ceux situés plus au nord, fait en harmonie avec la composition de la moraine profonde mésoglaciaire de notre territoire. Nous pensons donc que l'alluvion ancienne résulte du remaniement de cette moraine par les eaux glaciaires et que sa formation remonte au moins à la dernière période interglaciaire ou des hautes terrasses de la Suisse.

Terrains néoglaciaires. Tandis que les terrains mésoglaciaires sont assez bien à découvert dans les vallons situés au nord du Chasseral, on ne les rencontre guère au pied du Jura à la surface du sol, puisqu'ils y sont recouverts par les terrains néoglaciaires provenant des Alpes. Les grandes arêtes du Jura ont donc opposé une barrière aux glaciers de la dernière glaciation, et cette barrière est marquée par une zone de blocs erratiques caractérisée par la protogyne du Mont-Blanc, qui va en s'abaissant de l'ouest à l'est, depuis l'altitude de 1400 m. au Chasseron, jusqu'au niveau de la plaine en aval de Soleure. Cette zone nommée actuellement ligne des moraines internes a été reconnue pour la première fois par L. de Buch (voyez Desor et Gressly, Etudes géologiques sur le Jura neuchâtelois, p. 11), puis étudiée par A. Guyot[1] et par M. Renevier.[2] Dernièrement M. Du Pasquier[3] en a démontré l'âge néoglaciaire. Cette nouvelle manière de voir explique autrement et bien plus clairement que la loi de Guyot la distribution des blocs erratiques dans le Jura.[4]

---

[1] A. Guyot: Note sur la distribution des espèces de roches dans le bassin erratique du Rhône. (Bulletin Soc. neuch., vol. de 1847.)

[2] E. Renevier: Partie culminante de l'ancienne moraine frontale du glacier du Rhône sur les flancs du Jura. (Bulletin Soc. vaud., t. XVI, 1879.)

[3] L. Du Pasquier: Sur les limites de l'ancien glacier du Rhône le long du Jura. (Bulletin Soc. neuch., t. XX, 1892.)

[4] A. Morlot (Actes Soc. helv., 1858) distingue aussi, quoique différemment, deux lignes de moraines et deux glaciations dans le bassin du Rhône.

Il n'est donc plus permis de dire avec A. Favre (Quatrième rapport sur la conservation des blocs erratiques, p. 16, Actes Soc. helv. 1871), que sur les flancs du Chasseral la limite supérieure des blocs erratiques n'est pas aussi élevée qu'au Bürenberg sur le Montoz, fait en lui-même inexact, puisqu'il y a un beau bloc d'arkésine à Jobert, derrière l'arête du Chasseral à 1300 m. Mais la limite de la zone des protogynes n'atteint pas le Bürenberg, non plus que l'arête du Chasseral, elle reste inférieure à 1100 m. dans cette région, comme on peut s'en convaincre en examinant le diluvium néoglaciaire de la Montagne-de-Diesse, et ce fait justifie bien la distinction d'au moins deux périodes successives dans l'extension des anciens glaciers valaisans dans le Jura.

A Nods, la moraine profonde s'arrête à 950 m. C'est la limite du pâturage et des champs. Les blocs erratiques sans boue glaciaire montent à plus de 100 m. plus haut. Au moyen de ces chiffres, on peut se faire une idée de l'épaisseur du glacier, de son action sur le sous-sol, et de la marche de la moraine profonde. On voit aussi des stries glaciaires plus fortes et des surfaces polies plus grandes au pied du Jura (Soleure, fig. 10, Rochers du Tirage à Neuveville, Landeron, Hauterive), que sur les premiers gradins de nos montagnes. Elles sont cependant encore bien nettes à Evilard, sur le calcaire portlandien à 761 m. d'altitude. Il en est de même entre les Geneveys-sur-Coffrane et Malvilliers, au bord de la route, au repère 905 m., où les stries sont orientées vers le nord-est, comme en général au pied du Jura. A Evilard, l'orientation est voisine du nord, à cause du dégagement de ce côté-là. On peut dire que l'obstacle opposé par le Jura au dernier glacier valaisan l'a fait dévier vers l'est, autrement il se serait avancé plus directement vers le nord.

Les terrains néoglaciaires sont formés d'une boue glaciaire plutôt argileuse que calcaire, de couleur généralement jaune ou brune. Les éléments jurassiens y sont quelquefois plus nombreux que les roches alpines (Orvin). On y trouve aussi des fragments de calcaire néocomien ou valangien provenant du pied du Jura. On en voit des fragments près de Nods où le néocomien n'existe pas. Dans une groisière de la côte de Macolin, on a trouvé des fossiles de la marne jaune hauterivienne de Douanne (*Natica Pailletiana*, recueilli par M. Müller, forestier à Bienne). Il n'y a pas de marne jaune au Landeron, non plus qu'à Lignières. Peut-être en existe-t-il sous la Praye, mais le glacier n'a pas pu rétrograder sur le flanc sud de la chaîne du lac. On a donc ici la preuve du transport des matériaux de la moraine profonde de bas en haut sur le flanc d'une montagne.

On trouve dans toutes les collections des échantillons de roches erratiques néoglaciaires du pied du Jura. Les plus caractéristiques sont les grès de Taveyannaz, les calcaires crétaciques alpins, vaudois ou valaisans, des gabbros saussuritiques avec smaragdite (euphotide de Saas), des serpentines, des éclogites (vallée de Saas), des diorites, des amphibolites, des schistes chloriteux, des schistes séricitiques, des micacites et des gneiss variés, la protogyne du Mont-Blanc. Il y a dans la forêt au-dessus de Bellevue, au nord de Cressier, un petit bloc de poudingue de Vallorsine. Les schistes houillers du Valais (Arbignon) se rencontrent aussi çà et là. M. Baumberger, maître secondaire à Douanne, en a trouvé un fragment avec empreinte de feuille de fougère. A Oberdorf, un bloc de calcaire néocomien alpin nous a livré de beaux Toxaster.

Les galets sont excessivement nombreux dans le terrain néoglaciaire du pied du Jura. On les extrait chaque printemps des champs qu'on remet en herbages, et l'on voit dans chaque finage des amas considérables de cailloux et de blocs qui ont dû faire le désespoir des premiers agriculteurs de cette région. On les appelle communément *perroyers* ou *murgiers* (Neuchâtel). Ils sont pour ainsi dire inconnus dans la plaine. On voit aussi çà et là des collines morainiques presque entièrement formées de galets alpins. C'est en général à l'ouest et à l'est des montagnes opposées à la marche du glacier qu'ils se sont accumulés. On en trouve ainsi à Coffrane (Genevret); à Valangin; aux Hauts-Geneveys, à 1042 m. d'altitude; sur le flanc est du Chaumont, au-dessus d'Enges et de la Métairie Lordel, à 1040 m.; aux Combes rière Nods; au Crêt-ès-Melins à 884 m., à Diesse 931 m.; à Orvin, sur le Scé, à 930 m.; à Oberdorf à 660 m. Puis il y a en deçà de cette ligne de moraines, surtout dans le fond des premiers vallons jurassiens, une alluvion formée à peu près des mêmes éléments, avec de nombreux galets jurassiens. On exploite des sables à Coffrane dans ce terrain. La stratification est bien nette. La colline d'Orvin est de même nature. On voit le même dépôt aux Malpierres, entre Cornaux et Cressier, dans une ballastière; à l'est de Neuveville, à la base du ravin de Poudeille, sous le terrain morainique proprement dit. A la Montagne de Diesse (Moulins de Lamboing), comme au Val-de-Ruz (Valangin, Engollon), c'est par contre la moraine profonde qui s'observe généralement. Elle est fortement argileuse, imperméable; c'est de la boue glaciaire empâtant des galets, et dans les terrains peu inclinés, elle a donné lieu à la formation des marais. Il y a quatre zones de moraines longitudinales à différents niveaux sur les paliers portlandiens de la côte de Macolin. A Selzach et à Oberdorf, elles forment des gradins espacés de 30 en 30 ou 40 mètres d'altitude.

Il nous reste à signaler les principaux blocs erratiques néoglaciaires, ainsi que les points où ils se sont accumulés. Le sujet a été traité déjà pour le canton de Berne par J. Bachmann[1], nous résumerons et compléterons ici ses données.

Blocs erratiques néoglaciaires. Le bloc erratique de Pierre-à-Bo au nord de Neuchâtel est le plus important parmi ceux de notre territoire. C'est une protogyne du Mont-Blanc qui représente un cube de plus de 1200 m³. Le nom dérive probablement de la ressemblance grotesque de la pierre avec un gigantesque batracien accroupi. On emploie quelquefois le nom de *bo* ou *bou* (Bufo) dans le pays pour désigner le têtard du crapaud. Les blocs du Chaumont entre 1060 et 1080 m. (deux à 1075 m.) sont intéressants par leur altitude. Il y avait un groupe de blocs de protogyne à la Combe-des-Devins près du Pâquier, à 870 m., à l'entrée du Chenau de Villiers; il n'en reste que des débris. On les a taillés et transportés à St-Imier où ils forment les colonnes du péristile du progymnase. Un autre bloc erratique d'un gneiss particulier s'est arrêté dans la gorge même de Villiers. La forêt de l'Iter au nord de Cressier et de Cornaux est aussi riche en protogynes du Mont-Blanc. Sur les rochers de Genévret, à Neuveville, il y a un bloc de même nature dédié à la mémoire de Montagu, le fondateur de l'hospice des vieillards à Neuveville. D'autres gisent dans le ruisseau du Chânet, au-dessus des Plantées. Depuis Enges, dans toute l'étendue du diluvium néoglaciaire de la montagne de Diesse, on rencontre de petits blocs de protogyne avec des gneiss.

---

[1] J. Bachmann. Die erhaltenen Fündlinge des Kt. Bern. (Berner Mittheilungen, 1870.)

Ceux du Moulin-des-Combes au nord de Lignières sont intéressants. Il y en a plusieurs aussi dans le pâturage de Nods, vers l'altitude de 1000 mètres. Dans les marais et vers la maison de la Praye ils sont également nombreux. Ils reposent bien ici sur la moraine profonde. Nous n'avons jamais vu de blocs considérables sous le diluvium néoglaciaire. Mais il peut y en avoir. Ils seraient sans doute alors d'une glaciation antérieure. Le D\' Greppin, comme Desor du reste, croyait que la plupart des blocs erratiques étaient inférieurs au diluvium, et qu'ils avaient été transportés par des glaces flottantes. (Essai géol., p. 144.)

Entre Diesse et Lamboing, au bord de la Douanne ou Arzillière, nous avons vu un bloc de quartzite erratique. Comme taille remarquable, le bloc de la forêt de Douanne, au sud des Moulins de Lamboing, près de la route, mérite une mention particulière. Ce bloc, qui appartient au musée d'histoire naturelle de Berne, mesure environ 90 m³.

Le *Hohle Stein* sur les rochers portlandiens de la voussure de Vingrave (Weingreiss) est le pierre-à-bo de la contrée. D'un volume de 200 m³, écrasant le roc jurassique qui lui sert d'appui (Bachmann, Fündlinge, Taf. 1), c'est encore un crapaud respectable, digne de figurer parmi les collections d'histoire naturelle de la ville de Berne (don de la commune bourgeoise de Douanne). Il y a dans les gorges de Douanne une grande table de gneiss d'Arolla mise à découvert lors de la construction du sentier. M. E. Baumberger, maître secondaire à Douanne a bien voulu rédiger à notre intention une notice sur le diluvium de cette contrée qu'il a soigneusement étudiée. Il nous écrit:

„Das Material der meisten grössern Blöcke der Twannbachschlucht ist „Montblancgranit. In der obern Partie sind 2 grössere Blöcke, welche die ganze „Breite des Bachbettes ausfüllen; an beiden Stellen haben wir daher hübsche „Kaskaden. In der Mitte der Schlucht treten die Felsen etwas zurück, und „der Tannenwald dringt bis an die Ufer des Baches; das ist die sog. „Pulver- „stampfe". Mitten im Bache ist ein enormer Quarzit mit einem Umfang „von 8,₅ m. und einem Inhalt von ca. 8-9 m³. Dicht am Fussweg, der seit „Mai 1892 die Schlucht durchzieht, erhebt sich ein gewaltiger Block aus „typischem Arollagneiss. Die Oberfläche ist ziemlich quadratisch und misst „bei 7 m. Seitenlänge ca. 50 m². Bis auf 2 m. ist der Block in die Erde

„eingesenkt; die über die Erde emporragende Partie misst 98 m³. Gegen den
„Ausgang der Schlucht findet sich nahe der Einmündung des Schluchtweges
„in die Dessenbergstrasse ein Block aus Chloritschiefer, der in Masse schön
„ausgebildete Oktaëder von Magneteisen enthält. Faust- bis kopfgrosse Geschiebe
„alpiner Herkunft finden sich zahlreich im Bachbett und an den Abhängen
„der Schlucht. Vor Beginn der letzten Galerie führt der Weg durch Glacial-
„schutt, der reichlich mit jurassischem Material vermischt ist. Ein früherer
„Wasserlauf hat das Material des Schuttkegels, der an der Felswand ansteigt,
„direkt vom Abhang über den Felsen in die Tiefe transportirt. Ich habe hier
„gesammelt (auch im übrigen Teil der Schucht gefunden):

    „1. Arollagneiss.

    „2. Montblancgranit.

    „3. Euphotide.

    „4. Eklogite.

    „5. Serpentine.

    „6. Amphibolite.

    „7. Gabbrogesteine.

    „8. Quarzite.

    „9. Carbonischer Sandstein (Nr. 6 meiner Sammlung).

    „Die Montblancgranite sind im Gebiete von Gaicht vorherrschend. Ver-
„einzelte Blöcke finden sich noch im Gebiete des Kulturlandes; zahlreich sind
„sie in den anstossenden Waldpartien. Ein hübscher, grösserer Granitfindling
„ist im Föhrenwäldchen zwischen Gaichtersträsschen und Crosweg. Vom Hohle-
„stein bis zum Signal auf der Trämelflüh sind eine Menge Blöcke von je 2
„bis 4 m³ Inhalt, die fast ohne Ausnahme sich mit einem hübschen Moos
„*Hedwigia ciliata* und einer prächtigen Hochgebirgsflechte *Rhizocarpon geogra-*
„*phicum* garniert haben. An der Strasse von Gaicht auf dem Twannberg sind
„zwei Anschnitte, in denen prächtiges Erraticum ansteht, vermischt mit Jura-
„material; ich habe hier gefunden:

    „1. Montblancgranite.

    „2. Wallisergneisse (interessant ein sericitischer Gneiss mit dünnen, fast
„1 cm. langen Nadeln [wahrscheinlich Hornblende], Nr. 52).

    „3. Typischer grüner Schiefer, Nr. 77.

„4. Quarzite.

„5. Gabbrogesteine.

„6. Euphotide (auch anderorts im Gebiet nicht selten).

„7. Amphibolite (im Gebiet verbreitet).

„Bei den Arbeiten in den Reben kommen recht häufig kleinere und „grössere Blöcke alpinen Ursprungs zum Vorschein. Grosse Blöcke sind in „diesem Bezirk seltener zu sehen, da sie gesprengt und zum Bau der Reb-„mauern verwendet wurden. In denselben kann eine ganze Serie alpiner Gesteine „studiert werden. Die Rebenkultur am Bielersee würde kaum möglich sein, „wenn nicht der Rhonegletscher an der Zubereitung des Bodens wesentlich „Anteil genommen hätte. Aus diesem Gebiete stammen folgende Handstücke „meiner Sammlung:

„1. *Taviglianaz-Sandstein* (Nr. 1). Ob Kleintwann in den Reben.

„2. *Sericit. Thonschiefer* (Nr. 4). Ob der Brunnmühle Ligerz.

„3. *Flaseriger Feldspath-Amphibolit* (Nr. 5). Kapfplatte Twann.

„4. *Granitbreccie aus dem Flysch* (Nr. 11). Schernelz.

„5. *Amphibolite* (mit viel und wenig Feldspath) (Nr. 20). Zwischen Kapf „und Gaicht.

„6. *Serpentine* (Nr. 28). Zwischen Kapf und Gaicht (überall häufig).

„7. *Gneiss* (Nr. 39). Kapfplatte ob Twann.

„8. *Feinkörniger Gneiss d. südl. Walliserthäler* (Nr. 60). Ob Vingelz.

„9. *Sericit. grüner Gneiss, in Augengneiss übergehend* (Nr. 76). Festi, Ligerz.

„10. *Sericit. grüner, stengeliger Gneiss d. südl. Walliserthäler* (Nr. 78). „Cros, Twann.

„11. *Euritischer, feinkörniger Gabbro mit Saussurit als Grundmasse* (Nr. 79). „Dessenbergstrasse.

„12. *Granit mit gelblichem Feldspath* (Nr. 80). Lachenweg ob Wingreis.

„13. *Arkesine.* Zwischen Kapf und Cros.

„NB. Aus dem Erraticum an der zweiten Biegung der Dessenbergstrasse „ob Twann stammt ein Stück Carbonschiefer mit Abdrücken von Farnblättern. „Ich habe das Stück im Berner Museum deponirt."

Les blocs de protogyne ne sont pas rares dans la côte de Macolin et dans le vignoble de Bienne. Le *Graue Stein* (Grison) est connu par sa flore lichénique *(Rhizocarpon geographicum)* grâce à son exposition au soleil. Les blocs de *Auf den Stühlen* au nord de Boujean (Bözingen), déjà cités par Deluc, ont été en partie seulement préservés de l'exploitation. Sur la route de Frinvillier à Vauffelin, se trouvaient aussi deux beaux monolithes de protogyne. L'un d'eux, le plus gros, cela va de soi, a été exploité; il reste encore le petit *Chaillâ* (caillou) qu'il vaudrait encore la peine d'épargner. Un grand bloc du même genre a été exploité d'après Bachmann entre Perles et Longeau et transporté à Bâle (église de Ste-Elisabeth). Un bloc de protogyne situé devant la maison d'école de Granges (Grenchen) a été dédié à la mémoire de Hugi de Soleure qui étudia les glaciers avant Agassiz. Les environs de la ville de Soleure (Riedholz, Martinsfluh, Franzoseneinschlag) sont parsemés de blocs de protogyne. Plusieurs d'entre eux, surtout ceux du sentier de l'ermitage, sont devenus des pierres tumulaires; celle d'Amand Gressly nous intéresse particulièrement, c'est un bloc de forme pyramidale qu'on fit glisser depuis le ravin dans le lit du ruisseau. La ville de Soleure qui met un soin religieux à conserver les curiosités naturelles de son territoire a décidé l'inviolabilité de ses blocs erratiques. On trouve suivant Bachmann les derniers blocs de protogyne dans la commune d'Attiswyl, l'un d'eux (Oberer Burchwald à 570 m.) est devenu la propriété du musée de Berne.

Glaciaire jurassien. Le glacier du Rhône n'ayant pas franchi la chaîne du Chasseral dans la dernière période glaciaire, on chercherait en vain des terrains néoglaciaires d'origine alpine dans les vallons du Jura. Mais on y remarque des terrains néoglaciaires d'origine jurassienne, il vaut bien la peine de nous y arrêter un instant. Le terrain morainique jurassien est connu depuis longtemps. Dernièrement encore, M. Jaccard, dans une esquisse d'ensemble sur les phénomènes glaciaires, indique des courants de glace provenant des sommités du Jura, et signale les moraines qu'ils ont accumulées. Seulement la carte confond dans la même période, ainsi qu'on le faisait naguère, les glaciers jurassiens et celui du Rhône de la période mésoglaciaire. Nous avons vu comment l'on sépare actuellement les deux glaciations alpines.

Le point le plus intéressant pour l'étude d'un ancien glacier jurassien est l'hémicycle de Champ-Meusel près de St-Imier. On voit là au pied d'une impasse de la montagne du Sonnenberg une colline de débris bordant en amphithéâtre une dépression centrale occupée par une petite tourbière. Rien de plus net et de plus caractéristique. Les matériaux, grands et petits, sont à demi arrondis et emballés pêle-mêle dans la boue glaciaire. On voit bien cette composition dans les gravières à l'est de St-Imier, sur le flanc de la colline de Champ-Meusel. Cette colline est absolument la moraine frontale d'un petit glacier qui descendait par l'impasse de Champ-Meusel et qui est restée intacte après la fonte de la glace. La tourbière s'est alors formée dans la dépression centrale. C'est une miniature néoglaciaire que la carte au $1/_{25000}$ ne rend pas topographiquement d'une manière suffisante; pour pouvoir en juger il faut aller la voir sur le terrain.

Il y a dans les éléments morainiques des groisières de Champ-Meusel toutes les roches du Sonnenberg, jusqu'à la dalle nacrée. On remarque souvent le calcaire cristallin rouge ou jaune qui accompagne les dolomies portlandiennes, et dont le gisement se voit dans la carrière de Champ-Meusel. On trouve aussi des micacites et des schistes chloriteux comme on en observe sur la montagne, aux Eloies; ici, ils sont remaniés avec le néoglaciaire et montrent l'extension des névés du glacier de Champ-Meusel. On retrouve ailleurs dans le Jura des accumulations analogues de matériaux jurassiens recouvrant les terrains mésoglaciaires; il est parfois difficile de les distinguer des talus et des cônes d'éboulis actuellement encore en formation. Pour bien apprécier la différence, il faut voir ces deux genres de matériaux à St-Imier même, sous les rochers de Champ-Meusel où les éboulis modernes recouvrent le néoglaciaire. Les cônes d'éboulis ont des matériaux anguleux, et ne contiennent pas de boue glaciaire. Pour un œil exercé il n'est pas possible de s'y méprendre.

C'est évidemment une accumulation de glaciaire jurassien qu'on trouve à la Charbonnière entre Renan et Sonvillier. Là également, dans une dépression de la Montagne-du-Droit, il y avait dans les temps quaternaires un lambeau de glace accumulant des matériaux jurassiens. Depuis Cortébert à Sonceboz, on voit des talus d'éboulis fixés par la végétation; ils ne s'augmentent pas actuellement d'une manière sensible, et leur origine nous paraît être également néoglaciaire. Il en est de même du côté de l'envers dans le vallon de St-Imier; partout des nappes de débris morainiques bordent et cachent le pied de la montagne en se perdant insensiblement sur les terrains mésoglaciaires.

Dans les autres vallons du Jura, il en est à peu près de même. Le flanc de l'envers est toujours recouvert de blocs et de matériaux plus anciens que les éboulis proprement dits. Ces derniers sont du reste très insignifiants sur les flancs de nos montagnes. Les pentes sont ordinairement douces et le sol boisé. Quiquerez appelait ces matériaux néoglaciaires des *brèches jurassiques*. Le Dr Greppin n'y voyait bien entendu que des éboulis; sa carte géologique en présente de grands lambeaux purement imaginaires. Il est un fait qui montre bien l'origine néoglaciaire de ces matériaux du pied des montagnes. Dans le val de Tavannes, dans celui de Balsthal et ailleurs, du côté du droit, quand la pente de la montagne est un peu forte, on voit les moraines jurassiennes placées à une certaine distance du pied de la montagne; elles forment un cordon de collines détritiques séparé du flanc jurassique par une dépression. On ne voit pas comment de simples talus d'éboulis pourraient revêtir une forme semblable. Le tout est ordinairement compris dans le palier qui marque l'emplacement du sidérolithique. Ces cordons morainiques sont en outre fixés par la végétation. Evidemment la dépression entre la moraine et le pied de la montagne était occupée par un glacier dans les temps quaternaires, et l'on a ici encore à enregistrer des terrains néoglaciaires. Dans le val de Moutier, le glaciaire jurassien s'avance jusqu'à la Rauss et forme de grandes couvertures plus ou moins continues du côté de l'envers. Au pied du Raimeux il y a également des brèches néoglaciaires, ainsi que dans les cluses de Moutier, de Roches, de Choindez, du Pichoux, d'Undervelier, de Goumois, etc.

Il y a sur la colline tertiaire du Mont-Chaibeut des brèches jurassiques formées de grands quartiers de rocs séquaniens fossilifères que le Dr Greppin croyait être en place et percer la molasse comme une klippe. On voit un chapiteau analogue au Hungersbühl près de Selzach.

Ainsi à la fin des temps quaternaires, les montagnes du Jura avaient leurs arêtes et leurs voussures garnies de névés, leurs flancs de glaciers plus ou moins continus, rabotant les aspérités qu'ils pouvaient rencontrer, pour en accumuler les débris dans les vallons, par-dessus les terrains tertiaires ou mésoglaciaires. Ces couvertures ont enlevé de grandes parcelles à l'agriculture en masquant des terrains fertiles de débris calcaires favorables seulement au sol forestier.

Il y a plusieurs preuves directes du rabottement qu'ont produit les glaciers jurassiens sur le flanc des montagnes. On n'a qu'à observer la coupe du sous-sol sur un flanc jurassique, la côte de Villeret par exemple. On voit les têtes de couches kimméridiennes et portlandiennes arrachées de leur position normale et retournées ou renversées dans le diluvium. Les arbres déracinés peuvent produire partiellement le même résultat, mais ici on observe ce renversement des têtes de couches sur une ligne de profil de plus de 30 mètres de longueur. (Carrière de Champ-Meusel.) Nous attribuons encore à ce rabottement des glaciers le renversement de couches entières sur une assez grande largeur, pourvu qu'elles reposent normalement sur de la marne et qu'elles aient pu faire saillie sur le flanc de la montagne. On voit ce rabattement dans les collines valangiennes du pied du Sonnenberg entre Sonvillier et St-Imier, et dans les calcaires portlandiens recouvrant les marnes à Exogyra virgula sur la route de St-Imier à Mont-Crosin. Ces phénomènes montrent à combien de causes sont dues les formes actuelles de nos montagnes, et quelles sont les manifestations variées de la puissance érosive des eaux. Nous ne voudrions cependant pas attribuer aux anciens glaciers un rôle prépondérant dans l'érosion des montagnes, c'est simplement un facteur à mettre en ligne de compte pour expliquer certains détails dans le façonnement du relief.

Ailleurs les anciens glaciers ont comblé des dépressions de leurs débris morainiques. On voit dans les cluses des amas néoglaciaires importants, plus ou moins meubles ou cimentés en brèches par l'eau d'infiltration. La cluse de Rondchâtel est instructive sous ce rapport. La rampe droite ou occidentale est plus fortement excavée que l'autre, et les glaces quaternaires y ont accumulé de nombreux débris. Le néoglaciaire alpin pénètre dans la gorge par Frinvillier et s'arrête dans la colline de Rondchâtel où l'on voit encore des blocs de diorite et de protogyne. Au-dessus de la cascade, le sous-sol de la gorge est occupé par une argile fine, stratifiée, d'une assez grande extension, jusqu'à Reuchenette, ainsi que l'ont démontré de récents travaux de canalisation. Ce serait une excellente terre à brique. Elle s'est formée dans un petit lac occasionné par le barrage du glacier alpin.

Alluvions postglaciaires. Après le retrait des glaciers valaisans, et la disparition des glaciers jurassiens, notre territoire dut favoriser plus fortement

qu'aujourd'hui le remaniement des matériaux diluviens, et la formation d'alluvions postglaciaires. Il est quelquefois difficile de les distinguer des alluvions
anciennes, à cause de la ressemblance des matériaux. En général elles bordent
les rivières de près et présentent des éléments d'autant plus anguleux qu'on
se rapproche davantage des montagnes. On voit un dépôt de ce genre dans
l'angle sud-ouest du vallon de Péry, à la métairie de Nidau, provenant en
grande partie de l'impasse du Steinersberg. Il est de forme triangulaire, entamé
de front par la Suze, et s'élève à 20 m. au-dessus de la rivière. C'est l'équivalent des terrasses basses de la Suisse.

On trouve la terrasse basse depuis Courrendlin en aval, occupée par des
galets arrondis. Toute la série des galets et des roches du Jura peut s'y
rencontrer. Nous avons reçu aux Rondez de M. Gerspacher un échantillon
roulé de Gryphaea obliqua dont le gisement est à Roches. Mais les galets
calcaires du jurassique supérieur y sont seuls abondants, parfois uniquement
représentés. On s'en sert avantageusement comme ballast, et pour empierrer
les routes. La groise provenant des roches oolithiques, comme la dalle nacrée
et la grande oolithe, sont cependant bien préférables, à cause de leur homo-
généité et de leur structure grenue.

Tuf, travertin, grottes. Sur plusieurs points le tuf forme des dépôts importants qui ont été en partie plus ou moins bien exploités. Citons ceux de St-
Blaise (vers Souaillon), du château de Cressier, de Bienne, de Perles (Pieterlen),
formant le tertre de l'église, de Longeau (Lengnau), du cirque de Moron au
bord du Doubs, de Vautenaivre, du moulin Theusserret, d'Undervelier, de
Grandval (au bord de la Rauss), etc. Les plus considérables sont ceux du
cirque de Moron qui sont loin d'être épuisés, ceux du moulin Theusseret près
de Goumois, formant de grands rochers nus au bord du Doubs. On emploie
le tuf pour les constructions légères, comme les cheminées, les murs élevés,
etc. Les vieux donjons en ont souvent dans leurs tours.

Le tuf est encore actuellement en formation, il n'est pas aussi massif et
solide que ceux de l'époque quaternaire. De plus il y a des régions où ces
anciens tufs ne se reforment plus et où ils sont plutôt minés par les érosions
actuelles. On en voit un bel exemple dans les gorges du Dubenloch. Ici le
tuf est d'origine fluviatile, il s'est déposé en couches concentriques contre

les parois des gorges autour des roches en saillie ou des galets de la Suze, ou bien encore autour de troncs d'arbres moulés en négatif par la disparition de la substance organique. Sa structure est toute feuilletée, et il passe au travertin. On y remarque parfois des trous et des cellules closes dont on ne s'explique pas la nature. Ce dépôt suspendu par places aux parois de la gorge, dissous et corrodé ultérieurement en corniches ou en petites grottes, s'élève à plus de 20 m. au-dessus du niveau actuel de la rivière. On le voit cependant encore se produire actuellement dans son lit, et les algues calcigènes ne sont pas étrangères à sa formation. Il se confond par places aussi avec les dépôts de tuf ordinaire. L'un d'eux contenait des ossements modernes, portant les traces d'instruments de boucherie (crâne de bœuf dont les cornes ont été détachées à la scie), constituant le charnier d'oiseaux de proie (grand-duc ou aigle), ou de carnassiers qui fréquentaient ces sombres ravins avant les promeneurs et les promoteurs du sentier.

Fréquemment le tuf contient les coquilles des mollusques terrestres et fluviatiles qui vivent encore dans le pays. Il serait intéressant d'y découvrir des espèces éteintes.

Le travertin n'est pas rare dans les fissures des rochers ou dans les grottes, sous forme de stalactites et de stalagmites. Il n'y a rien de nouveau à signaler à son sujet. La grotte de Lajoux contient un dépôt abondant de *lait de lune*. Les grottes élevées de notre territoire n'ont pas chance à être explorées avec succès, étant données les conditions dans lesquelles elles se sont trouvées pendant la période glaciaire. Celle des Communances près de Montfaucon contenait des centaines de crânes et des milliers d'autres ossements d'animaux domestiques, surtout de cheval. Il y avait aussi un crâne de chevreuil. Ce souterrain servait de voirie depuis l'époque de la colonisation des Franches-Montagnes (1384). Tous ces ossements ont été retirés de la grotte par le propriétaire et vendus aux chiffonniers.

Tourbières. Sans être aussi importantes que celles du Jura neuchâtelois, nos tourbières n'en présentent pas moins tous les caractères. Notre intention n'est pas d'écrire ici une monographie de la tourbe, attendu que le sujet doit embrasser un cadre plus général. Il est du reste difficile, même aujourd'hui, de surpasser l'ouvrage de Léo Lesquereux pour ce qui concerne le Jura. Nous

donnerons seulement la description des plus intéressantes parmi les tourbières
du Jura bernois, ainsi que les observations qu'on peut y faire pour une étude
d'ensemble.

Il y a dans notre territoire une surface d'environ 6,285 km² occupée
par des tourbières, soit le $\frac{1}{2}$ $^0/_0$. Ce sont en général de petites tourbières, encadrées dans les synclinaux élevés et fermés, marquant souvent la
source des rivières (Diesse, Bellelay), selon la remarque judicieuse de Lesquereux. Le plateau des Franches-Montagnes, qui n'a pas de cours d'eau,
déverse les eaux de ses tourbières dans des fondrières. Rien n'est plus commun aux alentours de ces nappes aquifères que des trous qui engouffrent les
eaux. On en a profité pour y établir des moulins et des scieries (Moulin de
la Gruère, Moulin-des-Royes, Moulin de la Rouge-Eau, de Pleine-Saigne, etc.).

Le sous-sol des tourbières est toujours marneux et imperméable, cela va
de soi. On en distingue orographiquement de deux sortes. Il y a d'abord
dans les synclinaux les argiles glaciaires ou tertiaires (Montagne de Diesse,
Chaux d'Abel, la Chaux des Breuleux et de Tramelan, Pleine-Saigne), qui
produisent d'assez grandes tourbières; elles sont de même nature que celles
du Jura neuchâtelois (les Ponts-Sagne, la Brévine). On trouve en second lieu
des tourbières dans les anticlinaux marneux, dans les combes oxfordiennes,
argoviennes, et jusque sur le cornbrash. Ces dernières s'observent à la Joux-
du-Plane et sur le Pouillerel au nord de la Chaux-de-Fonds. Nous allons
passer successivement en revue nos différentes tourbières pour en examiner le
sous-sol et le mode de formation.

Montagne de Diesse. La grande étendue de terrains spongieux connue
sous le nom de la Praye à la Montagne de Diesse repose entièrement sur le
diluvium et la boue glaciaire. Il n'y a aucun affleurement de terrains plus
anciens. Au sud de Diesse, vers le bois de Châtillon, on voit affleurer les
sables et les galets diluviens, puis aux moulins de Lamboing, on remarque la
moraine profonde avec de la boue glaciaire, dans les ravins des bords de la
Douanne. Toute cette région morainique est fortement imperméable et ne permet ni l'absorption des eaux superficielles, ni l'apparition des sources qui
descendent des montagnes, sauf pourtant pour celles de Lamboing. On peut
considérer ce grand synclinal comme rempli d'eau aussi bien dans les cuvettes

souterraines formées par les terrains tertiaires et crétaciques que superficielle-ment. Il n'y a qu'à partir des terrains jurassiques que les canaux souterrains peuvent fonctionner. C'est ainsi que les sources du bord du lac de Bienne sont, au moins à l'ordinaire, en dehors des fortes crues, à l'abri des déver-soirs des marais. Ainsi à l'exception des fondrières et des tanes de Lignières qui sont évidemment au moment des crues en communication avec les ruis-seaux de Neuveville et du Landeron, les marais de la Montagne de Diesse conduisent leurs eaux superficiellement dans les deux versants est et ouest, par-dessus le diluvium. Il en fut ainsi dès le retrait du glacier du Rhône, et sur un plateau argileux, barré par des éminences morainiques, il y avait un sol tout préparé pour la formation de la tourbe. Les roseaux, les laîches, et d'autres plantes palustres eurent bientôt raison de ce sol aqueux pour le convertir en *bas-marais*, suivant l'expression actuellement en usage pour mar-quer le début des tourbières. Puis vinrent les bouleaux, les pins et la végé-tation du *haut-marais* caractérisée par les sphaignes, les airelles et les bruyères qui continuent encore aujourd'hui la croissance de la tourbe. Dans une excur-sion que nous fîmes l'an dernier avec M. le Dr Früh, nous eûmes l'occasion d'être initié au mode de formation des tourbières, et de constater la super-position de deux couches de tourbe de constitution différente. On n'exploite actuellement que la tourbe noire ou la plus ancienne; celle d'origine plus récente (le pelvou) étant plus au centre du marais, et du reste de qualité inférieure.

Les Pontins. L'exploitation de cette tourbière touche à sa fin, grâce à l'écoulement facile de ses produits dans les villages industriels du vallon de St-Imier. Elle est située dans l'anticlinal argovien de la chaîne adjacente au revers du Chasseral, et le sous-sol en est entièrement formé par les marnes grises de l'argovien supérieur. On ne remarque presque pas au fond de cendre des tourbières, il y a plutôt des saillies de bancs calcaires dans la marne, et des entonnoirs, des fondrières sur ses bords. Il est peu probable qu'il y ait eu ici à l'origine un petit lac, rien du moins, ni dans la forme du terrain, ni dans le sous-sol (manque de cendre des tourbières), ne peut le faire pré-sumer. Mais on remarque fort bien la superposition de deux couches de tourbe, celle du bas-marais, fortement et entièrement recouverte par celle du haut-marais, les deux ensemble d'une épaisseur de 4 à 5 mètres. Le pin, le bouleau et les airelles[1]) avec une forte végétation de sphaignes, puis des plantes remarquables comme l'Andromeda polifolia, Drosera rotundifolia, des linaigrettes, des lichens, caractérisent la surface du haut-marais, et continuent sa formation, même après l'exploitation de la tourbe. Il est dès lors probable, pour autant du moins qu'on ne favorise pas la croissance de la végétation du bas-marais (roseaux, laîches, etc.), par le maintien de l'eau dans les fossés, que c'est la végétation du haut-marais qui reprendra le dessus après l'exploitation de la tourbe, et que cette dernière ne se reformera plus dans les conditions primitives.

Chaux d'Abel. La tourbière de la Chaux d'Abel repose sur une terre glaciaire gris-vert ou blanchâtre, provenant du tertiaire, et contenant des débris de fossiles de la molasse marine, du calcaire d'eau douce supérieur, du gault, triturés avec des galets de roches pennines. On a ici la preuve directe de l'origine glaciaire de ce sous-sol, comme dans les principales tourbières du Jura, ainsi que l'a démontré Ch. Martins[2]). Il n'y a pas de cendre des tourbières proprement dite, avec coquilles lacustres ou palustres. La couche de tourbe est d'une épaisseur moindre que dans les tourbières examinées précédemment. Nous l'avons estimée à 2 mètres au plus. Le haut-marais est actuellement peu développé dans cette région, peut-être à cause du manque d'humidité. Quoi qu'il en soit, il est caractérisé par la présence du Betula nana que nous n'avons pas retrouvé ailleurs aux Franches-Montagnes.

Chantereine. Au sud du Noirmont, il y a une petite tourbière sans arbres qui paraît appartenir encore au bas-marais. Les laîches et les choins se rencontrent en grand nombre à sa surface. Elle repose sur un conglomérat tertiaire, probablement d'âge miocène.

La Chaux des Breuleux et de Tramelan. Une longue tourbière occupe le synclinal tertiaire situé entre la Chaux des Breuleux et le Cernil au nord-

---

[1]) On rencontre sur les airelles la chenille du Calocampa solidaginis, ainsi que d'autres espèces de l'Europe septentrionale, découvertes aux Pontins par M. le pasteur de Rougemont à Dombresson.

[2]) Bulletin de la Soc. géolog. de France, 2ᵉ série, t. 25, p. 133.

ouest de Tramelan. Elle est exploitée sur son extrémité orientale et présente les mêmes faits que toutes les tourbières du Jura. Le haut-marais est très bombé dans le milieu de la tourbière, recouvert de pins rabougris et d'une forte végétation de lichens (Cladonia rangiferina). C'est l'indice d'une croissance très lente ou à peu près terminée. Dans les environs de la tourbière (au sud-est), se trouve une source ferrugineuse, et dans les prés spongieux des alentours croît Swertia perennis.

Etang de la Gruère. L'étang de la Gruère est artificiel, c'est la digue établie pour alimenter le moulin, aujourd'hui transformé en scierie, qui a fait refluer l'eau dans la tourbière. Il n'y a ici de remarquable que le sous-sol constitué par la marne oxfordienne complètement imperméable. Le pin et l'épicéa croissent en abondance autour du petit lac, et enfoncent leurs racines dans un sol tourbeux, accumulant leurs débris avec ceux des mousses du haut-marais.

Tourbière de Bellelay. Ici encore, ce sont les pins, l'épicéa et les bouleaux qui occupent la surface de la tourbière; les airelles, les linaigrettes et les sphaignes ne font pas non plus défaut. La tourbe est de couleur foncée, on ne l'exploite plus actuellement. Aussi les fossés se garnissent-ils de carex et de potamots. Sur les surfaces exploitées, on voit les linaigrettes et les airelles cherchant à reprendre pied. On cite comme plante curieuse dans les abords de la tourbière Saxifraga hirculus. Le sous-sol est encore de l'argile glaciaire recouvrant les terrains tertiaires. Sur le bord de la tourbière, on remarque plusieurs petits blocs erratiques valaisans (schistes chloriteux et micacites).

Pleine-Saigne. Cette tourbière n'est pas envahie par la végétation du haut-marais; elle est traversée par une digue qui retient l'eau pour les besoins d'une scierie et qui favorise la croissance des roseaux, des potamots et des laîches. Ce doit être dans cette région qu'on a trouvé un tronc de chêne enfoui sous la tourbe (Greppin, Description géologique du Jura bernois, p. 199), dont la présence aux Franches-Montagnes lors de la formation du bas-marais est l'indice d'un meilleur climat. Du reste, le changement de régime dans la formation de la tourbe est-il autre chose?

Asphalte de Tramelan. On trouve à l'ouest du village de Tramelan, près de la rivière, des prés spongieux sous lesquels le sol renferme une terre noire bitumineuse prise pour de l'asphalte ou du lignite[1]). Est-ce peut-être une couche de l'œningien, ou bien faut-il y voir une petite tourbière recouverte par des alluvions? Ce point ne présente rien aujourd'hui à l'observation. Nous savons seulement que des particuliers (E. Mathey, 1865) y ont dirigé des sondages sans résultat pratique.

Saignes des Franches-Montagnes. Les petites tourbières sont abondantes dans les Franches-Montagnes. On en compte une quinzaine sur la feuille de Tramelan au $1/25000$, sept sur celle de Montfaucon. Presque toutes les combes oxfordiennes en recèlent sur une certaine étendue, dans les bas-fonds, près des fondrières, là où l'eau est retenue par les marnes. Elles sont presque toutes envahies par la végétation du haut-marais avec des pins et des sphaignes. Les abords sont toujours spongieux, et les carex, les choins forment une ceinture à la petite tourbière. Le nom de *sagnes* ou *saignes*, quelques-uns écrivent à tort seignes, est évidemment de la même racine que sphagnum[2]), et s'applique surtout au haut-marais. Il est plus ancien et plus fréquemment employé dans le pays que celui de tourbières qui paraît restreint aux lieux où l'on exploite la tourbe. Les principales saignes des Franches-Montagnes sont: les Saignes du Roselet, les Saignes des Enfers, la Saignatte de St-Braix, la Saigne de Lajoux, la petite saigne exploitée de Saignelégier, les Saignes Jeanné dans la combe oxfordienne au nord des Montbovets, la Sagne des Reussilles, etc.

Les tourbières du Pré-Dame ne paraissent pas s'appliquer le terme de Saignes, non plus que celles de la montagne de Jorat au nord de Tramelan; elles ne sont peut-être pas recouvertes par la végétation du haut-marais, c'est un point que nous n'avons pas examiné.

Alluvions modernes. Dans leur état de servitude actuelle, les rivières du Jura ne sont pas en mesure de déposer des alluvions considérables. De temps

---

[1]) Bridel. Course de Bâle à Bienne, 1789, p. 197.

M. Lutz. Dictionnaire géographique, 1859, article Tramelan.

[2]) Dans les Ardennes, on dit *fagnes*. (Dewalque, Prodrome d'une Description géologique de la Belgique, 2e édition, p. 3.)

en temps un torrent déborde par suite de fortes pluies, et couvre ses rives de débris. C'est ce qui arrive parfois à Villeret au torrent de la Combe-Grède, à celui de Cortébert, au ruisseau de Soulce, etc. Le ruisseau de Chaluet qui sort des marnes oxfordiennes de la Combe-d'Eschert entraîne parfois aussi des éboulis dans le fond du vallon. Il s'est produit en juin 1891 dans cette région un torrent boueux qui a considérablement ravagé les prés. Dans les cluses, il y a aussi de fréquents remaniements d'éboulis et de matériaux d'alluvions lors des hautes eaux. Les abords de la ligne du chemin de fer ont eu à s'en préserver. Mais avec les progrès réalisés dans les constructions du génie civil, les torrents et les rivières sont retenus dans leur lit. Les alluvions sont entraînées loin des œuvres d'art. On leur ménage des surfaces à combler en dehors des terrains conquis par l'homme. C'est ainsi que les gorges de Moutier, d'Undervelier et de Boujean présentent des emplacements d'alluvions modernes et de sables de rivière. Ces terrains sont caractérisés par les roches des cluses mélangées de tous les débris de l'industrie moderne, voire même des collections géologiques! Les briques et surtout les scories des hauts-fourneaux y abondent. Elles sont à demi arrondies par le charriage. On peut utiliser ces matériaux comme macadam.

Sol de Bienne. Pour clore la liste des terrains du Jura, nous donnerons la coupe relevée lors de la construction du canal de la Suze à Bienne. Ces terrains déposés par le lac s'étendent en aval jusqu'à Soleure[1]), et se rapportent évidemment aux alluvions modernes qui ont commencé leurs dépôts après le retrait du dernier glacier du Rhône.

Sous 1 à 2 m. de terre végétale avec débris modernes, tourbe et coquilles terrestres ou palustres actuelles, on trouve autant (1-2 m.) de marne grise, plastique, avec beaucoup de coquilles palustres vivant actuellement encore dans les marais du Seeland. Là-dessous se trouve environ $\frac{1}{2}$ m. de marne noire, tourbeuse, remplie de débris de bois carbonisé, et de briques ou de poteries romaines, avec des pierres du Jura et du diluvium valaisan. Cette couche (Kulturschicht, couche historique) disparaît vers le lac pour se confondre avec

---

[1]) A. Favre. Sur l'ancien lac de Soleure. (Archives des sciences phys. et nat. de Genève, 15 déc. 1883.)

la couche sus-jacente, sans se terminer en coin. Elle repose sur du sable lacustre, calcaire, de couleur jaune-clair, renfermant des coquilles de Cyclas et des fragments de bois carbonisé. On y voit enfoncés des pieux de bois de sapin, complètement décomposés. La couche de sable lacustre mesure environ un mètre d'épaisseur. Elle repose à son tour sur une marne grise, plastique, sans débris d'aucune sorte, qui disparaît dans le lac. C'était le fond de la tranchée du canal.

DEUXIÈME PARTIE

PLISSEMENT.

CHAPITRE I.

Anticlinaux.

§ I. Caractères généraux.

Dans sa Description géologique du Jura bernois et de quelques districts adjacents, le Dr Greppin n'admet pour le territoire qui nous occupe que six chaînes principales avec leurs annexes, et il traite à part le plateau des Franches-Montagnes. C'est du reste à peu près la division qu'avait proposée Thurmann dans le second cahier de l'Essai sur les soulèvemens jurassiques, et dans les Esquisses orographiques sur la chaîne du Jura. Dans l'idée théorique de Thurmann, il était tout naturel de voir exprimé le relief du Jura, comme le fit aussi Gressly dans ses lignes de dislocation, par les types sur lesquels l'effort orogénique paraissait concentré. Mais le plissement du Jura, ainsi que l'on peut s'en convaincre par l'examen de nos coupes à grande échelle, présente une autre figure que ce que l'on croyait voir dans les grandes lignes du réseau de Gressly. Pour nous restreindre au territoire que nous avons étudié en détail, on ne peut guère trouver ailleurs des plis plus réguliers et plus caractéristiques. Les montagnes de Moutier ont acquis cette renommée. Il n'y a des irrégularités et des dislocations qu'en des points isolés du plateau des Franches-Montagnes, et dans quelques vallons méridionaux.

Dans son ensemble, le relief de notre territoire présente trois régions bien caractérisées: 1° celle de Moutier ou des grandes voussures, 2° celle des Franches-Montagnes ou des voussures rasées, 3° celle de Neuchâtel ou des longues arêtes. Puis on trouve au pied du Jura comme en Ajoie des voussures de petites dimensions et à peine entamées par l'érosion, que nous considérerons à part. (Chaînes de 1ᵉʳ ordre de Thurmann.) Les caractères de chacune de ces régions vont ressortir de l'étude détaillée de nos anticlinaux.

§ II. Grandes voussures.

1. **Chaîne de St-Brais.** Il n'est pas juste au point de vue du plissement de dériver une chaîne d'une autre à laquelle elle se relie par un nœud confluent. Nous ne dériverons donc pas la chaîne de St-Brais de celle du Monterrible (Monterri), comme le fait l'auteur de la Description géologique du Jura bernois. Il est du reste regrettable de voir les notions et la dénomination des chaînes si peu comprise ou mal fixée, dans un ouvrage qui aurait dû respecter davantage les droits de priorité acquis par Thurmann. Nous reviendrons donc autant que possible à la nomenclature de l'Essai sur les soulèvemens jurassiques, et laisserons au cas particulier le nom de chaîne de la Caquerelle employé par Greppin, pour réintégrer celui de chaîne de St-Brais ou de la Roche dans notre liste orographique. Le changement de nom opéré par Greppin ne se justifie du reste en aucune façon par le choix de la Caquerelle comme localité-type, puisque cette auberge isolée se trouve dans le synclinal d'un nœud confluent où la chaîne de St-Brais rejoint celle du Clos-du-Doubs. Dans la règle Thurmann a choisi comme lieu de désignation d'une chaîne (sommité ou village), celui où elle est le plus proéminente et nettement accusée par un de ses types de soulèvement.

La chaîne de St-Brais, d'une longueur de 15 kilom. depuis Vautenaivre jusqu'à la Roche, et de 9 kilom. depuis la Roche jusqu'à la Caquerelle, est l'une des plus curieuses par la déflexion qu'elle subit en ce point intermédiaire. Sans relier précisément des voussures qui tendraient à s'individualiser, elle court tout d'une pièce avec ses dômes oolithiques peu recouverts par le jurassique supérieur, en affectant la forme d'une ligne brisée sous une déviation d'angle de 50° de sa direction primitive nord-est vers le nord-ouest. Ce tronçon de la Roche à la Caquerelle est le seul parmi les chaînes septentrionales qui prenne cette direction. Ce fait remarquable par l'élargissement qu'il procure au val de Delémont, résulte à notre point de vue tout simplement de la convergence de deux régions de plissement différemment orientées, celle du Lomont et celle du Jura proprement dit. Mais quant à y voir la continuation des principales cassures des Alpes sardes[1]), ou bien des relations avec Bienne et le Mont-Blanc pour fixer l'axe des déviations des chaines du Jura et de celles des Alpes[2]), c'est un ordre d'idées purement imaginaires qui ne mérite pas l'examen[3]). Constatons seulement que la voussure oolithique de Sceut ainsi orientée est la cause de la déviation du cours du Doubs vers l'ouest, autrement cette rivière serait entrée dans le val de Delémont. Le Doubs profondément encaissé dans les roches jurassiques supérieures et du dogger depuis Soubey jusqu'à Montmelon a considérablement découpé le flanc nord de la chaîne et suit généralement une vallée isoclinale qui se combine avec les cirques oolithiques et fait affleurer le lias dans ces deux localités. Par contre, entre Soubey et Lobchez, il entame une chaîne française, celle de Maiche, qui vient mourir à Chercenay, et forme un cirque dans la voussure oolithique de l'Homenne, vis-à-vis de Froidevaux, le seul dans notre territoire qui ait été directement creusé par une rivière. La Côte-de-l'Homenne, demi-voûte oolithique, qui s'avance en promontoire dans la boucle formée par le cours du Doubs, comme la colline de la citadelle de Besançon, est séparée de la chaine de St-Brais par un synclinal oxfordien, qui, semble-t-il, aurait pu livrer passage à la rivière. Ce point est l'un des plus curieux de l'orographie du Jura. Depuis ce point, jusqu'au grand coude du Doubs au nord de Vaute-

---

[1]) J. Fournet. Aperçu sur la structure du Jura septentrional, p. 16.

[2]) J. B. Greppin. Description géologique du Jura bernois, p. 286.

[3]) G. Steinmann. Bemerkungen über die tektonischen Beziehungen der oberrheinischen Tiefebene zu dem nordschweizerischen Kettenjura. (Berichte der naturforschenden Gesellschaft zu Freiburg i. B., Bd. II, Heft 4.) Les lignes qui précèdent étaient déjà écrites lorsque nous eûmes connaissance du travail de M. Steinmann dans lequel le point en litige est attribué à une ligne de dislocation (Sundgaulinie) provenant du pied oriental des Vosges et produite par l'affaissement de la plaine du Haut-Rhin, qui aurait aussi affecté les plis du Jura. Nous ne pouvons pas adopter cette manière de voir, puisque le Jura et les Vosges sont d'âge différent. Il y a bien dans la déviation de la chaîne de St-Brais certaines relations avec la plaine du Haut-Rhin, puisqu'aux temps miocènes cette plaine se reliait par un détroit avec le golfe helvétique. C'est là précisément qu'était le bord de la mer miocène au bout de la presqu'île formée par le Jura exondé ou la zone médiane (plateau franc-comtois). La gompholithe tongrienne suit cette ligne. Mais lors même qu'elle se relie avec le pied oriental des Vosges, elle n'a rien à faire avec les dislocations des Vosges. C'est tout simplement la ligne du rivage miocène dont le plissement a plus ou moins bien conservé la forme.

naivre, la rivière suit un lit creusé dans un anticlinal séquano-oxfordien avec de fortes rampes, des roches coralliennes très pittoresques, une vallée d'érosion très étroite que l'on peut parcourir au temps des basses eaux, et où l'on ne rencontre que l'auberge de Clairbief et le Moulin-Jeannotat. Quant au synclinal qui limite au nord la chaîne de St-Brais, il est entièrement en montagne, comme dans les rochers de Chervillers, et se termine sur notre carte aux Prés-de-Beaugourd. On le voit en profil au grand coude du Doubs, au nord de Vautenaivre. Il se montre comprimé et faillé en ce point avec un déjettement vers le nord. La cluse de Vautenaivre offre tout le profil de la chaîne entre ses deux synclinaux, dont il nous reste à poursuivre celui du versant sud.

. Il se révèle également couché sur son flanc nord dans les roches de la Vauchatte, et reste partout fermé en montagne en passant au nord des Pommerats, par le Plain-sur-les-Roches, le Plain-sur-St-Brais, le Plaignat, lambeau corallien reposant sur l'oxfordien. Un nouveau lambeau corallien le sépare à Fond-de-Val de la chaîne de Vellerat, puis à la Roche-percée, on a un dôme corallien brusquement interrompu dans son flanc sud par l'isoclinal de la côte des Arches, au moment où il passe dans le synclinal du Tabeillon. Ce dernier va en s'élargissant vers Glovelier, et passe au val de Delémont.

La chaîne de la Roche, d'une largeur moyenne de 2 km., compte comme sommités au sud et au nord de St-Brais, les deux crêts coralliens du Plain, 1058 m., et de la Roche-de-St-Brais, 1056 m. Cette dernière rampe très nue et visible depuis toutes les sommités du Jura méridional, marque l'emplacement de St-Brais. La Roche-percée, avec une galerie construite en 1820 pour le passage de la route de Glovelier aux Franches-Montagnes, est posée sur l'oxfordien avec deux soutènements naturels de corallien du côté sud, et constitue un point remarquable par son équilibre naturel. Il y a de même un chapiteau isolé de corallien posé sur l'oxfordien, à la roche de Malnuit, petit mont arrondi à 822 m. d'altitude.

La chaîne de la Roche supporte plusieurs villages et hameaux dont nous avons examiné le sous-sol en parlant des voussures oolithiques sur lesquelles ils reposent. Ce sont: Vautenaivre, 643 m., sur la voussure ouverte par le Bied; les fermes isolées de Malnuit, du Saignolet, du Patalour; le hameau de Cerniévillers, 900 m.; Lobchez au bord du Doubs, 482 m., Soubey 485 m., au fond d'un cirque liaso-keupérien; Montfavergier et Césai à 800 m., sur un large dôme oolithique; St-Brais, 978 m., au point culminant du dôme; Sceut-dessous et Sceut-dessus, sur un dôme de dalle nacrée à l'est de la Roche, Glacenal et Montruesselin, dans une étroite combe oxfordienne, au bord des rochers oolithiques qui dominent le beau cirque liasique de Mont-melon. La Caquerelle (en patois coquercille = coquille d'escargot), auberge isolée sur la route des Franches-Montagnes et de Glovelier à Porrentruy. Le point le plus bas de la chaîne est le fond de la vallée d'érosion du Doubs, au pied du cirque de Montmelon, à 441 m.

2. **Chaîne de Vellerat.** Le type le plus régulier d'une grande voussure, qui dans l'idée de Thurmann devait se retrouver dans un grand nombre de soulèvements, est réalisé par la montagne de Vellerat ou du Mont, qui présente les principaux accidents orographiques du Jura[1]). En poursuivant vers l'ouest cet anticlinal, on trouve une chaîne reliant plusieurs voussures ouvertes ou entières, découpée par des ruz et par des cluses: celle de Choindez, celle des Forges d'Undervelier et celle de Goumois. A l'est, elle est presque séparée du Mou-ton par une selle, au nord du village de Rebeuvelier, qui tend à rendre indépendante la voussure du Thiergarten, très régulière, et traversée par une cluse dans son milieu. On observe le même phénomène au Chenal-de-Soulce, ce qui montre la tendance d'une chaîne à se résoudre en plusieurs voussures plus ou moins adhérentes, qui révèlent positivement la nature des plis du sol dans toute leur simplicité. Ces caractères sont bien rendus par la gravure de la seconde édition de la carte Dufour. Après un étranglement de la vous-sure oolithique de Saulcy au Moulin-de-Bollmann, la chaîne s'adjoint encore le dôme des Rottes, celui de la Bosse, la voussure déjetée du Bémont, puis elle s'ouvre au grand cirque de Goumois, qui touche au territoire français, où elle semble aussitôt se terminer.

Cette longue chaîne du Mont, qui se poursuit ainsi sans interruption sur une longueur de 46 km., reliant huit voussures régulières, est limitée au nord par le val de Delémont, le synclinal kimméridio-séquanien de la Combe-Tabeillon,

---

[1]) J. Thurmann. Essai sur les soulèvemens jurassiques du Porrentruy; 1er cahier, pl. II, fig. 12.

l'îlot corallien de Fond-de-Val, celui du Plaignat, le synclinal corallien du Plain-sur-St-Brais, qui devient séquanien aux Sairins et se continue au Plain-sur-la-Roche. La voussure s'élargit considérablement sur les Côtes-de-Goumois pour y donner naissance à deux plis secondaires qui font affleurer l'oxfordien : celui des Crins et celui du Boiechat ; tandis que son centre reparaît bien arqué sur la rampe française du cirque de Goumois et se termine en croupe à Urtière. Au sud, elle est limitée par le synclinal séquanien de Muriaux, celui du Bémont, qui devient kimméridien aux Communances, passe à Plain-de-Saigne, à la Combe-ès-Monnins, puis au val tertiaire d'Undervelier et de Soulce. Après le rétrécissement de la Combe et de la Verrerie-de-Roche, il passe au vallon de Vermes à l'extrémité duquel la voussure du Thiergarten s'affaisse.

La plus grande largeur de la chaîne de Vellerat, d'Undervelier à Berlincourt est de 2 ¹/₂ km. Elle laisse affleurer quatre fois le lédonien dans son centre, à la forêt des Vieux-Ponts, au Moulin-de-Bollmann, dans les cluses de Choindez et des forges d'Undervelier ; tandis qu'aux Franches-Montagnes, les dômes de dalle nacrée en occupent les parties les plus saillantes. Elle supporte les villages de Goumois, 496 m., des Pommerats, 902 m., de Montfaucon, 1006 m., de Saulcy, 910 m., de la Racine, 925 m., de Vellerat, 670 m. et de Rebeuvelier 674 m. Son point le plus élevé est le crêt corallien du Mont-dessus à 1122 m., et le point le plus bas au pied des roches kimméridiennes du flanc nord à Courrendlin, vers 450 m.

3. **Chaîne du Raimeux.** Dans son ensemble, la chaîne du Raimeux est plus compliquée que les précédentes, en ce qu'elle s'adjoint des plissements secondaires, et que son dôme oolithique principal est triple, comme il ressort des affleurements de Roche. Mais c'est le propre d'une chaîne de réunir tous les anneaux adjacents. La chaîne du Raimeux va en se rétrécissant jusqu'au Wolfsberg au nord-ouest du vallon de Goldenthal dans le canton de Soleure, et s'étend vers l'ouest jusqu'aux Emibois sur le plateau des Franches-Montagnes, sur une longueur totale de plus de 45 km. Elle occupe entre Moutier et la Verrerie-de-Roche une base de plus de 4 km. de largeur. Elle est essentiellement formée par la longue voussure oolithique de la Montagne-de-Moutier, ouverte à Roche par une cluse qui présente un cirque très allongé

du côté de l'ouest, et creusée au Coulou par un double cirque ouvert du côté sud. Elle se rattache directement la voussure du Rothlack avec la cluse d'Envelier et ses beaux cirques oolithiques. Puis vers l'ouest, elle se prolonge par le dôme du Voûtier dans les gorges du Pichoux, avec leurs crêts coralliens, de nature différente au sud et au nord. Ensuite elle s'adjoint les dômes de dalle nacrée de Rebévelier, la dépression oxfordienne de la Saigne et l'ébauche d'une cluse à Lajoux. Puis on trouve sur la même ligne anticlinale la belle voussure des Montbovets, si régulière, et si bien bordée de combes oxfordiennes et de crêts coralliens. Enfin la chaîne du Raimeux se termine en pointe par la longue voûte effilée des Tillats dont la ligne de faîte est occupée par l'étroite combe oxfordienne d'Entre-deux-Cras. Sur le flanc sud du Spiegelberg se trouve un synclinal pincé, qui, par une selle insensible à la surface du sol, transporte le pli sur une autre chaîne particulière aux Franches-Montagnes.

Les annexes de la chaîne du Raimeux sont de simples voussures qui se détachent des grands anticlinaux. Telle est la voûte kimméridienne de la Basse-Montagne coupée par la cluse de la Scierie-Gobat. Elle se détache du Raimeux aux Gressins-dessous, où la montagne présente une coupe carrée, et s'abaisse insensiblement vers Moutier en prenant des formes arrondies. Elle est séparée des crêts coralliens de la Belle-Face et du Petit-Raimeux par un synclinal kimméridien des plus typiques. Un autre anneau de la chaîne du Raimeux se trouve sur le revers du Trondai, dans une rampe pincée entre deux synclinaux. Il ne se traduit pas dans la topographie, mais seulement en croupe. Il en existe encore un semblable au Gros-Montcenez, mais il s'affaisse presque aussitôt dans le synclinal de Plain-de-Saigne.

Ainsi constituée, la chaîne du Raimeux se trouve limitée au nord par le synclinal kimméridien des Charmattes, de la Neuve-vie, des Cufattes et du Pécher, où se trouve un lambeau tertiaire, du Plain-de-Saigne et de la Combe sur le Moulin-de-Bollmann. Puis vient sur cette même ligne le double synclinal de la Combe-des-Beusses, le val tertiaire d'Undervelier et de Soulce, d'une longueur de 13 km., son rétrécissement oriental de la Combe, son passage à celui de Vermes par la Verrerie-de-Roche, enfin le synclinal surélevé du Monnat. Au sud, nous trouvons sur une ligne à peu près parallèle: le synclinal kimméridien des Chenevières, de la Theure, de la Sagne-à-l'Aigle et le plateau séquanien de Lajoux. Puis le sol se déprime de nouveau en synclinal ouvert à Fornet et dans le Petit-Val, avec son rétrécissement de Plain-Fahyn. On continue vers l'est par le val de Moutier, celui très étroit d'Elay, qui passe au Goldenthal dans le canton de Soleure. Le nœud confluent de la chaîne du Raimeux avec celle du Passwang se trouve au Wolfsberg, où il y a un synclinal oolithique sur le prolongement du plateau séquanien du Monnat. Mais le crêt corallien de Scheltenmühle n'a rien à faire avec celui du Matzen-dorferstierenberg; ils appartiennent chacun à des voussures différentes quoique contiguës, de sorte que l'on ne peut que sourire en voyant sur la carte l'écarte-ment de plus d'une demi-lieue que le Dr Greppin croyait s'être formé en ce lieu par une vaste dislocation [1]).

La chaîne du Raimeux est assez sinueuse dans son trajet; elle s'arc-boute à ses deux extrémités sur deux chaînes qui passent plus au nord et change plusieurs fois la direction de son déjettement (regard suivant Gressly), bien qu'il ne soit en général pas très accentué. L'anticlinal du Raimeux est penché vers le nord, tandis que celui de la montagne de Moutier au Coulou regarde vers le sud. Les voussures de Rebévelier et des Cernies sont de nouveau tournées vers le nord; ailleurs il n'y a pas tendance au déjettement. Ses accidents les plus remarquables sont ses crêts séquaniens ou coralliens, suivant les régions. Celui du Raimeux est séquanien au point culminant à 1305 m. Les trouées oxfordiennes au nord de Grandval sont des cirques, comme celui du Coulou, ouverts contre le sud, suivant la direction des eaux. Puis les étroites voûtes coralliennes, comprises entre deux cirques opposés, sont les témoins du ploiement sans rupture du malm par-dessus les dômes oolithiques. On les observe bien sur le Mont-de-dos et au Corbon, de chaque côté de la cluse du Pichoux. Il en existe un semblable entre la Racine et les Melnats dans la chaîne du Mont; un autre à la Roche-percée dans la chaîne de St-Brais. Aux Franches-Montagnes, plusieurs hameaux se trouvent perchés sur le trajet de la chaîne du Raimeux: les Cerlatez, 1010 m., sur un dôme argovien, les Rouges-Terres, sur la voussure oolithique des Mont-

---

[1]) J. B. Greppin. Description géologique du Jura bernois, p. 268.

bovets, à 1010 m.; les Cernies de Rebévelier, 1035 m., avec un très beau point de vue; Rebévelier à 970 m.; les Clos, groupe d'habitations sur la Montagne-de-Moutier; dans les cluses, Roche et Envelier, aux altitudes respectives de 500 m. et de 635 m.

4. **Chaîne du Graitery.** On trouve dans l'énumération des chaînes reconnues par Thurmann[1]) et représentées sur sa carte géologique, la distinction entre la chaîne du Graitery et celle du Moron. Cette distinction est parfaitement justifiée par le synclinal de Champoz, qui les sépare nettement. Mais le Dr Greppin, qui a si peu compris l'orographie du Jura, et fort malheureusement dévié de la voie tracée par Thurmann, réunit la chaîne du Graitery, qui est certainement la plus importante par son extension à travers tout le canton de Soleure, à celle du Moron, beaucoup moins étendue, qui devrait lui servir de type. Nous tenons à rétablir le droit de priorité pour la chaîne du Graitery, et à séparer d'après l'auteur de l'orographie du Jura la petite chaîne du Moron pour l'examiner à part.

Détachée du Hauenstein, la chaîne du Graitery réunit toutes les voussures oolithiques du droit du vallon de Balsthal, le Sonnenberg, le Probstberg, le Malsenberg, pour s'élever après la cluse de St-Joseph à son type remarquable par sa série jurassique supérieure, ses flancs kimméridiens, ses crêts séquaniens, ses combes argoviennes et oxfordiennes, en un mot par un ensemble d'accidents du jurassique supérieur qui réunit sur une seule montagne tous ceux du Jura central.

Les dômes oolithiques sont par contre plus accentués dans le canton de Soleure, mais le Graitery par son dégagement entre deux vallons tertiaires, ses formes massives et régulières, et par ses cluses, mérite d'être individualisé. La chaîne se termine par le Mont-Girod, voussure portlandienne arrondie, qui s'efface à Champoz pour laisser un synclinal resserré former la limite entre le Moron et notre chaîne.

La chaîne du Graitery n'a pas d'annexes, si l'on considère la voussure secondaire de la Pérouse, près de la Verrerie-de-Moutier, comme un accident du vallon, ainsi que nous aurons l'occasion de le faire voir. Ainsi comprise,

---

[1]) J. Thurmann. Essai sur les soulèvemens jurassiques, second cahier, p. 7.

notre chaîne est régulièrement limitée au nord par le val de Moutier, ceux d'Elay et de Goldenthal, et au sud par le synclinal non interrompu de Balsthal à Malleray. Son parcours longitudinal dans les limites de notre carte est ainsi de 35 km., avec une plus grande largeur de 4 km., entre le vallon de Goldenthal et celui de Balsthal. En prenant le milieu des vals de Tavannes et de Moutier, c'est aussi à peu près la base de la chaîne entre Court et Moutier. Avec ses formes arrondies et ses voussures, la chaîne du Graitery ne présente pas au point de vue de l'altitude des lieux bien remarquables. Le sommet du crêt séquanien du Graitery à 1270 m. en est le point le plus élevé. Le point le plus bas se trouve à la sortie de la cluse de Mümmliswyl, à 505 m. Il n'y a que des métairies et des fermes isolées sur ses montagnes.

5. **Chaîne du Moron.** Il y a deux montagnes qui portent le même nom, d'abord le type de notre chaîne à 1340 m., puis celle du hameau de Moron, que pour plus de clarté nous appellerons du nom d'une ferme isolée: le Mont-Chabiat. C'est une annexe de la chaîne du Moron. Le col du Fuet à 942 m., qui relie les Bouts-de-Saules avec la voussure de Montbautier, ne nous permet pas de détacher la montagne de Jorat, 1185 m., au nord de Tramelan, de la chaîne du Moron. Elle ne se termine ainsi qu'au Georget, 1105 m., après s'être considérablement amincie, et plus ou moins identifiée aux petites voussures du plateau des Franches-Montagnes. Cette chaîne de 25 km. de long, avec une largeur maximale de 4 km. entre Souboz et Pontenet, relie ainsi trois dômes de dalle nacrée, séparés à d'assez grandes distances, par des recouvrements du malm. Rien de plus régulier, ni de plus arrondi que tous les accidents qui constituent la chaîne du Moron. Le col du Fuet avec le plateau de Bellelay en constitue la seule dépression, et c'est aussi la seule chaîne qui ne soit pas traversée par une cluse. Il y a lieu de s'étonner que la Birse n'ait pas choisi son lit dans le couloir naturel du synclinal de Champoz à 855 m., plutôt que d'aller couper le Graitery en un point d'élévation supérieure 1033. Nous verrons au chapitre des érosions quelle en a pu être la cause. Par contre on remarque au versant nord plusieurs ruz qui forment le déversoir des combes oxfordiennes, tandis que les flanquements sud ne sont pas entamés du tout. Les érosions qui ont agi ici avec moins d'intensité

laissent bien reconnaître leur mode d'action et de propagation, que l'on peut poursuivre dans les chaînes voisines.

Les limites de la chaîne du Moron sont : le val tertiaire de Sornetan ou le Petit-Val, le plateau de Bellelay qui se rétrécit en un synclinal assez aigu aux Genevez; ce dernier se prolonge en montagne par les Vacheries au Cernil et à la Chaux-de-Tramelan, puis à la Chaux-des-Breuleux. Le pincement de la voussure du Georget est visible sur la route des Breuleux à la Paule, où l'on entre dans le synclinal qui limite l'autre versant de notre chaîne. On le poursuit par la Combe-des-Arses au vallon de Tramelan, et au val de Tavannes, pour circonscrire enfin le Moron par Champoz et son couloir sur le val de Moutier.

Le dégagement des montagnes de la chaîne du Moron, grâce au voisinage des vallons tertiaires, ne groupe pas les habitations sur leurs voussures, et le sol reste le plus souvent en pâturages et en forêts. Il faut cependant signaler le hameau des Bouts-de-Saules et celui de Moron, tous deux sur des voussures kimméridiennes très maigres en végétation.

6. **Chaîne du Weissenstein.** Nous arrivons au pli le plus remarquable de notre territoire, par son extension ininterrompue, et sans solution de continuité à travers toute la longueur de la feuille VII approchant de sa grande diagonale. La chaîne du Weissenstein, qui se prolonge sur le territoire voisin et passe la frontière suisse aux Verrières, mesure plus de 130 km. dont 77 sur notre feuille. Au maximum elle n'a que 5 km. de largeur entre Attiswil et Herbetswil, et cette largeur se maintient assez loin vers l'ouest. C'est elle qui occupe le pied du Jura depuis Olten à Granges, sans manquer toutefois d'accidents et de découpures dans les voussures qu'elle relie. Puis elle passe derrière les chaînes méridionales du Jura bernois et dans le Jura neuchâtelois, entre le vallon de la Sagne et celui de la Brévine. Les voussures qu'elle relie sur notre territoire sont : la longue montagne de Lebern qui sépare la plaine du vallon de Balsthal; le Weissenstein avec son dôme oolithique et son cirque de la Röthifluh; la montagne du Hasenmatt avec son arête si caractéristique et sa voussure oolithique de Grosskessel; les montagnes de Betlach et de Granges, appuyées contre la voussure oolithique du Stalberg; son passage insensible à la voûte du Bürenberg et au Montoz, vous-

sure oolithique ouverte. Sur l'ouest du Montoz, il y a trois voussures dans le jurassique supérieur dont deux s'affaissent dans le vallon de St-Imier, tandis que la principale est coupée par la cluse ébauchée de Pierre-Pertuis, et continue la chaîne du Weissenstein vers l'ouest par le Sonnenberg, ou montagne du droit du vallon de St-Imier, longue voussure de jurassique supérieur, avec quelques trouées au sommet qui laissent affleurer de petits dômes de dalle nacrée; le dôme oolithique des Petites-Crosettes près de la Chaux-de-Fonds, avec les crêts de la Loge et du Mont-Sagne; la longue arête du Commun-de-la-Sagne et le dôme oolithique double du Toulet et des Trembles, où la chaîne du Weissenstein n'est pas précisément en voie de rétrécissement. Malgré l'extension considérable de ce pli du sol qui est l'un des plus intéressants du Jura, on ne le retrouve guère entamé par des cluses; celle de Balsthal ou de la Klus en est la plus importante. Ce fait s'explique par la position de la chaîne du Weissenstein sur la ligne de faîte ou du partage des eaux entre le nord et le sud du Jura. Quant aux impasses ou aux ébauches de cluses du Balmberg et de Pierre-Pertuis, avec les quelques ruz du versant nord (Stalberg, Allévaux, environs de la Chaux-de-Fonds), ils ne suffisent pas pour pouvoir considérer la chaîne du Weissenstein comme un pli découpé par les érosions transversales. Ainsi que nous l'avons déjà dit à propos de la chaîne du Moron, nous avons ici des voussures beaucoup plus entières que dans les chaînes septentrionales, ce qui tient sans doute à la ligne de faîte ou du partage des eaux.

Les limites de la chaîne du Weissenstein sont très nettes et constituées par les plus longs vals tertiaires du Jura. Au nord, nous trouvons celui de Balsthal, celui de Tavannes, le vallon de Tramelan, le long synclinal en montagne de la Paule, qui se continue sans interruption et en s'élevant un peu par la Combe-à-la-Biche, la Combe-du-Pélu, la Cibourg, où il est à son point culminant, 1064 m.; puis vient celui du Chemin-blanc qui passe à la vallée de la Chaux-de-Fonds et du Locle. Au sud, nous trouvons une ligne synclinale et des dépressions beaucoup mieux accentuées : le vallon de la Sagne, celui de St-Imier, celui de Péry, avec son rétrécissement de la Combe-de-Péry, le nœud confluent de la chaîne du Chasseral au Stierenberg à 1108 m.; enfin la plaine de Granges et de Soleure jusqu'à Oensingen, à la limite orientale de la feuille VII.

Les points culminants de la chaîne sont: le Hellköpfli, 1234 m., le Rüttelhorn, 1196 m., le Niederwyler-Stierenberg, 1230 m., sur l'arête nord du Lebern; le sommet de Röthifluh, 1399 m.; celui du Hasenmatt, 1447 m., la Rochette-ès-Garbeuses sur le Montoz à 1331 m.; le sommet du Sonnenberg aux Eloies à 1292 m.; celui du Mont-Sagne à 1216 m. et de l'arête du Commun-de-la-Sagne à 1266 m. On voit que l'effort du plissement se traduit au Hasenmatt par sa plus grande altitude; mais la voussure oolithique est plus forte à la Röthifluh, qu'on peut considérer comme le centre de l'effort orogénique.

On remarquera que notre chaîne du Weissenstein prend de plus grandes proportions que celles que lui attribuait Thurmann. L'auteur de l'Essai sur les soulèvemens avait individualisé le Montoz et le Sonnenberg de façon à les considérer aussi comme des centres de soulèvement. Ce n'est pas la cause du plissement qui nous a guidé pour prolonger ainsi la chaîne du Weissenstein, mais bien le fait orographique de la liaison intime de toutes ces montagnes sur la même ligne anticlinale au centre des voussures oolithiques successives, et plus encore la continuité du flanc nord de toute la chaîne. Il en est, abstraction faite des nœuds confluents, à peu près de même du flanc sud. Les voussures oolithiques doubles, lorsqu'elles restent comprises entre les mêmes flanquements du jurassique supérieur, et surtout lorsqu'elles s'effacent de part et d'autre, comme c'est le cas pour celles du Grosskessel et du Kleinkessel derrière le Hasenmatt, ne peuvent pas fournir un argument en faveur de la bifurcation ou du dédoublement d'une chaîne. Quant au nœud confluent du Stierenberg au nord de Granges, par lequel la chaîne du Chasseral se soude ou s'arcboute contre celle du Weissenstein, ainsi que la voussure secondaire de Tourne-dos près de Sonceboz, qui s'affaisse à l'envers du vallon de St-Imier, ce sont là des accidents qui se reproduisent ailleurs dans des circonstances analogues, et qui ne détruisent pas pour autant la direction principale de la chaîne du Weissenstein.

§ III. Plateau des Franches-Montagnes.

Nous avons considéré jusqu'ici les chaînes comprises entre Soleure et Delémont, dans un territoire nettement accusé par de grandes voussures et des vallons. Nous avons vu aussi les prolongements que ces plis envoient dans le plateau des Franches-Montagnes, où les vallons passent en synclinaux souterrains, et où ils ne tardent pas à se perdre. Mais la région appelée géographiquement parlant le plateau des Franches-Montagnes possède d'autres plis en nombre relativement élevé à l'intérieur de son sol. Ces plis se traduisent à la surface par l'ensemble des nombreux crêts du malm, des combes oxfordiennes et des dômes oolithiques que nous avons caractérisés en étudiant les affleurements des étages jurassiques. Les Franches-Montagnes, d'une altitude moyenne de 1000 mètres, ne sont donc accidentées que par les saillies des plis souterrains, et comme le disait Thurmann, la moindre dislocation fait apparaître les étages inférieurs. Lorsqu'on construit géométriquement, comme nous l'avons fait pour nos coupes, les allures souterraines des couches, on se convainc rapidement que cette région, d'un caractère superficiel si différent de celui des grandes voussures et des vallons, est en réalité le territoire par excellence du plissement. Mais il est affecté plus que tout autre par les érosions et les ablations, dont on ne trouve pas l'explication suffisante dans les agents actuellement à l'œuvre. Nous verrons plus bas par quelles phases ce territoire a dû passer pour produire un relief si différent de celui des grandes voussures, et que nous ne faisons pour le moment que de signaler. Nous avons auparavant à décrire les plis qui lui sont spéciaux.

1. **Chaîne du Spiegelberg.** La chaîne côtière du Doubs, depuis Biaufond jusqu'à Saignelégier, passe sur le territoire français à la Cendrée, tandis qu'elle s'affaisse par deux ondulations dans le synclinal du Pré-Petitjean aux Communances, et occupe ainsi sur notre territoire une longueur de 17 km. Sa largeur ne dépasse pas 2 km., et ce qu'elle a de plus remarquable, c'est un synclinal déjeté sur la rive droite du Doubs, où il occupe la longue rampe des côtes de Fromont, de la Goule et du Blanc-Fol. Ce synclinal reste partout en montagne, et ne s'élargit qu'à Muriaux où encore il est séquanien. Il passe au pied du Bémont, de nouveau très resserré et tout souterrain. Le Doubs depuis la cluse de Biaufond coule dans un isoclinal très pittoresque, et entre au Moulin-du-Theusserret dans celle de Goumois. Sur le versant sud de la chaîne du Spiegelberg on trouve le synclinal kimméridien des Charmattes, celui du Noirmont, beaucoup plus large, avec des lambeaux tertiaires sous le Terreau et dans la tourbière de Chantereine. Aux Barrières et aux Prélats, il est

rétréci avec un plissement secondaire en chevauchement dont nous parlerons plus loin. Au Cerneux-Godat, il est kimméridien, puis il s'engage dans les roches de la Combe-de-Biaufond, pour entrer dans la côte du Nid-à-l'Aigle. Il longe ensuite le Doubs, dans les côtes du Vallanvron, toujours déjeté comme celui des côtes de la Goule. Au pavillon des Sonneurs, il renferme les marnes virguliennes, et présente encore plus à l'ouest de nouveaux lambeaux portlandiens pincés dans les roches kimméridiennes. La chaîne du Spiegelberg ne consiste donc sur le territoire suisse qu'en une longue voussure oolithique flanquée de crêts coralliens qui subissent vers Biaufond, comme nous l'avons dit plus haut, la transformation argovienne, et s'accentuent particulièrement dans les roches des Sommêtres, à 1033 m. et 1080 m. d'altitude. Le point le plus bas de la chaîne doit être cherché dans la ligne synclinale des côtes du Doubs où elle est en moyenne à la surface du sol à 700 mètres, tandis que le Doubs coule depuis la Cendrée jusqu'au Moulin-du-Theusserret de 600 m. à 510 m., dans l'isoclinal de la chaîne française voisine.

Le Bémont, 980 m., Saignelégier, 982 m., Muriaux, 950 m., et le Noirmont, 1005 m., sont les villages groupés à l'extrémité orientale de cette chaîne.

2. **Chaîne de la Pâturatte.** La chaîne appelée par Thurmann (Esquisses orographiques, coupe XIV) du nom de la ferme de la Pâturatte située à 1025 m. d'altitude, sur la voussure argovienne à l'est du Moulin-de-la-Gruère, traverse dans son milieu le plateau des Franches-Montagnes, et relie une série de dômes de dalle nacrée, de combes oxfordiennes avec leurs crêts argoviens sur une ligne droite de 36 km., depuis Monible jusqu'au Dazenet. Son extrémité orientale est brusquement arrondie et s'affaisse dans le Petit-val, sans aucune liaison avec les chaînes voisines. Elle comprend la montagne du Béroie, 1093 m., au nord de Bellelay, la voussure ouverte dans les calcaires argoviens au nord des Genevez, avec ses crêts surbaissés, 1070 m.; puis l'étroite combe oxfordienne du Pré-Dame, 1016 m.; la dépression oxfordienne avec tourbières du Moulin-de-la-Gruère, 1000 m., qui laisse surgir le dôme de dalle nacrée du Gros-bois-derrière; la voussure argovienne du Chaumont, 1098 m., avec ses cirques elliptiques entourant la combe oxfordienne et le dôme de dalle nacrée du Roselet. Ici la chaîne s'infléchit un peu au sud en reliant de très petites voussures contiguës, mais bien surélevées sur la même

base. C'est la petite saigne du Roselet et celle de la Theurillatte au nord
des Breuleux. Sur la ligne oblique du Peu-Chapatte aux Chenevières, on rencontre quatre ondulations dans le même pli de la chaîne de la Pâturatte.
C'est le centre de la chaîne avec de nombreux crêts argoviens : celui du Rond-
Rochat, 1141 m., celui du Cerneux-dessus, 1183 m., la voussure du Peu-
Chapatte, 1145 m., celle du Peu-Claude, 1119 m., et celle des Bois, 1063 m.
La largeur du pli est ici de 3 km. Il fait affleurer le joli dôme de dalle
nacrée de la Deute, 1124 m., puis celui du Boéchet, 1017 m. Les ondulations de la voussure ont à peu près disparu aux Bois, mais sa largeur est
encore considérable, et l'inclinaison des couches assez faible. On la voit se
poursuivre en se déprimant au flanc sud, former la petite boutonnière oxfordienne des Rosés, puis les cirques des Aiges où se termine une cassure que nous
décrirons plus loin. La grande voussure argovienne qui domine les côtes du
Vallanvron appartient encore à la même chaîne ; elle est découpée par des
ruz qui laissent percer trois dômes de dalle nacrée, au Pelard, au Corps-de-
garde et au Brenetet (Combe-Greffière). Puis elle s'affaisse insensiblement dans
le synclinal des Planchettes à l'est des Brenets. A la Sombaille et au Dazenet,
on trouve un plissement secondaire faillé, de même qu'à la Grebilla, au nord
du synclinal du revers du Pouillerel. Suivons maintenant les limites syncli-
nales de la chaîne de la Pâturatte. On trouve d'abord le synclinal que nous
venons de signaler sur le revers de la chaîne du Pouillerel qui passe par le
Grillon, 1091 m., où il est séquanien ; puis à la Monsenière, 1000 m., il est
kimméridien et faillé en chevauchement tenant lieu d'une voussure. Au Vallanvron, 1007 m., il est largement étalé, mais toujours buttant au sud contre
le chevauchement de la Monsenière. En passant sur le territoire de la Ferrière,
à l'est de la combe, le synclinal se retrouve plus au nord, au Cerneux-la-
Pluie, 950 m., où il est séquanien. Il passe ensuite au sud des Bois, dans
les pâturages kimméridiens de la Chaux-d'Abel, par la tourbière de la Chaux-
d'Abel qui repose sur la molasse marine, 1000 m. ; il devient portlandien
aux Cerneux-ès-Veusils-dessous, 1040 m., jusqu'aux Breuleux, où il est large
et contient des lambeaux tertiaires, 1000 m., à la tourbière de la Chaux,
990 m., au Cernil-de-Tramelan, à la tourbière du Cernil, 1020 m., toujours
sur le portlandien. En passant aux Genevez, il se découvre jusqu'au kimméri-

dien. Enfin, il s'élargit à Bellelay pour former un plateau tertiaire, 950 m.,
se rétrécit de nouveau à Châtelat, 812 m., à cause de la voussure du Cha-
biat, puis la chaine de la Pâturatte s'affaisse brusquement dans le Petit-val.
La limite sud est donc très nette, et bien que difficile à reconnaître dans la
topographie, les synclinaux géologiques permettent de la tracer très exactement. Au nord, nous trouvons le vallon surélevé de Fornet, 990 m., le synclinal séquanien de Lajoux, 1000 m., celui de la Sagne-à-l'Aigle, 1020 m.,
et de la Theure, 1021 m., celui kimméridien des Chenevières et des Emibois, 980 m., du Noirmont, la tourbière de Chantereine, 1000 m., celle des
Barrières, le synclinal portlandien rétréci des Prailats, 970 m., qui devient
kimméridien au Cerneux-Godat, 949 m., et passe en montagne dans les côtes
du Vallanvron, 700 m.

Comme annexe, la chaine de la Pâturatte présente dans le synclinal des
Barrières une voussure chevauchée des calcaires argoviens sur le portlandien
à la colline dite Chez-Cognai; elle se poursuit jusqu'à Sous-le-Terreau, où
elle est régulière et moins accentuée. Elle ne tarde pas à s'affaisser; c'est
elle qui a protégé le petit lambeau de muschelsandstein de Sous-le-Terreau,
dans un repli au flanc nord de la voussure du Rond-Rochat.

La chaine de la Pâturatte si variée dans sa constitution est cependant
peu saillante à la surface; les différences d'altitude que nous trouvons dans
les cotes citées plus haut ne sont que minimes, ce qui exprime bien le caractère de chaine rasée que nous avons signalé. On verra aussi dans nos coupes
la masse enlevée de ces voussures des Franches-Montagnes, qui ainsi dépouil-
lées sont presque partout sur le même plan horizontal que les synclinaux.
Ces derniers surtout montrent des différences frappantes avec les vallons jurassiens partout si déprimés et si encaissés dans les hautes chaines. C'est comme
si le plissement des Franches-Montagnes s'était opéré sur un territoire bombé,
et primitivement entamé par l'érosion. Nous développerons plus loin ces considérations orogéniques, qui pour le moment traduisent seulement dans un langage théorique la position et les formes ondulées de ce plateau de 1000 mètres.

Les villages des Genevez, 1036 m., des Breuleux, 1042 m., des Bois,
1037 m., ainsi que plusieurs hameaux (les Vacheries-des-Genevez, la Chaux-
des-Breuleux, le Peu-Chapatte, le Peu-Claude) sont placés sur le flanc nord

de la chaîne de la Pâturatte, tandis que le Cerneux-Godat, le Praissalet, les Barrières, le Boéchet, la Theure, le Pré-Dame et les deux Fornets, sont plus ou moins cachés dans les pâturages et les bois du revers de la chaîne, et dans les synclinaux du centre du plateau. Ces données ne sont pas inutiles pour s'y reconnaître dans le dédale qu'on se crée, lorsqu'on visite ce pays pour la première fois.

3. **Chaîne de la Chaux-d'Abel.** On pourrait nous faire le reproche d'avoir arrêté brusquement la chaîne du Moron au Georget, et d'avoir méconnu la liaison que présente cette dernière voussure avec celle des Ravières au sud des Breuleux. Serions-nous condamné par le principe qui nous a guidé dans la délimitation des chaînes? Nous ne le pensons pas. Car outre qu'il n'y a rien d'absolu dans les liaisons des chaînes par leurs nœuds confluents, le type de la chaîne si peu saillante de la Chaux-d'Abel nous empêche de la relier à celle du Moron qui appartient à la région des grandes voussures. C'est déjà bien à regret que nous avons dû prolonger les chaînes de Vellerat et du Raimeux au nord du plateau des Franches-Montagnes. Mais il ne peut en être autrement dans le plissement de deux régions contiguës, fussent-elles différemment bombées à l'origine. Les plis ne peuvent pas s'arrêter brusquement contre un massif surélevé, lorsque surtout il ne présente aucune solution de continuité, faille, ou décrochement horizontal, comme c'est bien le cas entre les vallons jurassiens et les Franches-Montagnes. La chaîne de la Chaux-d'Abel est cependant la seule du plateau proprement dit qui se trouve sur le prolongement d'un pli. Mais son surbaissement se remarque uniformément sur toute sa longueur. Elle relie des voussures très obtuses du jurassique supérieur, sans laisser affleurer d'autre étage plus profond que l'argovien. Encore les combes argoviennes qui la caractérisent ne sont-elles que très espacées, et concentrées vers son extrémité occidentale, ce qui la rend plus indépendante. On les trouve à la Grande-Coronel et à la Ferrière. Cette région plus fortement plissée que plus à l'est arrête brusquement ses plis contre le décrochement de la Combe-de-la-Ferrière. On retrouve au Vallanvron une disposition toute différente. C'est donc un pli formé indépendamment de ceux de la région neuchâteloise. Il est double à la Ferrière, et c'est le dôme de dalle nacrée du Saignat qui résume l'effort le plus énergique de ce pli. Encore

est-il faillé en chevauchement sur le flanc sud. Pour fixer les dimensions de notre chaîne de la Chaux-d'Abel, nous ferons remarquer que c'est aux approches du décrochement qu'elle est le plus large, de 3 km., sur une longueur de 14 km., depuis Engosse au sud des Breuleux. Ses points les plus saillants sont: le crêt portlandien de l'Envers-des-Breuleux, 1119 m., le crêt kimméridien de la Biche, 1088 m., celui de la Grande-Coronel, 1090 m., celui de la Ferrière, 1119 m., et 1092 m., tous au flanc sud. Les synclinaux qui le circonscrivent sont au nord: celui séquanien du Cerneux-la-Pluie, 950 m., le large synclinal portlandien du Cerneux-ès-Veusils-dessous, 1040 m., et des Breuleux, 1002 m. Au sud: le synclinal portlandien du Cerneux-ès-Veusils-dessus, 1082 m., celui de la Biche, 1070 m., qui devient kimméridien, puis séquanien à la Combe-du-Pélu, 1100 m., et qui passe à la Cibourg, 1064 m., pour butter contre la voussure argovienne de Jalta, où il retrouve le décrochement. On voit par les cotes d'altitude, que cette chaîne est la plus surbaissée de toutes celles du Jura bernois. Les lambeaux de molasse marine, à 1010 m. et 1040 m. de la tourbière de la Chaux-d'Abel et du Cerneux-ès-Veusils-dessous, indiquent par leur position dans un large synclinal que le plateau entier des Franches-Montagnes est surélevé, tandis que le même niveau tertiaire se trouve dans le vallon de St-Imier et de celui de Tavannes à 700 et 800 m. d'altitude. Le synclinal du Cerneux-ès-Veusils-dessous, comme celui de la Chaux-de-Fonds, a une différence d'altitude de 200 mètres supérieure à celle des vallons tertiaires voisins, tout comme ces derniers en ont autant au-dessus du même niveau tertiaire de la plaine suisse.

4. **Chaîne du Pouillerel.** La chaîne du Pouillerel qui ne s'étend sur notre territoire que sur une longueur de $8^{1}/_{2}$ km., avec une base de 3 km., s'élève au nord de la Chaux-de-Fonds, avec un grand dôme oolithique, à 1243 m. d'altitude. Le crêt spongitien du flanc nord qui en forme le sommet est à 1281 m. Elle se prolonge en s'affaissant sur le plateau du Vallanvron, et la voussure kimméridienne, 1059 m., butte sans prolongement contre le décrochement horizontal de la Ferrière. Elle est limitée au nord par le synclinal des Bassets et des Liâpes qui butte lui-même plus au nord contre le chevauchement de la Monsenière tenant lieu d'une voussure. Au sud s'étend le vallon tertiaire de la Chaux-de-Fonds à 1000 m. d'altitude.

§ IV. Grandes arêtes.

Le point le plus élevé du plateau des Franches-Montagnes, c'est-à-dire le crêt argovien des Prés-Richard, 1145 m., à l'ouest du Peu-Chapatte, est de 100 m. seulement plus élevé que le tertiaire du Cerneux-ès-Veusils-dessous; tandis que le sommet du Chasseral, crêt séquanien à 1610 m., est de 800 m. plus élevé que le tertiaire du vallon de St-Imier, et de 1000 m. au-dessus du plateau suisse. Il y a dans ces différences un mode ou une différence d'intensité dans le plissement qui justifie amplement l'établissement de nos deux dernières régions orographiques.

1. **Chaîne de la Tête-de-Rang.** Bien que cette chaîne ne soit comprise qu'à moitié sur la feuille VII, c'est bien sur notre territoire qu'elle produit les accidents les plus saillants, et qu'elle présente les annexes les plus compliquées que nous ayons à signaler. Cette chaîne a des relations intimes avec celle du Chasseral. Ayant étudié dans tous leurs détails les voussures comprises entre le Pâquier et St-Imier, il nous sera facile de faire la part de chacune d'elles. Dans sa partie occidentale, c'est la voussure oolithique de Treymont, 1350 m., avec ses longues combes argoviennes et ses arêtes adjacentes de la Tête-de-Rang, 1425 m., et de la Roche-aux-Cros, 1335 m. Elle est coupée par une impasse à la Combe-aux-Auges, et reprend à Montpéreux, 1344 m., pour s'élargir considérablement à la Chaux-Damin, 1378 m. Le flanquement des étages du malm qui constitue le Mont-Damin se renfle déjà sous la Vue-des-Alpes avec un petit plateau qui se prolonge par le Sapet en une voussure secondaire kimméridienne coupée par le Chenau-de-Villiers, et buttant contre la chaîne du Chasseral à Clémesin, 1111 m. Puis au Bec-à-l'Oiseau, 1249 m., la voussure oolithique de Montpéreux se dédouble pour se prolonger en deux chaînes dans deux directions à peu près parallèles. L'une forme le dôme oolithique de la Joux-du-Plâne, 1213 m., le cirque de Fornet, et le pli très resserré de la rampe de l'Egasse va rejoindre le dôme oolithique du Petit-Chasseral. L'autre continue plus directement la chaîne de la Tête-de-Rang, par les roches de l'Echelette, les dômes de dalle nacrée de Sous-la-Roche, la combe argovienne des Pontins, 1111 m., excavée à l'impasse de la Combe-Grède, par celle également argovienne de Frémont, de la Métairie-

du-Prince au sud de Courtelary, et le pli s'affaisse à la Métairie-de-Nidau, dans le vallon de Péry. Nous considérons cette ligne de pli depuis Montpéreux à Corgémont, malgré les deux chaînons jetés dans le pli du Chasseral, comme le plus direct, et celui qu'il convient avant tout de désigner sous le nom de chaîne de la Tête-de-Rang. Cette chaîne, si intimément rapprochée de celle du Chasseral, prend ainsi sur notre feuille une extension de 40 km. Sa largeur normale entre la Sagne et le Val-de-Ruz est de 5 km.; mais avec ses chaînons secondaires entre Villiers et Renan, on trouve près de 7 km. C'est le point le plus large de toutes nos chaînes jurassiennes. Les limites de la chaîne de la Tête-de-Rang sont bien nettes au nord et au sud: les vallons de la Sagne et de St-Imier, et le Val-de-Ruz; mais dans ses relations avec celle du Chasseral, on trouve des synclinaux en montagne et des interruptions. Les points les plus bas sont à Dombresson, 738 m., et la Hutte, 608 m. Son flanc nord produit à l'envers du vallon de St-Imier une série de plis secondaires qui se prolongent à de faibles distances et s'affaissent aux deux extrémités. Ce sont celui des Prés-de-Cortébert qui se termine à la source du Bez de Corgémont, et à Mi-côte au sud de Courtelary; celui de la Fauchette et de la Vieille-Vacherie, coupé par le ruz de la Combe-du-Vaule, limité au sud par un synclinal crétacique; celui de la Baillive au sud de St-Imier, celui du Château d'Erguel, qui limite un lambeau valangien à l'envers de Sonvillier, et celui très analogue des Ecouellots au sud des Convers.

2. **Chaîne du Chasseral.** Mieux encore que les précédentes, la chaîne du Chasseral qui se prolonge par quelques sinuosités jusqu'au Chasseron est le type des grandes arêtes qui s'inclinent vers le nord-ouest, en produisant le beau crêt séquanien dont nous avons parlé. A l'opposé des chaînes soleuroises, qui sont souvent ouvertes du côté de la plaine (regard suisse de Gressly), celle-ci regarde constamment vers la France (regard français). Nous rechercherons l'explication de ce fait dans nos considérations générales sur le plissement et sur l'orogénie de notre territoire. Le parcours de la chaîne du Chasseral est de 43 km. sur notre territoire, ce qui fait à peu près la moitié de sa longueur totale jusqu'à Sainte-Croix. Elle conserve généralement une largeur moyenne de 4 km. Son flanc sud est d'une grande uniformité, presque sans découpures, tandis qu'au nord se trouvent plusieurs ruz et des impasses,

comme celle du Steinersberg, du Pont-des-Anabaptistes, des Auges-Fussmann et de la Combe-Biosse qui débouche au Pâquier. Elle est aussi coupée par deux cluses, celle des gorges du Seyon à Neuchâtel, qui n'atteind pas le séquanien, et celle de Rondchâtel, qui est beaucoup plus large et fait affleurer la dalle nacrée. Son nœud confluent avec la voussure du Grenchenberg est une large selle, très régulière au Stierenberg. Nous avons déjà signalé les lignes de suture avec les chaînons-annexes de la chaîne précédente, sorte de ponts qui interceptent les synclinaux. Le plus remarquable est celui de l'Egasse qui fait du crêt séquanien nord un synclinal en montagne, avec une voussure argovienne adjacente, qui fait aussitôt surgir le dôme oolithique du Petit-Chasseral. On trouve donc au fond des dépressions argoviennes au nord du signal du Chasseral une voussure oolithique double, et cette structure remarquable doit s'expliquer par la présence d'un nœud confluent avec le chaînon de la Joux-du-Plâne, détaché de la chaîne de la Tête-de-Rang. On serait même tenté de relier la voussure oolithique de la Métairie-de-Bienne-du-Milieu à ce chaînon, si le large flanc sud du Chasseral présentait quelque inflexion justifiant une circonscription, ou un arrêt de l'ensemble du grand pli du Chasseral. Mais cet accident du centre de la montagne, pas plus que celui du Hasenmatt, ne permet d'arrêter ainsi la chaîne.

A part ces relations, nous pouvons considérer la chaîne du Chasseral comme réunissant les formes suivantes: la Haute-Montagne, 1196 m., et la Basse-Montagne de Plagne, 950 m., voussures kimméridiennes à l'est de la cluse de Rondchâtel; la voûte kimméridienne du Saisseli, 1196 m., semblable aux voûtes coralliennes de Corbon et des Perchattes près d'Undervelier, limitée par deux cirques tournés en sens inverse. Il n'y a pour la formation de ces cirques d'autre conclusion à tirer de leur orientation que la profondeur plus ou moins grande que leur donne la forme de la voûte et la direction des eaux. Depuis la Tscharner, jusqu'à la Métairie-de-Gléresse, la chaîne du Chasseral présente une belle voussure oolithique, 1319 m., creusée en cirque au Steinersberg, et bordée par des combes argoviennes et des crêts séquaniens de la plus grande régularité. Au Pierrefeu, dôme de dalle nacrée, 1259 m., puis à la Métairie-de-Bienne-du-Milieu surgit une seconde voussure oolithique très arrondie, dont le Petit-Chasseral occupe le crêt sud dans le

Forest-Marble, 1575 m. Jusqu'ici la carte géologique a représenté une seule voussure oolithique sans interruption depuis le Steinersberg, jusqu'ici la Métairie-de-Dombresson, ce qui est très inexact. La voussure oolithique s'amincit brusquement sous le Petit-Chasseral pour passer sous l'Egasse, comme nous l'avons déjà établi. Mais en son lieu et place la dalle nacrée reprend en dôme à la métairie de Meiseschlag, 1502 m., pour s'ouvrir jusqu'à la grande oolithe sous la Métairie-de-la-Neuveville-de-derrière, et se recouvre bientôt de spongitien vers l'ouest. L'étroit synclinal situé entre les deux voussures oolithiques est occupé par les calcaires spongitiens. A la Métairie-de-Dombresson, 1415 m., se trouve le dernier dôme de dalle nacrée dans la combe argovienne qui va en se rétrécissant former la Combe-Biosse. L'arête principale du Chasseral, avec son sommet à 1609 m., domine le tout, et descend insensiblement de chaque côté aux Prés-Vaillons (la Citerne, 1279 m.) et à Chuffort, 1227 m. Par suite de la présence du nœud confluent de Clémesin, on trouve à Chuffort un col régulier, en forme de selle, qui est limité au sud par la voussure kimméridienne de Montpy, 1286 m. A la Dame, nouveau col, 1231 m., puis l'inflexion de la chaîne vers le sud-ouest s'accentue et l'on passe au Grand-Chaumont, 1271 m., voussure kimméridienne très régulière avec ses flancs unis occupés par le portlandien.

La chaîne du Chasseral n'est pas terminée à Valangin, témoin la cluse des Gorges-du-Seyon qui la transporte au sud du Val-de-Ruz, pour la relier par Montmollin et par Chambrelien à la Montagne-de-Boudry et au Chasseron. En passant au bord du vignoble neuchâtelois, elle est cependant fort surbaissée, et pourrait bien être considérée comme terminée. Mais c'est bien le même pli qui se relève à la Montagne de Boudry et au Creux-du-Van, de sorte que cette chaîne, de plus de 80 km. de longueur, relie les plus grandes arêtes jurassiques du Jura central. Elle n'a pas d'autres annexes que ses liaisons avec la chaîne de la Tête-de-Rang. Grâce à ses inflexions et à celles de la Tête-de-Rang, le Val-de-Ruz forme un vallon remarquablement élargi.

Les limites de notre chaîne sont très naturelles de ce côté, comme au sud. Nous trouvons à Neuchâtel la plaine suisse, puis le vallon d'Enges, la

Montagne-de-Diesse jusqu'à Nods, le synclinal des Prés-Vaillons, le val d'Orvin, et celui de Vauffelin. Puis au nord, la combe et le val de Péry, le synclinal des Boveresses, du Creux-de-Glace, des Limes et de la Métairie-des-Plânes entre la chaîne de la Tête-de-Rang et le revers de celle du Chasseral. Les chaînons de la Joux-du-Plâne et du Sapet interrompent ensuite le synclinal, pour former les liaisons dont nous avons parlé. Les points les plus bas de la chaîne du Chasseral sont au bord du lac de Neuchâtel à 440 m., et au sortir de la cluse de Rondchâtel à 530 m.

Une voussure isolée qui n'a qu'une faible attache avec la chaîne du Chasseral est celle du Mont-Sujet sur le plateau de Diesse. Ses formes sont des plus régulières, de 8 km. de long sur 2 km. de large, avec des croupes à peine entamées à ses deux extrémités. Elle est kimméridienne et se relie par cet étage aux rochers d'Orvin, tandis que son sommet présente quelques sillons qui atteignent le séquanien; ses flancs sont portlandiens. Le synclinal des Prés-Vaillons entre en montagne dans son flanc nord, ce qui tend encore à la détacher de la chaîne du Chasseral. Mais à la rigueur, on peut la considérer comme une adjonction à ce pli, à un degré plus faible cependant que le Sapet par rapport à la Tête-de-Rang. Il n'est pas juste de la relier par-dessous le plateau tertiaire de Diesse à la chaîne du lac comme le fait Gilliéron[1]), tandis que la remarque du même auteur relative à l'altitude est bien à sa place ici. Elle s'élève en effet à 1386 m., tandis que les crêts séquaniens situés vis-à-vis dans la chaîne du Chasseral n'atteignent pas cette cote.

3. **Chaîne du lac.** Celle-ci est située en entier dans notre territoire, sur une longueur de 36 km., très nettement circonscrite, et presque sans liaison avec les précédentes. On la voit assez resserrée contre l'extrémité de la chaîne du Chasseral à Ittenberg où il n'y a qu'une large selle qui la soude plus ou moins avec elle, comme cette dernière l'est avec celle du Weissenstein. A Vauffelin, elle est complètement indépendante et court avec quelque légère inflexion vers le sud-ouest pour border la plaine et le lac de Bienne depuis Longeau jusqu'à St-Blaise. Elle est essentiellement formée par des voussures

---

[1]) Monographie de l'Urgonien inférieur du Landeron, p. 98.

kimméridiennes et portlandiennes contre lesquelles s'appuient les terrains crétaciques. La montagne de Boujean, 978 m., est le type d'une voussure portlandienne; celle de Macolin ou du Jorat, 1089 m., présente une large voûte kimméridienne; puis viennent des ondulations et des découpures plus ou moins fortes qui donnent un caractère assez sauvage aux rives du lac de Bienne. La gorge du Daubenloch à Bienne, celles moins profondes de Douanne et de Neuveville, la découpent sous nos yeux, en fournissant l'explication pour la formation des cluses du Jura. On peut certainement considérer tout cet ensemble d'accidents comme une chaîne moins avancée que les autres dans l'œuvre du plissement et des érosions. Tandis que le plateau des Franches-Montagnes, presque sans eau, a des découpures beaucoup plus profondes relativement à la surface primitive du sol, que les régions du nord-est de notre feuille sont entamés jusqu'au trias, nous trouvons ici une chaîne avec des voussures portlandiennes et kimméridiennes encore entières, et des gorges à peine ébauchées. Cet état de choses parle certainement en faveur d'un processus de longue durée et de plusieurs étapes dans le façonnement du relief du Jura.

Plus nous en comparons les diverses régions, et plus nous renforçons notre conviction que les chaînes de ces différents types revêtent des caractères d'ancienneté différente, et si nous faisons abstraction pour le moment des érosions prémiocènes, nous devrons reconnaître que le plissement principal du Jura ne se répartit pas également sur tout notre territoire, et que c'est avant tout précisément la région des grandes voussures qui l'a subi le plus fortement au fond d'un bassin tertiaire. Quant à la région exondée, soit le plateau des Franches-Montagnes, où les plis sont pour ainsi dire enfouis dans le sol, elle a subi le plissement en partie sur terre ferme, dans un bombement préexistant, qui avec ses anciennes érosions lui a procuré ses irrégularités techtoniques et ses nombreuses flexions particulières. Le fait remarquable du déjettement au sud plus ou moins accentué de la chaîne du Weissenstein indique assez que cette longue chaîne, qui traverse tout notre territoire, s'est produite au bord du golfe helvétique. Nos grandes arêtes, elles, revêtent un caractère de plissement moins intense, malgré leur altitude; elles ont surgi en avant d'un plissement tout au moins ébauché, et leur base est comme d'hier avec ses formes régulières, à peine entamées par les érosions.

La petite chaîne d'Enges considérée comme indépendante par Gilliéron est cependant réunnie par le flanc valangien du Chânet-du-Landeron à la chaîne du lac, et ne tend à s'en détacher que par la voussure chevauchée de Serroue, 1048 m., au nord-ouest de Lignières. Il y a dans toute l'extrémité occidentale du pli des étreintes à constater, un plissement secondaire à Enges, des chevauchements minuscules et des pincements qui parlent en faveur d'une formation plus récente de cette chaîne. On remarque le déjettement vers le nord de toute la région comprise entre Lignières et St-Blaise, au pied du Chaumont. Le purbeckien est pincé à Enges, et le fond du vallon est affecté par un repli néocomien. La colline de Châtollion, 685 m., est aussi très comprimée au flanc nord, ses paliers marneux sont comme supprimés. Mais c'est sur la butte de St-Blaise, à l'extrémité occidentale de la chaîne du lac, qu'on constate le mieux la compression. On trouve les calcaires valangiens en contact avec un dôme très aigu du portlandien, et les calcaires néocomiens aussi très rapprochés du valangien, sans combe hauterivienne intermédiaire, pas même au flanc sud. C'est la voussure la plus aiguë que nous connaissions. Elle s'arrête brusquement à St-Blaise, en formant toutefois une croupe qui ne semble pas se prolonger bien loin dans le lac de Neuchâtel.

La chaîne du lac s'étend ainsi sur une longueur de 36 km. sans dépasser une largeur de 3 km. à Douanne. On peut très bien la circonscrire au sud par la plaine, et au nord par le vallon d'Enges, le plateau de la montagne de Diesse, le vallon d'Orvin et celui de Vauffelin. Ses points les plus bas sont à St-Blaise à 437 m. et à Bienne à 433 m.

CHAPITRE II.

Vallons ou synclinaux.

§ I. Caractères généraux.

Comme nous avons déjà fait l'énumération des synclinaux de notre territoire, en fixant les limites des chaînes, il ne nous reste plus qu'à les grouper rationnellement, et à en signaler les particularités et les caractères. Conformément à l'établissement de trois régions de plissement, nous pouvons naturellement établir trois régions de synclinaux correspondants. Entre les voussures, nous trouvons les vallons tertiaires dans tout leur développement. Sur le plateau des voussures rasées, nous avons les synclinaux en montagne ou souterrains que nous considérerons à part, malgré leurs passages aux vallons tertiaires. Dans la région des grandes arêtes, les vallons sont précisément recouverts de terrains glaciaires, circonstance qui nous permet de les appeler vallons diluviens, comme l'a proposé le Dr Greppin. Sans attribuer d'autre valeur à cette coïncidence, nous trouvons là un cadre tout tracé que nous suivrons pour la description de nos synclinaux.

La forme générale d'un vallon est celle d'une nacelle, avec un rétrécissement et un relèvement du fond dans ses deux extrémités. Desor a aussi employé l'expression par trop prosaïque de maît (pétrissoire), que l'usage n'a pas consacré. Le vallon est un pli en creux dont les formes sont plus variables et moins bien individualisées que ce n'est le cas dans les chaînes, puisque ce sont les allures de celles-ci qui déterminent la forme des vallons. Les chaînes se terminent par des dépressions graduelles ou insensibles dans une région non plissée, ou par la confluence avec les chaînes voisines. Dans le premier cas, le vallon est ce qui reste de plus ou moins bien circonscrit dans la région qui a subi le plissement. Dans le second, le vallon est terminé en cul-de-sac, et s'est pour ainsi dire individualisé. Quoi qu'en ait dit Desor[1]), ce rétrécissement du vallon entre deux chaînes confluentes porte souvent le nom de combe dans le Jura, comme du reste toute dépression étroite. Exemples : Combe-de-Péry, Combe-des-Arses (Tramelan), Sous-la-Combe (Tavannes), Combe-des-Peux (Bellelay), Combe-du-Pont et Combe-Pierre (Moutier), la Combe à l'extrémité du val de Soulce, la Combe-ès-Monins, la Combe-Tabeillon, etc., qui sont toutes des vallons rétrécis.

Si nous avons pu définir et délimiter nos chaînes assez rigoureusement, il n'en sera guère de même pour les vallons, qui par un simple rétrécissement peuvent changer de nom. Il faudra ici nous en tenir à l'appellation commune. Le nombre de nos vallons ne correspond donc pas exacte-

---

[1]) E. Desor : Orographie du Jura.

ment à celui des chaînes, il est plus grand. Mais les vallons ne portent en eux-mêmes que les caractères négatifs du plissement, et ce n'est pas sur leur dénombrement que porteront nos conclusions. Ils sont en outre souvent affectés de plissements secondaires plus ou moins réguliers que nous allons décrire, et qui participent aussi dans une certaine mesure à l'ondulation du sol.

§ II. Vallons tertiaires.

1. **Vallon de Vermes.** Assez encaissé entre la chaîne du Mont et celle du Raimeux, ce petit vallon de 9 km. de long sur une largeur maximale de 1 km. est tout tertiaire et déverse ses eaux par la cluse du Thiergarten. Ce sont la Gabière qui vient d'Elay et le ruisseau de Vermes. L'entrée de la cluse correspond aussi à peu près à la plus grande dépression synclinale des roches jurassiques, ce qu'on constate au relèvement des collines tertiaires vers l'est et surtout à l'ouest de ce point. Mais les sondages peuvent seuls donner la solution exacte de cette question. La forme du vallon est du reste trop évasée pour qu'on puisse atteindre facilement le jurassique. L'étage œningien qui occupe une position horizontale dans le village de Vermes, permet de fixer approximativement la profondeur du jurassique par l'estimation du reste de la série tertiaire qui affleure depuis le ruisseau de Vermes jusqu'au flanc de la montagne. Elle peut être de 100 mètres. A Rebeuvelier, on est plus près du fond, et divers sondages dirigés à la recherche du sidérolithique ont rencontré le roc sous les argiles rouges, et sans mine. Les terrains tertiaires s'arrêtent à la Verrerie-de-Roche où l'érosion de la Birse les a fait disparaître. On ne trouve plus qu'un pincement de molasse alsacienne à la tête nord du tunnel de la voie ferrée, au contact du kimméridien.

2. **Vallon de Soulce.** Relié à celui de Vermes par la Combe-Pierre et la Combe, le vallon de Soulce s'étend aussi entre la chaîne du Raimeux et celle du Mont, sur une longueur de 12 km. Sa plus grande largeur à Soulce n'atteint pas 2 km. sur le sol tertiaire. C'est le type d'un vallon encaissé, en forme de nacelle, avec relèvement de ses deux extrémités. Il est traversé sur $^1/_2$ km. par la Sorne qui recueille ses eaux, le ruisseau de Soulce et celui de Miéry, ainsi que les sources du Mentois qui sourdent dans un isoclinal découpé au flanc de la montagne. Tout près du village d'Undervelier, on

trouve un pointement de kimméridien au milieu du vallon, ce qui doit faire supposer quelque plissement secondaire avec chevauchement qui se prolonge dans les collines du Mentois. Les terrains tertiaires montent insensiblement vers l'ouest et s'arrêtent à la Blanche-Maison. Puis le synclinal se bifurque à mesure que le plissement secondaire s'accentue, ce qui fait affleurer le corallien très comprimé dans la Combe-des-Beusses. Ce repli s'accentue davantage à Dos-les-Fontaines et Sur-les-Roches, où le corallien est en double crêt limitant une étroite combe oxfordienne. Le tout s'affaisse au Gros-Montcenez et à Plain-de-Saigne pour rentrer dans l'ordre normal. On voit ce plissement secondaire sur la coupe n° 8.

3. **Petit-Val.** Malgré son étroitesse, le Petit-Val est l'un des mieux découpés par l'érosion, et l'un des plus surélevés. Les trois cours d'eau qui se réunissent au sommet des galeries du Pichoux sont bien encaissés dans les collines tertiaires. Tout le synclinal présente un léger déjettement vers le nord. Les assises tertiaires sont très inclinées, surtout à l'envers, où l'on constate un fort redressement des couches. La colline de Monible, 871 m., qui occupe le centre du vallon, est formée, comme cela se conçoit, d'assises horizontales isolées de toutes parts, qui ne permettent pas de faire la même observation. En ce point, où la chaîne de la Pâturatte s'affaisse brusquement, le vallon est aussi plus large, 1 km. $^1/_2$, et se termine en deux synclinaux aigus de chaque côté de la voussure kimméridienne du Béroie. L'un passe à Bellelay par Châtelat, où se trouve une accumulation de gompholithe, l'autre montre encore un lambeau de calcaire d'eau douce pincé dans le portlandien au-dessus de Fornet. La voussure du Béroie se termine cependant à Châtelat par un repli coupé à sa base par une petite cluse. Il y a quelquechose d'irrégulier dans ce pli terminal étroit qui correspond à l'accumulation de la gompholithe, et qui en donne sans doute la raison d'être. Sornetan, 852 m., et Souboz, 882 m., placés sur des collines délémontiennes, dominent une dépression assez profonde creusée par la Sorne avant son entrée dans les gorges du Pichoux, 735 m.

Du côté des Ecorcheresses, 925 m., le comblement tertiaire est plus intact et aussi mieux recouvert d'éboulis de chaque côté du vallon, tandis que depuis ce point jusqu'à l'entrée des gorges, le ruisseau des Fontaines a dégarni le pied de la montagne du droit. On trouve à Plainfahyn, 800 m., un curieux repli du kimméridien qui semble barrer le synclinal sur son passage au val de Moutier. La molasse alsacienne se voit renversée sous son flanc nord. Ainsi terminé, le synclinal du Petit-Val mesure une longueur de 11 km., et reste le type d'un vallon resserré entre de grandes voussures, aux extrémités relevées et rétrécies.

4. **Val de Moutier-Grandval.** C'est sans doute par contraste avec le Petit-Val qu'on peut qualifier le val de Moutier du nom de Grandval, l'un de ses villages, car le val de Delémont passe pour une vallée aux yeux des Jurassiens. Si celui de Moutier n'est pas très allongé, 12 km., ni d'une largeur considérable, $2^1/_2$ km., il mérite du moins le nom de Grand-Val par sa profondeur, ou, si l'on aime mieux, par son encaissement entre de hautes voussures. C'est dans cette région que le redressement des couches jurassiques est le plus accentué, et que le synclinal souterrain affecte les formes les plus évasées. La profondeur du roc jurassique au milieu du vallon ne peut cependant pas dépasser de beaucoup l'épaisseur des deux étages miocènes inférieurs, ce qui a néanmoins arrêté les sondages dirigés à la recherche du sidérolithique. Aucun accident de replis secondaires n'affecte le centre de ce synclinal; c'est celui qui répond le mieux à la forme de bassin qu'on s'est longtemps imaginée pour le dépôt des terrains tertiaires.

Il y a cependant sur ses bords, comme à la sortie de la cluse de St-Joseph, des inflexions du bord du bassin, qui peuvent avoir favorisé la formation de la cluse en ce point. Puis on trouve à la source de la Pérouse une jolie voussure kimméridienne traversée par une cluse minuscule au centre de laquelle apparaît une source vauclusienne remarquable qui attend la captation. Il est difficile d'entrevoir le parcours souterrain de ces eaux qui peuvent avoir au temps des crues des relations avec la Birse. Le synclinal de la Verrerie s'arrête au flanc nord du Mont-Girod; on conçoit du reste que le bassin hydrologique qui lui correspond puisse trouver ici un déversoir. Entre Moutier et Perrefitte, on trouve les relations avec le synclinal de Champoz et le rétrécissement du val de Moutier dans la direction du Petit-Val.

Les caractères généraux du val de Moutier sont donnés par ses terrains tertiaires; la longue falaise de la rive gauche de la Rauss, et celle de la Verrerie creusée dans le delémontien par la Birse les mettent à découvert. Il y a beaucoup de terrain morainique jurassien au pied des montagnes, et une véritable moraine jurassienne sur les bords de la Chalière au sud de Perrefitte. La couverture morainique renferme les derniers blocs erratiques valaisans à Crémine. Le fond peu accidenté du val de Moutier se traduit par ses cotes d'altitude: à l'entrée des gorges: 526 m., à la Verrerie, au sortir des gorges de Court, 552 m., à Perrefitte, 575 m., et à Corcelles, 697 m., où il se rétrécit et se relève pour passer à celui d'Elay, dont nous avons déjà vu le déversoir.

5. **Val de Tavannes.** Un vallon bordé au sud par l'interminable chaîne du Weissenstein n'est pas facile à délimiter. Nous trouvons en effet depuis Balsthal jusqu'à la Chaux-de-Fonds et au Locle une ligne synclinale à peine interrompue. Mais il serait contre nature de lui refuser les différents noms de vallons qui s'élargissent successivement sur son parcours. Du reste la direction des eaux en justifie pleinement la distinction. Depuis la frontière entre Berne et Soleure, au sortir du ruz du Stalberg, le synclinal rétréci à une altitude de 925 m., envoie ses eaux dans deux directions opposées: la Rauss vers St-Joseph où elle entre dans la cluse, et où le synclinal, s'élargit pour passer au vallon de Rosières, puis à celui de Balsthal, et vers l'ouest le ruisseau de Chaluet qui descend du Stalberg et entre dans la Birse à Court. Le vallon de Chaluet excessivement resserré entre le Graitery et le Montoz est affecté d'un plissement secondaire qui fait surgir dans son milieu une arête chevauchée du portlandien appelée les Roches. Mais ce repli, sans s'accentuer davantage vers l'ouest dans le val de Tavannes, s'y maintient constamment jusqu'à Reconvillier où il produit une voussure régulière dans le calcaire delémontien. A plusieurs reprises, on peut constater la présence de ce plissement du fond, comme à Court, à la colline du temple, à Bévilard, dans la molasse lausannienne, à Pontenet dans le calcaire delémontien. Il est possible qu'il y ait en réalité plusieurs ondulations au fond du vallon, et jusque dans le jurassique; mais ce sont là les principaux indices de ces ondulations, qui vont se relier avec le chaînon de la Rochelle entre Tavannes et Tramelan.

Le val de Tavannes, d'une longueur de 15 km. jusqu'à Court et de 21 km. jusqu'à Tscharandi, est d'une forme triangulaire isocèle dont la base serait la plus grande largeur, de 4 km., entre Pierre-Pertuis et Saicourt, précisément du côté où il se rétrécit brusquement, à cause du chaînon de la Rochelle. Elle occasionne ainsi la bifurcation du synclinal, dont la branche sud qui passe à la Combe se perd presque aussitôt en se relevant sur le Sonnenberg. La Birse qui sort de la montagne au-dessus de Pierre-Pertuis peut être considérée comme recueillie par ces plateaux perméables du Sonnenberg, tandis que les sources rencontrées par le tunnel de Pierre-Pertuis proviennent du Montoz.

Malgré ses découpures occasionnées par la Trame et la Birse dans un sous-sol tertiaire, et malgré les ondulations du fond, le val de Tavannes reste en somme assez uni dans son ensemble, et à des altitudes peu variables pour une aussi grande surface. On trouve 824 m. au Châtelet, à Tavannes 752 m., et 665 m. à Court, à l'entrée des gorges. La pente du thalweg est certainement plus forte dans les gorges que dans le vallon, et on peut la considérer comme uniforme dans chaque tronçon. On voit par là quels sont les caractères que revêt l'érosion dans les vallons tertiaires et dans les cluses.

6. **Plateau de Bellelay.** Nous avons déjà fait remarquer la forme en tricorne de ce petit vallon comblé par sa tourbière, et constituant dans son ensemble un plateau de 950 m. d'altitude. Ses eaux se déversent dans deux directions différentes; l'une contient la Sorne qui vient des Genevez et qui passe à Châtelat par un vallon resserré; l'autre traverse la tourbière et va se perdre dans une fondrière au Moulin-de-la-Rouge-Eau. Le rétrécissement et le relèvement de la Combe-des-Peux ne lui permet pas évidemment de continuer sous terre dans cette direction. Elle va plutôt rejoindre la Trame qui coule assez bas au pied de la voussure du Fuet, et peut recevoir des eaux du fond de son lit.

7. **Vallon de Tramelan.** Après le rétrécissement du val de Tavannes au Moulin-Brûlé, et la petite voussure portlandienne coupée en long par la Trame en Orange, le synclinal qui borde la chaîne du Weissenstein s'élargit de nouveau, pour rencontrer une voussure secondaire à la colline de Sur-le-Château à l'est de Tramelan. Il forme ensuite une dépression régulière à peine com-

blée par les dépôts miocènes supérieurs que nous avons étudiés en détail. Son altitude moyenne est de 900 mètres, mais bientôt le vallon remonte en se rétrécissant fortement à la Combe-des-Arses, et il passe aux synclinaux des Franches-Montagnes.

8. **Vallon de St-Imier.** Celui-ci est l'un des plus en vue à la simple inspection de la carte. Il s'étend en arc depuis Sonceboz jusqu'aux Convers, sur une longueur totale de 27 km. C'est à Corgémont qu'il s'évase le plus, laissant jusqu'à Courtelary ses deux chaînes parallèles à 2 km. de distance l'une de l'autre. Mais dans le haut du vallon, il est uniformément rétréci, creusé en fond de bateau par la Suze et borné par les flancs monotones de ses deux montagnes. A Villeret il s'adjoint une rampe crétacique qui passe bientôt au flanc nord pour former les collines de St-Imier. Comme il en advient souvent des vallons rétrécis, leur centre se replie sur lui-même et fait saillie par un déjettement plus ou moins faillé. On observe un accident de ce genre à la colline du Tilleul à Sonvillier; il est adossé au flanc nord du vallon, c'est pourquoi il est déjeté au sud contre le fond du synclinal. Son point culminant est sur le portlandien, à 848 m., tandis que le pied en est formé par un renversement valangien-urgonien que nous avons signalé à propos de ses affleurements. Gressly avait déjà reconnu la véritable structure de cette colline traversée par la voie ferrée, et il en a donné une explication juste avec figure dans le Bulletin de la Société vaudoise des sciences naturelles en 1858 [1]).

On remarque une forme analogue à Corgémont, où il se traduit par un large anticlinal dans les marno-calcaires d'eau douce inférieurs. La colline de l'église occupe un de ses flancs, tandis qu'on trouve l'autre moitié dans le pâturage de l'envers. Il en résulte au milieu du vallon une large voûte ouverte et coupée longitudinalement par la Suze, ce qui permet l'arrivée d'une source vauclusienne en ce point.

A Renan, c'est un large repli portlandien qui s'élève du fond du vallon, et qu'a entamé la Suze, tandis qu'on ne remarque plus rien de semblable aux Convers, où le vallon se relève normalement pour aller se terminer en cul-de-sac à la gare des Convers, contre un décrochement horizontal.

---

[1]) A. Gressly: Bulletin de la Soc. vaudoise des sc. nat., t. V.

9. Vallon de la Sagne. Pour être l'un des plus élevés du Jura, 1029 m., le vallon de la Sagne n'en conserve pas moins les caractères des vallons encaissés entre deux longues chaînes parallèles. Mais l'altitude et le colmatage tertiaire lui donnent un cachet particulier par le développement considérable qu'y prend la tourbe. On voit bien aux abords de la tourbière, comme sur l'extrémité orientale du vallon, là où le terrain morainique est surélevé, que c'est l'argile glaciaire ou le lehm qui a donné lieu à la formation de la tourbière, ainsi que l'a établi Ch. Martins[1]). Les abords du vallon sont par contre occupés par des collines crétaciques et des cultures dont nous avons donné plus haut la délimitation et les caractères.

Le vallon de la Sagne est l'un des plus étroits et des plus allongés, mais il ne compte que 9 km. sur notre territoire. Il est placé sur le prolongement direct de celui de St-Imier, et lui emprunte beaucoup de ses caractères. Comme ce dernier, il y a quelque chose d'intermédiaire entre les vallons diluviens et les vallons tertiaires. C'est la région intermédiaire entre les voussures surbaissées et les grandes arêtes; le prolongement de la longue chaîne du Weissenstein contribue à lui donner une grande uniformité.

En considérant l'extrémité occidentale des vallons que nous venons d'étudier, sur leurs points de passage aux synclinaux des Franches-Montagnes, on obtient une ligne légèrement convexe vers le plateau suisse et dirigée du sud-ouest au nord-est, qu'on peut considérer comme bordure de la région miocène exondée. Cette ligne n'est en effet dépassée que par quelques dépôts miocènes supérieurs, et elle doit avoir contribué à limiter la formation des vallons tertiaires. C'est actuellement du moins le lieu géométrique de leurs points d'arrêt vers l'ouest. Cette ligne ressort de la carte par le bombement des voussures qui s'arrêtent sur ses bords; c'est la suivante: La Sagne, Tramelan, Bellelay, Châtelat, Undervelier et Glovelier. Il est bien remarquable de la voir tomber sur le bord occidental de la liaison du golfe helvétique avec le bassin de Mayence.

---

[1]) Ch. Martins: De l'origine glaciaire des tourbières du Jura neuchâtelois, Bull. Soc. géol. de France, 2e série, t. 25.

§ III. Synclinaux des Franches-Montagnes.

Synclinal des Sairins. A partir de la Combe-Tabeillon, où le val de Delémont se resserre entre la chaîne de St-Brais et celle de Vellerat, on voit le synclinal entrer dans les roches coralliennes et continuer par les lambeaux isolés du Plaignat et du Plain au sud de St-Brais. Il s'adjoint alors des zones séquaniennes et kimméridiennes, et reste complètement fermé. Aux Enfers, où il est plus large, il est en outre affecté par un repli qui fait naître trois zones séquaniennes, et deux synclinaux secondaires dans le kimméridien. Cette région, quoique superficiellement peu accidentée, renferme des ondulations souterraines. Depuis le Plaimbois jusqu'au Plain-sur-les-Roches et à la Plature près des Pommerats, le synclinal reste donc toujours comme rasé, complètement en montagne, et ne contient pas d'étage plus élevé que le kimméridien.

Synclinal du Pré-Petitjean. Depuis le Moulin-de-Bollmann, par la Combe et le Plain-de-Saigne, se poursuit le synclinal du vallon de Soulce qui est très resserré en montagne, et ne tend à s'ouvrir qu'au Pré-Petitjean. On voit le portlandien à peu près vertical se recouvrir de couches de gompholithe également très redressées. Il y a aux Communances et au Pécher quelques autres dépôts tertiaires peu découverts. Sous le Bémont, quoique toujours en montagne, il se trifurque à cause de l'arrivée de la chaîne du Spiegelberg. L'un passe au Bémont pour aller rejoindre celui de Muriaux, tantôt kimméridien, tantôt séquanien, et toujours fermé. Celui du sud est kimméridien sous la Neuve-vie, et aux Charmattes, puis il devient séquanien au Noirmont. Enfin, l'intermédiaire monte sur la voussure corallienne de Saignelégier pour s'y perdre aussitôt. Toute cette région, quoique très repliée, n'a des couches fortement redressées que dans les bancs intermédiaires entre les synclinaux et les anticlinaux, ce qui montre assez la profondeur et l'uniformité des érosions.

Autres synclinaux. Nous avons déjà poursuivi les autres synclinaux des Franches-Montagnes en traçant les limites de ses chaînes surbaissées. Ils ne présentent pas de faits orographiques particuliers. Nous n'avons plus qu'à les caractériser ici d'une manière générale. Ce sont des synclinaux souterrains ou en montagne qui contribuent par leur forme rasée au nivellement général de ce plateau. Il est en effet remarquable de les voir élargis ou rétrécis, occupés soit par le séquanien, soit par le kimméridien ou par le portlandien, et rester presque constamment au même niveau moyen de 1000 mètres, sans occasionner des dépressions comme ailleurs. C'est à peine si les petits lambeaux tertiaires et les tourbières se logent dans des fonds tant soit peu accentués. Les érosions, sans atteindre plus profondément les étages, y sont cependant plus considérables que dans le territoire des grandes voussures. Mais ce sont des ablations générales, ramenant au même niveau tous les accidents orographiques, une sorte de dissolution générale des plis. Quand on considère l'absence de la série miocène inférieure sur ce territoire, on voit que le plateau des Franches-Montagnes n'a pas été traité comme les autres régions du Jura pendant la sédimentation tertiaire, et qu'au contraire, il présente des phénomènes continentaux avant sa participation au plissement général du Jura. Le phénomène du plissement doit donc y revêtir des caractères particuliers, d'autant plus que nous ne pouvons pas concevoir les plis se produire avec les mêmes formes, ni surtout avec la même intensité sur un territoire exondé, affecté d'avance par un certain relief[1]), que dans un sous-sol jurassique recouvert de plusieurs centaines de mètres de terrains tertiaires, et sortant du fond d'un golfe. C'est ainsi qu'il faut chercher à expliquer les différences de caractères qui existent entre les synclinaux des Franches-Montagnes et les vallons tertiaires bien caractérisés. Cela est d'autant plus vrai que la hauteur des matériaux jurassiques enlevés sur chaque voussure des Franches-Montagnes n'est pas nécessairement plus grande que dans les autres montagnes du Jura. On peut s'en assurer par nos coupes. Mais les voussures y sont plus nombreuses, plus petites qu'ailleurs, et c'est ce fait qu'il faut avant tout considérer pour l'explication du relief. Nous ne voyons donc pas dans les érosions prémiocènes de cette région, qui sont plutôt des ablations générales et superficielles que des découpures, une explication suffisante de la forme surbaissée des voussures. Il faut la chercher dans les effets du plissement sur une région surélevée.

---

[1]) A. Vézian: Etudes géologiques sur le Jura, p. 11.

§ IV. Vallons diluviens.

10. **Vallon de Péry.** Ayant individualisé chaque vallon du Jura, nous devons aussi maintenir celui de Péry, malgré ses liaisons naturelles avec celui de St-Imier. Mais nous avons déjà fait remarquer le rétrécissement occasionné à Tourne-dos près de Sonceboz, par une annexe de la chaine du Weissenstein. Elle est coupée par une érosion isoclinale; et le synclinal qui relie les deux vallons se trouve en montagne, à la Vignerole. Du côté oriental, c'est un long couloir synclinal qui se relève insensiblement jusqu'au nœud confluent du Stierenberg, et qui porte le nom de Combe-de-Péry. On voit ici, comme souvent ailleurs, que la combe n'est qu'un vallon rétréci. Le vallon de Péry est surtout occupé par des cônes et des talus d'éboulis glaciaires descendus du Montoz. Les terrains tertiaires n'y forment aucun relief, et le crétacique y fait défaut. Sa longueur totale est de 12 km., et sur sa plus grande largeur, qui n'est que de 1 km., s'ouvre la cluse de la Reuchenette à 600 m., qui en reçoit les eaux. Quant à la position de la cluse, on trouve ici l'un des points remarquables où ce genre d'accident se présente dans les meilleures conditions d'observation pour en expliquer la raison d'être.

11. **Vallon de Vauffelin.** Ce couloir compris entre la chaine du lac et celle du Chasseral n'est qu'un simple synclinal étroit, rétréci à l'ouest et terminé à l'est par une érosion longitudinale dans le nœud confluent d'Ittenberg. Il ne faut donc pas s'étonner de ne lui voir que deux issues, sans aucune trace de gorges dans la montagne de Boujean. C'est l'un des plus petits vallons du Jura, de 7 km. de long, sur à peine $\frac{1}{2}$ km. de large, tout occupé par les terrains quaternaires.

12. **Vallon d'Orvin.** Bien qu'étant également l'un des plus petits du Jura, le vallon d'Orvin a des formes régulières, et se trouve bien moins encaissé que d'autres plus importants. La montagne de Macolin ou du Jorat lui laisse quelque échappée sur la plaine suisse. Il se relie directement par le couloir de Frinvillier à celui de Vauffelin, et de même par le défilé du Jorat à la Montagne-de-Diesse. C'est un passage très ancien, fréquenté par les Romains, car un chemin pavé montait par le vallon d'Enges à la Montagne-de-Diesse et dans le défilé du Jorat pour aller rejoindre à Frinvillier la route de

Pierre-Pertuis. Un camp romain placé au Neuchâtel sur une moraine juras-sienne, ainsi que plusieurs monnaies romaines trouvées près du Chemin des Mulets à la Montagne-de-Diesse le prouvent suffisamment. Le vallon d'Orvin n'a qu'un ruisseau qui rejoint la Suze, et cette dernière, qui ne fait que de le franchir dans son extrémité orientale, s'est ouvert un passage à Frinvillier par la gorge du Daubenloch, où on peut encore la voir à l'œuvre. Les ter-rains fluvio-glaciaires du vallon d'Orvin sont les seuls qui lui donnent un certain cachet et qui en font un point remarquable pour l'étude des phéno-mènes de remplissage de la période glaciaire.

13. **Montagne-de-Diesse.** Les moraines s'accusent ici dans leur rencontre avec les flancs du Jura. Au nord de Diesse, au pied du Mont-Sujet, à Nods où elles s'élèvent à 950 m., aux Combes où elles ferment l'entrée du vallon d'Enges, partout dans cette région, les dépôts diluviens donnent au pays le même cachet qu'au pied du Jura neuchâtelois. Le grand plateau ma-récageux de la Praye et des marais de Nods et de Diesse provient tout entier d'une moraine profonde qui a retenu les eaux et donné lieu à la formation de la tourbe. Combien d'hectares de terres cultivables en obtiendrait-on si le desséchement, par des creusages de puits jusqu'au roc portlandien, pouvait être mis en pratique! On y voit des fondrières vers Lignières, où les eaux, chaque printemps à la fonte des neiges, ne trouvent pas un écoulement assez rapide et inondent les prés. Tous les ruisseaux issus du pied de la chaîne du lac entre la Neuveville et le Landeron sont alors gonflés. Mais à Lam-boing les eaux ont creusé une gorge peu profonde qui entame d'abord la couverture morainique, puis la voussure portlandienne au-dessus de Douanne et travaille encore à cette œuvre de destruction. On surprend ici la nature sur le fait, la cluse est en voie de formation, sans que pour autant le syn-clinal de la Montagne-de-Diesse soit transformé momentanément en lac. Sup-posons l'œuvre plus avancée, la cluse achevée, et le plateau diluvien sera découpé en collines comme le val de Tavannes dans ses assises tertiaires. Il faut pour cette érosion considérer la nature à l'œuvre pendant un temps assez long. On reconnaît bien aussi que l'érosion du pied du Jura est moins ancienne que dans le nord de ces montagnes; car nous trouvons ici des volumes d'eau tout aussi grands qu'en d'autres points où l'érosion est plus avancée. C'est

le facteur temps qui est différent pour chacune des régions qui nous occupe, et qui nous amène ainsi à décomposer notre territoire en plusieurs phases orogéniques.

14. Vallon de Jugy. Le plus petit vallon du Jura est bien celui de Gaicht au nord-est de Douanne. Il est bien accusé par un repli du portlandien avec un matelassage de crétacique inférieur. Gilliéron[1]) doit y avoir remarqué un lambeau de molasse, ce que nous pouvons admettre sans peine, mais le recouvrement par les terrains glaciaires empêche de le voir continuellement. La longueur du vallon de Jugy est à peine de 1 km.

15. Vallon d'Enges. Depuis St-Blaise à Lordel s'élève insensiblement un vallon crétacique fortement recouvert de moraines et de terrains fluvio-glaciaires. Il déverse ses eaux par des ruz qui entament le valangien et à peine le portlandien. C'est à la Grange-Vallier que commence le Ruhaut de Cressier, et que l'on reconnaît un matelassage de fluvio-glaciaire, tandis qu'à Voëns, ce sont plutôt des moraines qui s'adossent au pied du Chaumont. Il en est de même sur le passage à la Montagne-de-Diesse. Le fond du vallon d'Enges est affecté par un repli secondaire qui forme une petite voûte valangienne très visible au-dessous de ce hameau.

16. Val-de-Ruz. Voici le plus beau, et par ses formes, et par ses dimensions. C'est un vallon crétacique avec un matelassage tertiaire, mais avec une couverture fluvio-glaciaire et morainique très étendue. Elle reçoit les cultures et s'étend contre le flanc des montagnes de manière à voiler souvent la ceinture des roches crétaciques. Mais le centre du Val-de-Ruz, quoique sillonné par le Seyon et par la Sorge, reste trop longtemps sans relief pour permettre un écoulement rapide de ses eaux pluviales. Il reste moins que la Montagne-de-Diesse, il est vrai, mais sur une surface assez grande encore occupé par des prés spongieux d'un rendement minime pour l'agriculture. Il y aurait ici des améliorations à étudier.

La forme élargie du Val-de-Ruz ne laisse pas que de surprendre, ainsi que son fond jurassique complètement uni. Mais la chaîne de la Tête-de-Rang

---

[1]) P. de Loriol et V. Gilliéron: Monographie de l'étage urgonien inférieur du Landeron, p. 111.

envoie assez de chaînons dans celle du Chasseral pour que le sol puisse rester ici sans ondulations. Ce qui est également digne de remarque, c'est le surbaissement du côté du lac de Neuchâtel, qui rattache insensiblement le Val-de-Ruz au vignoble neuchâtelois. Avec ses vingt-deux villages, le Val-de-Ruz s'étend sur une longueur de 16 km., et présente entre Valangin et les Hauts-Geneveys une largeur de 5 $^1/_2$ km. Il est complètement fermé du côté de l'est, tandis qu'il se prolonge en couloir dans le vallon de Rochefort, en dehors de nos limites.

17. **Vallon du Côty.** La voussure du Sapet fait naître un petit vallon au pied du Mont-Damin, qui ne renferme qu'un hameau, celui du Pâquier, et participe de la nature du Val-de-Ruz. Toutefois le revêtement glaciaire y est davantage mélangé d'éléments jurassiens. D'une forme allongée, de 8 km. sur 1 km., il se relève aux deux extrémités par la confluence des chaînons dans les montagnes voisines, et forme aux Domaines-de-la-Chaux-Damin un synclinal crétacique qui en montre le sous-sol. Il ne se relie donc point à d'autres et resterait complètement clos de toutes parts sans la petite cluse du Chenau-de-Villiers, qui est actuellement sans eau et où les anciens glaciers ont déposé de grands blocs erratiques[1]).

18. **Vallon de la Chaux-de-Fonds.** Bien qu'en partie compris dans la région des Franches-Montagnes, et dans celle des vallons tertiaires, nous devons traiter à part le vallon de la Chaux-de-Fonds, à cause de sa position et de ses caractères mixtes. Il présente la série miocène supérieure bien conservée, mais les terrains glaciaires y sont aussi représentés par des couvertures jurassiennes ou alpines qui justifient en quelque sorte sa place ici. Des plus élevés, à 1000 m. d'altitude, il est froid et tourbeux; mais ses bords revêtent d'autres caractères. Il est affecté dans son milieu par un repli secondaire plus ou moins comprimé et faillé, qui fait affleurer des crêts valangiens en des points singuliers. C'est ici également qu'on constate la transgression de l'helvétien sur le portlandien par-dessus les érosions éocènes. Tous ces accidents, en même temps que les cités industrielles dues à son climat, le rendent intéressant à bien des points de vue.

---

[1]) J. B. Greppin. Description géologique du Jura bernois, p. 244.

CHAPITRE III.

Irrégularités techtoniques.

§ I. Roches brisées.

On a si souvent parlé de ruptures et de déchirures dans les roches du Jura, que le titre inscrit ci-dessus pourrait faire supposer que nous allons décrire les points de nos montagnes où l'on rencontre des dislocations violentes, comme on aimait à se les figurer autrefois. Il n'en est rien, et pour la raison bien simple, c'est qu'il n'y en a pas. Nous avons signalé les voûtes régulières et entières comprises entre des cirques opposés par leur côté convexe (en forme d'X sur la carte), et l'on peut s'assurer déjà par la topographie que ces voussures si courtes, et souvent aiguës, présentent des courbures régulières dans les couches les plus dures. Les cirques que plusieurs géologues de l'ancienne école croyaient produits comme des cratères d'explosion, sont des formes dues tout simplement à la désagrégation des roches, comme nous le verrons au chapitre des érosions. On se fait une idée différente des objets soumis à notre appréciation, suivant le point de vue que l'on occupe. Et c'était bien le cas chez les premiers observateurs de nos montagnes qui jugeaient les formes d'en bas, comme on les voit depuis le fond des gorges, et non pas d'en haut comme on peut le faire lorsqu'on possède un plan exact et des vues d'ensemble sur les montagnes.

Les accidents que nous décrivons ici pour la première fois sous le nom de *roches brisées* sont cependant bien des dislocations, des sortes de failles, dues au glissement d'une plus ou moins grande surface de terrain sur un fond marneux. Il est plus ou moins accompagné de la formation d'éboulis comme dans les véritables éboulements, mais ce dernier phénomène qui détruit la structure de la masse éboulée n'appartient plus à la techtonique des montagnes. Il ne se rencontre pas du reste sur notre territoire. Le phénomène que nous avons en vue conserve à la roche détachée de la montagne sa structure, et constitue bien une irrégularité techtonique comme une faille. Une roche brisée est le produit d'une faille et d'un glissement sur une masse de rochers. On en voit un bel exemple dans le cirque liasique de Soubey, où le massif détaché de la montagne porte précisément le nom de Roche-brisée. On y voit un quartier de la voussure oolithique de Montfavergier, avec ses trois étages superposés normalement, descendu de trois cents mètres au-dessous de la côte du Peut-Cerneux, en glissement sur le lias supérieur. Les dimensions de la Roche-brisée sont de 600 m. de long de l'est à l'ouest, et de 450 m. de large du nord au sud; il y a une ferme sur sa plate-forme. Nous ignorons à quelle époque remonte sa formation; elle est peut-être, ainsi que le nom le ferait supposer, consignée dans de vieux actes; nous abandonnons à de plus compétents que nous en histoire l'occasion d'en dire davantage.

Au point de vue géologique, on peut y voir la preuve d'un mouvement orogénique ultérieur à la formation du cirque de Soubey, une poussée venant du sud contre la vallée d'érosion du Doubs, s'il n'en faut pas chercher uniquement la cause dans la perte d'équilibre sur une base mouvante ou creusée par les eaux. On retrouve des glissements de ce genre au Saut-du-Doubs. Mais quant à l'effort orogénique, c'est là une question que nous ne faisons que de poser, sans vouloir la résoudre pour le moment.

§ II. Chevauchements.

Nous n'avons observé des chevauchements qu'aux Franches-Montagnes, ce qui vient à l'appui des idées que nous avons émises au sujet du plissement de ce territoire peu recouvert de tertiaire et entamé primitivement par l'érosion. Il est vrai que quelques plissements secondaires et des replis du fond des vallons sont aussi plus ou moins chevauchés. Les ayant déjà signalés, nous n'aurons ici en vue que ceux qui affectent les plis principaux. Il y a partout dans les régions rétrécies des dérangements dans la stratification qui se ramènent à des chevauchements. Ce sont des accidents secondaires qui n'ont pas lieu de nous arrêter.

On observe un chevauchement du chaînon du Boiechat au nord de Saigne-légier, sur la route des Pommerats, où le corallien de cette voussure touche au kimméridien de celle du Bémont, au point où celle-ci passe au plateau de Sur-les-côtes. Il mesure un peu plus d'un kilomètre de long, et occupe la place d'un synclinal surélevé. On voit la forme en équerre de ce synclinal kimméridien sur son prolongement à la Grosse-côte, depuis le Moulin-du-

Theusserret. Le flanc sud est redressé à la verticale, tandis que le flanc nord est horizontal. Un effort plus grand dans le plissement eut continué le chevauchement.

Un autre chevauchement minuscule, de quelques centaines de mètres de longueur seulement, se trouve au Chargeoux, au sud-est de Muriaux, entre le synclinal kimméridien des Charmattes et la voussure corallienne du Spiegelberg. Il est produit par la déviation vers le nord-est de cette dernière chaîne.

Il y a sous le Crêt-de-la-Ferrière, entre l'arête kimméridio-séquanienne et le dôme de dalle nacrée du Saignat, un chevauchement très net et facile à constater, mettant en contact le séquanien et la dalle nacrée, sans aucune trace de l'argovien en ce point, partout ailleurs bien développé autour des dômes de la dalle nacrée. Ce chevauchement mesure plus d'un kilomètre de long, et se perd insensiblement vers l'est, tandis qu'il s'arrête brusquement au décrochement horizontal du Bas-Monsieur. Nous retrouverons le même fait au chevauchement de la Monsenière, ce qui témoigne évidemment d'un plissement indépendant de chaque côté du décrochement, et donne aussi l'explication de ces chevauchements. Les deux chevauchements ont encore ce trait commun de présenter tous deux la lèvre sud comme la plus élevée. (Voir la carte au $1/_{25000}$ qui accompagne ce mémoire.)

Le chevauchement de la Monsenière court avec quelques inflexions du W-SW vers E-NE, sur une ligne de près de huit kilomètres. Il se perd insensiblement entre le flanc nord du Pouillerel et les Planchettes, tandis qu'il s'arrête brusquement, comme nous l'avons déjà dit, contre le décrochement horizontal du Bas-Monsieur. Cet accident tectonique correspond à une voussure qui ne s'est pas arquée à cause du resserrement entre celles des Côtes-du-Doubs et du Pouillerel, puis à cause du décrochement horizontal qui a permis la rupture au sommet de cet anticlinal. Il est possible du reste que dans le relief primitif du sol, il y ait eu quelque solution de continuité pour favoriser ce chevauchement. Tel qu'il se présente actuellement, il n'est pas très considérable, mais très net, et laisse le plateau kimméridien du Vallanvron, avec deux lambeaux portlandiens en contre-bas, tandis que le quartier des Bulles le surmonte de sa lèvre séquanienne. C'est entre les Bassets et la Monsenière qu'il atteind la plus forte dénivellation, elle comporte l'épaisseur des étages séquanien et kimméridien, plus de 200 mètres. Vers le décrochement, on ne trouve plus que 100 mètres. Ici le kimméridien s'avance par des rochers saillants sur le portlandien. Vers l'ouest, la dénivellation se perd, car elle reste de part et d'autre dans le séquanien. On remarque bien l'accident en descendant du sommet du Pouillerel sur la Grebille, car on se trouve subitement sur des bancs horizontaux du séquanien moyen, au lieu de retrouver le crêt séquanien normal. Partout ailleurs, il faut bien examiner les affleurements des couches pour remarquer cette irrégularité techtonique nivelée, comme tous les autres accidents de la région.

§ III. Décrochement horizontal.

L'irrégularité techtonique la plus intéressante de notre territoire est le décrochement horizontal qui s'étend depuis la Combe-de-la-Ferrière par le Bas-Monsieur, à la gare des Convers, et jusqu'à la Sauge, sur l'arête de la Tête-de-Rang. Il mesure ainsi plus de 11 km. de longueur. On ne peut pas mesurer sur la carte au $\frac{1}{25000}$ le déplacement moyen au milieu du décrochement, parce que chaque côté est plissé différemment. C'est le côté oriental qui se trouve poussé vers le nord, ce qui ne ressort évidemment pas d'une correspondance supposée entre les deux chevauchements, puisqu'elle resterait à démontrer; elle donnerait du reste précisément l'inverse. Mais on reconnaît ce refoulement du bord oriental vers le nord, aux allures des rampes argoviennes du Cernier-des-Aiges. Celle de l'est, la plus comprimée, comporte un déplacement horizontal de $\frac{1}{2}$ km. Ici s'arrête le décrochement. Remontons vers son origine. On pourrait considérer la voussure du Saignat comme étant le prolongement de celle du Pouillerel. Mais une circonstance s'y oppose, c'est l'affaissement de la voussure du Pouillerel dans la Combe-du-Vallanvron. La différence de niveau de chaque côté du décrochement, aux points qui pourraient se correspondre réciproquement, fait plus de 200 m. (Calcaire roux-sableux-séquanien.) Il est évident qu'il y aurait de la sorte non seulement un décrochement horizontal, mais encore un affaissement de la région neuchâteloise produit par une faille. Nous préférons considérer la différence de niveau constatée en ce point comme une différence dans le plissement de part et d'autre du décrochement. C'est ce qui se confirme plus au sud, entre le dôme oolithique des Petites-Crosettes et la Cibourg. On a ici l'inverse; c'est le bord occidental le plus élevé par sa voussure de dalle nacrée, l'oriental le plus bas dans des assises kimméridiennes peu plissées. On voit encore que les plis ne sont pas correspondants, et qu'ils s'arrêtent de part et d'autre au décrochement horizontal. On a constaté par le percement du tunnel des Crosettes le contact des marnes astartiennes du côté oriental contre le kimméridien supérieur de la Loge. (V. Profil du Tunnel.) A la Toffière, l'extrémité du vallon de St-Imier butte contre le profil kimméridien et séquanien du Mont-Sagne. Ce dernier est donc plus élevé que le flanc correspondant du droit du vallon. Plus au sud, on observe encore quelques dislocations sur la même ligne dans la chaîne de la Tête-de-Rang, comme aux Prés-de-Suze, entre le séquanien et le kimméridien, puis à la Sauge sur l'arête de la Tête-de-Rang où l'argovien et la dalle nacrée se trouvent pincés par le crêt séquanien contre le dôme oolithique. Il est possible que cet accident soit indépendant du décrochement horizontal du Bas-Monsieur, mais comme il se trouve sur la même ligne N-S, il doit sans doute en dépendre. Néanmoins le décrochement ne franchit pas cette chaîne au sud, non plus que celle de la Pâturatte vers le nord.

Quant à l'origine de ce décrochement, ainsi limité par des chaînes régulières, il ne nous semble pas résulter uniquement d'une poussée énergique provenant soit du sud, soit du nord, lors du plissement. Il faudrait pour cela le voir arriver au moins au pied du Jura. Mais nous trouvons dans son parcours suivant une combe sans eau l'indice de sa formation. Nous pensons qu'il provient d'une solution de continuité sur un ancien ruz existant avant le plissement. C'est ce ruz qui est la cause des allures indépendantes des plis qui s'y arrêtent brusquement de part et d'autre, depuis le Cerneux-des-Aiges jusqu'à la Toffière. Il devait s'arrêter environ sur l'emplacement actuel du Bas-Monsieur, et convient parfaitement à la plage miocène qui a existé dans cette région. On a des preuves à l'appui de l'existence de cette ligne d'érosion. Ce sont des poches du sidérolithique qui se trouvent sur son parcours. Le tunnel des Crosettes a en outre traversé une poche de marne hauterivienne remaniée qui se voit aussi à la surface du sol immédiatement derrière les premiers bancs portlandiens de la tête sud du tunnel. Elle contient des fossiles qui permettent de la déterminer sûrement. *(Exogyra Couloni.)* Cette poche est bien en dehors des couches crétaciques, parce qu'elle s'abrite derrière un crêt portlandien normal. Il y a en outre des indices de marne rouge dans la Combe-de-la-Ferrière, dans les couches jurassiques.

§ IV. Plis-failles.

Ce genre d'accidents n'est pas très rare dans le Jura, mais il est rarement bien visible à cause du recouvrement quaternaire. Il faut pouvoir l'observer de profil pour en saisir la valeur et l'intensité; car une simple compression des couches dans le jambage d'un synclinal conduit à un pli-faille. On peut admettre cette transition au pied des voussures déjetées, comme en plusieurs points du vallon de St-Imier et de la Chaux-de-Fonds. Le pincement des couches crétaciques a été interprété différemment par les géologues du Jura. Les uns y ont vu dès le dépôt du crétacique la preuve de l'existence de bassins fermés; d'autres en ont fait de véritables failles. Il est inutile de nous arrêter à ces suppositions erronées.

Nous avons envisagé ces accidents comme des pincements ou des plis-failles, et nous les avons dessinés comme tels dans nos coupes. On voit à la gare de la Chaux-de-Fonds la marne rouge toucher au portlandien. Le pli-faille est compliqué ici de la transgression miocène sur le crétacique. Le pli-faille le plus intéressant est celui de Beaugourd, au nord de Vautenaivre. Il s'observe très bien depuis le fond de la cluse et se reproduit dans les deux rampes opposées. On y voit la voussure bathonienne de Vautenaivre et de Gourgouton appuyée contre le synclinal corallien de Beaugourd. La dalle nacrée et l'oxfordien, ainsi qu'une partie du corallien sont comprimés et laminés.

CHAPITRE IV.

Etendue du plissement.

Les irrégularités techtoniques occupent dans le Jura central une si faible étendue que nous pouvons aisément mesurer les régions plissées dans leur développement, ce qui donne approximativement la largeur du territoire miocène correspondant à nos montagnes. Nous avons à cet effet dressé treize coupes construites à l'échelle du $1/_{25000}$ en y reportant les angles d'inclinaison

et les épaisseurs des étages observés sur le terrain. Elles traversent perpendiculairement notre région plissée en lignes à peu près parallèles; quelques-
unes sont disposées en faisceau, de manière à suivre l'inflexion générale du
Jura. Pour garder la moyenne, nous avons suivi le plissement dans des
lignes imaginaires représentant le relief jurassique, à la surface du kimméridien. Comme nous pensons que l'érosion marche de pair avec le plissement,
il ne nous parait pas probable que nos montagnes aient jamais présenté des
voussures semblables. Mais étant donnée la régularité de la structure actuelle,
ces courbes aériennes restent parallèles à celles des couches souterraines continues et donnent bien la mesure du plissement.

Développement suivant les lignes de coupe
au $^1/_{25000}$.

Coupes	Longueurs Hm.	Développement Hm.	Excédant Hm.	Pourcentage
Champrevcyres — Sombaille . .	183	212	29	15,8
Souaillon — Maison-Monsieur . .	183	210	27	14,7
Combes — l'Aiguille	197,5	218	20,5	10,3
Schlossberg — Fromont	220	243	23	10,4
Schlossberg — La Goule	216	243	27	12,5
St-Joux — Beaugourd	273	315	42	15,4
Weingreis — La Vacherie . . .	251	293	42	16,7
Vingelz — Réchesse	228	259	31	13,6
Goldberg — La Saigne	217	252	35	16,1
Bözingen — Soulce	188	215	27	14,3
Bifang — Les Fouchies	163	191	28	17,1
Grenchen — Montchemin . . .	149	182	33	22,1
Selzach — Thiergarten	125	150	25	20
Moyennes . . .	200	230	30	15

Interprétation. Nous arrivons ainsi au résultat suivant:

23 km. se sont rétrécis à 20 km.

Dans la même proportion:

118 km. se sont rétrécis à 100 km., ou bien

100 km. se sont rétrécis à 87 km., c'est-à-dire la largeur actuelle du terrain fait les 87 % de la largeur primitive, ou bien le rétrécissement fait les 15 % de la largeur actuelle.

M. le professeur Heim[1]) a obtenu un résultat plus fort sur la ligne de coupe de Bienne à Miécourt dressée par Thurmann. Mais il doit y avoir erreur dans la longueur de la ligne de coupe, qui n'est pas de 24 km., mais bien de 34 km. Avec cette correction, les chiffres de M. Heim donnent aussi un rétrécissement de 15 %.

Décomposition en trois régions. On voit dans nos lignes de coupe des différences assez fortes entre les trois régions de plissement que nous avons distinguées. Ces différences se traduisent naturellement dans le pourcentage du rétrécissement. Nous allons les faire ressortir davantage en considérant séparément les lignes de coupe sur chacune de ces trois régions.

Plissement dans la région des grandes arêtes.

Coupes	Longueurs Hm.	Développement Hm.	Excédant Hm.	Pourcentage
Champreveyres — Convers . . .	113	129	16	14,1
Souaillon — Convers	122	142	20	16,4
Combes — Renan	116	129	13	11,2
Schlossberg — Sonvillier. . . .	122	133	11	9
Schlossberg — St-Imier	117	127	10	8,5
St-Joux — Villeret	115,5	132	16,5	14,3
Weingreis — Cortébert	108,7	127	18,3	16,8
Vingelz — Sonceboz	80,5	92	11	14,2
Moyennes . .	111,8	126,2	14,4	13

---

[1]) A. Heim: Untersuchungen über den Mechanismus der Gebirgsbildung, II. Bd., p. 211 — 212. (Basel 1878.)

Plissement des Franches-Montagnes.

Coupes	Longueurs Hm.	Développement Hm.	Excédant Hm.	Pourcentage
Mont-Sagne — Sombaille	70	83	13	18,5
Convers — Maison-Monsieur . .	61,5	68	6,5	10,5
Renan — L'Aiguille	81,5	88,5	7	8,6
Sonvillier — Fromont	95	109	14	14,7
St-Imier — La Goule	99	116	17	17,1
Villeret — Beaugourd	157,5	183	25	16,2
Cortébert — La Vacherie . . .	142,5	166	24	16,4
Sonceboz — Réchesse	147,5	167	20	13,6
Moyennes . .	107	122,6	15,6	14,4

Grandes voussures.

Goldberg — la Saigne 16.1
Bözingen — Soulce 14.3
Bifang — les Fouchies 17.1
Grenchen — Montchemin 22.1
Selzach — Thiergarten 20.0

Moyenne . . . 18 ^{0}|$_0$

Différences. Le rétrécissement de la largeur du sol est donc de 13 ^{0}|$_0$ dans la région de Neuchâtel, de 14.4 ^{0}|$_0$ aux Franches-Montagnes, et de 18 ^{0}|$_0$ à Moutier. On voit que malgré ses grandes arêtes, et ses plus hautes sommités, c'est la bordure méridionale du Jura qui est le moins affectée par le plissement. C'est à Moutier que le phénomène se présente dans toute son intensité.

Il y a sans doute dans le pourcentage des différences assez considérables pour chaque ligne de coupe. Elles sont inévitables, car les plis varient beaucoup d'un point à l'autre. On ne trouve pas partout dans une chaîne la même ligne de courbure, il est donc nécessaire de prendre des moyennes. Nous avons établi nos coupes, ainsi que le mesurage, aussi exactement que possible, c'est pourquoi nous pouvons considérer ces moyennes de nos trois régions orographiques comme significatives, et justifiant bien les différences que nous avons établies à d'autres points de vue.

Mode du plissement. Quand on considère dans leur ensemble les formes qui revêtent les plis dans notre région, on ne peut s'empêcher d'admettre une marche lente et régulière du phénomène qui les a produits. Mais en raison des irrégularités techtoniques du plateau des Franches-Montagnes, et des plissements secondaires plus ou moins faillés qui affectent les synclinaux, comme aussi la forme en chaudron de quelques vallons, on pourrait admettre des mouvements orogéniques prolongés après le plissement principal de notre territoire. C'est là une question très délicate que nous ne pouvons qu'effleurer. On voit bien dans les côtes du Doubs que le plissement est fort antérieur aux premières attaques de l'érosion sur les bancs encore en place. Les synclinaux carrés lancent dans les airs des lames verticales de rochers qui ne peuvent pas s'être redressées au bord d'un isoclinal d'érosion. (Fig. 8.) Il faut que les voussures aient été reliées de part et d'autre de la frontière. Cette circonstance fait remonter le plissement de la région du Doubs bien avant l'époque glaciaire, qui a laissé des dépôts stratifiés dans la cluse de Goumois, et de même bien avant la formation de la vallée actuelle, encaissée dans les étages jurassiques. Mais nous avons vu ailleurs que le plateau des Franches-Montagnes est la région continentale la plus ancienne de notre territoire; c'est bien sur ses bords que les premiers plis se sont formés. Ailleurs, comme dans la région de Neuchâtel, on a des formes beaucoup plus jeunes et des érosions moins avancées.

Il est une circonstance qui jette à notre avis un grand jour dans la question d'âge relatif et de mode du plissement, c'est la forme de la longue chaîne du Weissenstein. Cette chaîne le plus souvent déjetée au sud (Günsberg, Grenchenberg, Montoz), séparant, à partir du Sonnenberg, la région des

Franches-Montagnes plus ou moins émergée à l'époque miocène, du territoire des grandes arêtes qui nous paraissent plus jeunes, doit avoir limité à une certaine époque, également assez reculée dans la période pliocène, le bassin suisse de la région en voie de plissement. Le déjettement vers le sud est trop la règle dans cette chaîne, pour être une circonstance purement fortuite et sans cause. Il est en effet facile à concevoir que le bord de la plage en voie de plisse-

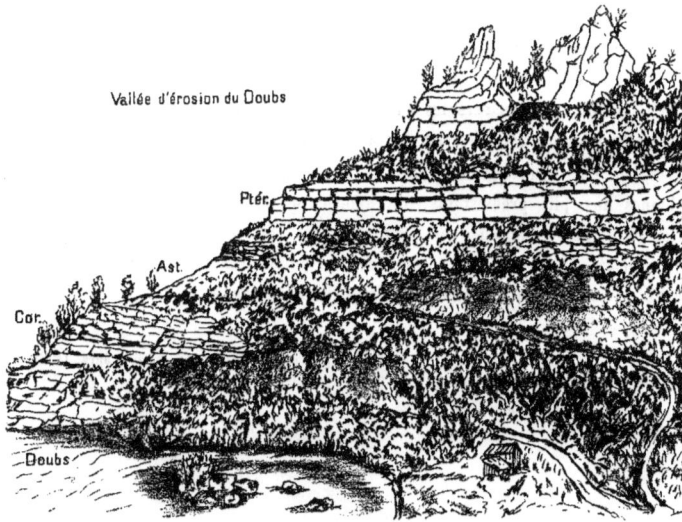

Fig. 8. Au bord du Doubs près du Moulin-Theusserret.

ment ait dès le début dirigé le pli vers le golfe helvétique, tandis que les autres chaînes situées plus au nord, ainsi que les voussures des Franches-Montagnes, qui ne présentent rien de constant sous ce rapport, se sont plissées ad libitum.

Une fois la bordure du Jura ébauchée, les plis des chaînes méridionales sont venus s'adjoindre à la chaîne côtière, sans que rien n'ait pu reproduire le même déjettement. Au contraire, la forme arquée de la chaîne du Weissenstein a plutôt favorisé le déjettement au nord pour les chaînes méridionales, ce qui est la règle.

Quant à savoir de quel côté est venu l'effort orogénique agissant par refoulement horizontal pour faire surgir les plis, et si le Jura est un plexus de refoulement[1]) procédant des Alpes[2]), c'est là une question qu'on ne peut traiter convenablement que par l'étude de toutes les chaînes du Jura. Il nous semble dès à présent que le refoulement tangentiel peut provenir aussi bien du nord que du sud, et que dans le principe de la contraction de l'écorce terrestre, l'effort orogénique doit agir de plusieurs côtés à la fois. La concavité de nos chaînes vers les Alpes est évidemment déterminée par la forme du golfe miocène qui décrivait à peu près la même courbe.

Un fait nous paraît acquis, c'est le mode d'adjonction de nouvelles chaînes aux plis préexistants, les extérieures sont plus jeunes que les intérieures. Quelle différence en effet entre les voussures ouvertes et découpées de Soleure, et les voûtes presque intactes de Neuchâtel, deux régions situées dans des conditions d'altitude et d'exposition analogues.

[1]) J. Thurmann: Excursions de la Société géologique de France dans le Jura. (Bull. de la Soc. géol. de France, 1re série, t. 9, p. 421.) 1838.

[2]) B. Studer: Eodem loco, p. 424.

TROISIÈME PARTIE.

ÉROSIONS.

CHAPITRE I.

Erosions éocènes et miocènes.

Il y a dans notre territoire quatre dépôts qui témoignent des anciennes érosions, et qui par leurs matériaux nous permettent de faire la part de chacune d'elles. C'est d'abord à la base du tertiaire, le sidérolithique, avec ses remaniements de crétacique inférieur. Ce dépôt fait supposer des érosions éocènes qui peuvent avoir commencé déjà dans les temps secondaires, à la fin de la période crétacique. Les érosions miocènes renferment leurs documents dans la gompholithe qui présente les éléments remaniés du sidérolithique avec des galets portlandiens et kimméridiens; dans les poudingues polygéniques miocènes avec des galets jurassiens de tous les étages, depuis la dalle nacrée jusqu'au delémontien, à côté de ceux de la nagelfluh du plateau suisse. Quant à l'alluvion ancienne qui contient toutes les roches du Jura avec celles du Valais, elle est évidemment quaternaire et suit de loin la formation du relief principal du Jura.

Ce qui caractérise les altérations sidérolithiques, c'est l'absence de fragments de roches plus anciennes roulées et triturées pendant ou avant la formation de ce dépôt. Les remaniements du hauterivien que nous avons signalés ne présentent pas les signes ordinaires de l'érosion mécanique, mais seulement le transport de masses disloquées dans des poches préexistantes. Le terrain sidérolithique proprement dit, abstraction faite des sables vitrifiables, lorsqu'il n'est pas lui-même remanié, ne présente pas de roches clastiques. Son mode de formation doit s'être effectué en grande partie par voie chimique.

On peut en conclure que le sol ne présentait alors aucun relief, et que les ablations qui datent de cette époque sont plutôt des dissolutions que des érosions proprement dites. Il faut bien se garder d'y rattacher la gompholithe, qui revêt d'autres caractères, et doit être d'âge plus récent par sa position stratigraphique supérieure au sidérolithique.

L'absence du crétacique et du portlandien sur la plus grande partie de notre territoire, et le recouvrement sidérolithique du kimméridien corrodé, voire même de l'astartien, parlent en faveur d'ablations importantes qui doivent au moins dater de l'époque éocène. En examinant le substratum des bolus et de la mine de fer, depuis Delémont jusqu'à Bienne et à Neuchâtel, on acquiert la conviction que ces ablations deviennent de moins en moins considérables à mesure qu'on avance vers le sud. A partir de Bienne vers l'ouest, on ne trouve plus le sidérolithique que dans les crevasses du crétacique, et combiné avec le remaniement de la marne hauterivienne. Il résulte de cet état de choses que le rivage éocène était de plus en plus dénudé à mesure qu'on s'éloigne davantage de la mer qui séjournait au nord et sur l'emplacement actuel des Alpes. On pourrait en inférer que ces ablations résultent du retrait graduel de cette mer vers le sud ou le sud-ouest, et qu'ainsi la plage éocène s'est agrandie progressivement dans cette direction. Cette déduction semble confirmée par les différences d'âge des faunes éocènes d'Egerkingen, de Moutier et du Mormont, d'après les études de M. Rütimeyer[1]).

Le plus ancien dépôt qui à notre connaissance du moins renferme des galets jurassiens est la gompholithe. Il est fort probable d'après les recherches de MM. Kilian[2]) et Gutzwiller[3]) que ce poudingue d'origine essentiellement jurassienne forme le cordon littoral de la mer tongrienne. La gompholithe existe en Ajoie[4]), aux Franches-Montagnes (Pré-Petitjean), aux Brenets[5]), à

---

[1]) Description géol. du Jura bernois, p. 159.

[2]) W. Kilian. Notes géologiques sur le Jura du Doubs, 3e part., p. 41, Mém. Soc. Emul. de Montbéliard et Bull. Soc. géol. de Fr. 1884.

[3]) A. Gutzwiller. Beitrag zur Kenntniss der Tertiärbildungen der Umgebung von Basel, p. 194-195, Verh. Basel, Bd. IX.

[4]) J. Thurmann. Premières données sur les terrains tertiaires de l'Ajoie, Lettre XI, Mittheilungen Bern 1852, et A. Gressly, Actes Soc. helv. 1853.

[5]) A. Jaccard. Description géol. du Jura vaudois et neuchâtelois, p. 112.

Châtelat dans le Petit-Val, et partout dans le val de Delémont sur le sidérolithique[1]). Ses affleurements du Petit-Val sont surtout bien accessibles à
l'observation. A côté de quelques roches énigmatiques (galets de brèches),
tous les galets de la gompholithe sont portlandiens et kimméridiens. Nous trouvons ici les débris des premières érosions violentes qui ont affecté le jurassique.
Il est bien remarquable de n'y pas découvrir en abondance des éléments crétaciques. Ce fait peut jusqu'à un certain point nous donner la mesure des
ablations ou des décompositions éocènes et prétertiaires. Par contre la mine
de fer s'y trouve fréquemment à l'état remanié. Il y a des couches entières
formées de bolus et de sable vitrifiable remaniés, situées entre d'autres couches
également imprégnées des mêmes éléments, mais formées essentiellement de
gompholithe (S. de Châtelat). Les caractères de la gompholithe qu'on ne
retrouve pas à ce degré dans les autres poudingues miocènes sont en outre
des impressions très fortes sur les galets, et des éraillures avec sertissages de
grains de fer ou de quartz. Il est bien évident que tous ces accidents, comme
aussi la formation des pisoolithes ferrugineuses, peuvent se reproduire à tous les
niveaux. Mais on ne les trouve pas développés dans les formations analogues
plus récentes. Nous ne pensons pas non plus que la mine de fer puisse se
former isolément au milieu des galets; elle exige des conditions spéciales dont
le terrain sidérolithique fournit l'exemple. Bref, les matériaux de la gompholithe
montrent clairement les érosions qu'a subies la région émergée du Jura central. Nous pouvons maintenant conclure de l'absence, ou en tout cas de la
grande rareté des roches profondes du malm et du dogger, que le soulèvement et la découpure du Jura n'étaient pas très avancés. Le redressement des
couches de la gompholithe dans tout notre territoire prouve aussi que le plissement du Jura n'existait pas encore. M. Gutzwiller cite de même dans le
conglomérat du Witterswilerberg l'absence des galets du dogger et la concordance avec le calcaire corallien. Mais dans notre territoire, les ablations
prémiocènes ne font pas même supposer un découvrement aussi profond du
malm, et les roches si caractéristiques du séquanien font entièrement défaut
dans notre gompholithe. Il n'est donc pas question d'y recueillir la liste des

[1]) J. B. Greppin. Description géol. du Jura bernois, p. 115.

roches citées par Greppin qui y indique même des galets conchyliens[1]). Toutefois les ablations, comme nous l'avons déjà vu à propos du substratum du sidérolithique, sont plus fortes dans le nord du Jura que dans notre territoire. D'après Greppin, le tongrien repose à Röteln sur le bajocien (Description géol. du Jura bernois, p. 311). Mais la stratification concordante laisse partout reconnaître que le plissement du Jura n'avait pas encore commencé.

Le poudingue polygénique miocène, superposé au muschelsandstein, contient des roches beaucoup plus variées que celles de la gompholithe, et montre bien que l'érosion continuait son œuvre sur les rivages rétrécis de notre territoire. On trouve à la Chaux-de-Fonds l'helvétien en transgression sur le crétacique et recouvrant les inégalités du portlandien, de sorte que là aussi les érosions prémiocènes avaient déjà découpé le crétacique et découvert le portlandien, sans qu'il soit toutefois possible de constater une forte discordance de stratification. L'helvétien contient ici des débris roulés et des fossiles du gault. A la Chaux-d'Abel, sur le prolongement du synclinal de la Chaux-de-Fonds, le même terrain rempli de galets portlandiens recouvre immédiatement les bancs portlandiens, et le tout est en stratification horizontale. Un peu plus à l'est, aux Cerneux-ès-Veusils-dessous, à 1040 m. d'altitude, où le même synclinal est rétréci, la molasse marine est fortement redressée avec le portlandien qu'elle recouvre encore en concordance de stratification. Sous-le-Terreau, près du Noirmont, on trouve un calcaire coquillier appartenant à l'helvétien inférieur, et reposant sur le kimméridien. A Undervelier, plus de muschelsandstein, mais le terme suivant, le poudingue polygénique s'applique contre les bancs redressés du delémontien, toujours en concordance de stratification. Nous trouvons ainsi sur une même ligne très voisine du rivage, une série de lambeaux helvétiens qu'on peut considérer comme marquant le rivage miocène. On ne retrouve rien de semblable dans les synclinaux situés plus au nord-ouest. Quant aux vallons tertiaires du Jura bernois, ils présentent tous des dépôts miocènes puissants qui ne laissent aucun doute sur les relations sous-marines de cette région avec le plateau suisse. La terre ferme à l'époque helvétienne se trouvait donc située au nord-ouest de la ligne Chaux-

---

[1]) Ces derniers existent à Girlang et dans le val de Laufon dans la Juranagelfluh d'âge helvétien. Ils proviennent probablement de la Forêt-Noire.

de-Fonds-Undervelier et s'étendait probablement assez loin sur le Jura français actuel.

Grâce au recouvrement par la mer, les érosions miocènes du Jura central sont moins importantes que celles de l'époque éocène. Ailleurs que dans la région côtière, les galets jurassiens ne sont pas fréquents dans l'helvétien. Nous en avons vu un de dalle nacrée à Tramelan, parmi de nombreux granites roses, des quartzites, des calcaires noirs, etc., bien connus. Par contre le conglomérat de la tourbière de Chantereine, qui pourrait appartenir à cette formation, contient surtout des galets jurassiques, et aussi quelques-uns provenant du crétacique inférieur. Le poudingue polygénique de Champ-Chalmé à Court contient de gros blocs peu arrondis, et troués par les pholades, provenant des calcaires d'eau douce inférieurs, et d'autres de muschelsandstein mélangés à ceux d'origine étrangère. C'est un point remarquable de nos vallons où les terrains tertiaires immédiatement inférieurs au poudingue polygénique ont été arrachés par la vague et accumulés au pied de quelque voussure naissante. A un niveau supérieur, compris dans les sables à Dinotherium à Court et à Courtelary, il existe de nouveau des galets jurassiens qui parlent en faveur du retrait de la mer miocène, et de nouvelles érosions sur une plage agrandie.

En présence de tous ces débris, qui témoignent des érosions miocènes, nous ne pouvons que transcrire ici un passage de Thurmann qui considérait notre Jura comme le produit d'une longue suite de phénomènes orogéniques, quand il dit: „On est conduit par cette voie, comme par beaucoup d'autres, à admettre que le relief jurassique ne saurait être envisagé comme produit d'un seul fait, mais qu'il faut le regarder comme le résultat d'une série de faits qui se sont répétés depuis l'*époque néocomienne* inclusivement jusqu'à la fin de la période tertiaire." (Lettres écrites du Jura à la Société d'histoire naturelle de Berne, Lettre I, p. 15.) C'est *époque sidérolithique* qu'il faut lire, parce que Thurmann rattachait la formation sidérolithique au néocomien.

Il est difficile, à cause des érosions pliocènes, de se faire une juste idée de la part qui revient à chaque époque dans le phénomène de l'érosion. Nous avons vu quelle fut la dénudation générale du jurassique avant la formation du sidérolithique. Nous pouvons entrevoir les ravinements qui ont donné lieu au dépôt de la gompholithe. Mais les érosions miocènes proprement dites, ou helvétiennes en entamant des points exposés aux agents atmosphériques et aux attaques de la vague, n'ont pas, à notre avis, exercé une grande influence sur le relief de notre territoire, précisément à cause du recouvrement général par la mer d'abord, puis par des lagunes. Leur action s'est concentrée surtout au plateau des Franches-Montagnes, où, pour en donner un exemple, il est possible d'y rattacher la première ébauche de la Combe-de-la-Ferrière, qui fut la cause d'un décrochement horizontal lors du plissement de cette région.

CHAPITRE II.

Érosions pliocènes et quaternaires.

Quant on considère les dépôts d'alluvion ancienne qui sont conservés en quelques points de nos gorges, comme en particulier dans la cluse de Goumois, on acquiert bien vite la conviction que les érosions pliocènes ont accompli une œuvre autrement importante que les érosions quaternaires combinées avec les phénomènes glaciaires. En effet, tandis que les dépôts glaciaires et fluvioglaciaires ne recouvrent que le sud de notre territoire, les vallées d'érosions avec les cluses qui n'ont pas échappé à ce comblement, nous prouvent que le creusement de ces vallées est antérieur à l'arrivée des glaciers. On doit du reste faire la part de chaque période dans son œuvre de terrassement. Mais tandis que les matériaux enlevés à notre sol pendant l'époque quaternaire ont été déposés sur place, et que les comblements fluvio-glaciaires sont encore là dans leur épaisseur et leur position normale, il ne reste presque rien des matériaux remaniés pendant la période pliocène. Il faut les chercher sous les grandes vallées quaternaires voisines, et c'est là une étude difficile à faire. On trouve en effet sous les terrains glaciaires et fluvio-glaciaires de la vallée de l'Aar (près de Brügg par exemple), de grands amas de matériaux jurassiens d'origine fluviatile. Mais en présence de la périodicité des phénomènes erratiques, il est difficile d'établir ce qui est l'œuvre des premières glaciations, et ce que les érosions pliocènes ont enlevé ou édifié avant elles. Nous traiterons donc en bloc les érosions postmiocènes. C'est par elles que les plis du Jura ont été découpés dans la direction des eaux, que les ruz, les impasses, les combes oxfordiennes, les cirques et les cluses ont été creusés. (Fig. 5 à 8.)

Il ne faudrait pas s'imaginer pour cette œuvre de sculptage, l'intervention de grands cours d'eau qui auraient laissé les sillons continus de leurs vallées d'érosion, comme c'est le cas pour le Doubs. On ne trouve pas aux Franches-Montagnes qui sont dépourvues de cours d'eau, des vallées de ce genre. On n'y voit pas non plus de dépôts d'alluvion ancienne, comme c'est le cas dans plusieurs vallons tertiaires et diluviens. (Sonceboz, Malleray.) Seule une brèche à petits éléments jurassiens dans la combe oxfordienne de Rière-Jorat, au nord de Tramelan, pourrait faire supposer quelque action fluviatile en ce point, comme l'admettait aussi Greppin. On les retrouve à Tramelan et à St-Imier sous le terrain morainique mésoglaciaire.

Mais les agents atmosphériques et la dissolution des roches par les eaux météoriques rend aussi bien compte des érosions des voussures que l'eau courante. Il faut seulement considérer pour cette dissolution l'immensité du temps des périodes géologiques. La période pliocène qui a laissé ailleurs qu'en Suisse des dépôts considérables prend une importance au moins égale à celle qui a formé les molasses. Les érosions atmosphériques revêtent aux Franches-Montagnes un caractère particulier grâce à la circonstance de sa perméabilité. Ce plateau, malgré ses nombreuses voussures, est comme un crible muni de fondrières qui absorbe les eaux et ne les laisse pas traverser ses assises calcaires sans les saturer de carbonate calcique. Le lehm remanié par les glaciers et contenant des blocs erratiques plus ou moins triturés doit provenir en grande partie de cette lévigation superficielle du sol.

Les mêmes phénomènes se sont reproduits dans les grandes voussures, mais ici les grandes pentes ont permis la formation des filets d'eau, bientôt encaissés dans des ruz tertiaires, puis dans des couches jurassiques, et les larges fronts de ces plis se sont à leur tour découverts sous cette dissolution générale. Mais il est un facteur qui doit intervenir dans l'érosion du sol jurassien, c'est l'alternance des couches calcaires et des couches marneuses, des assises tour à tour perméables et imperméables, qui ont accéléré la désagrégation sur les terrains inclinés, et qui ont canalisé les eaux, en concentrant sur certaines lignes leur action érosive. C'est ainsi qu'une voussure une fois ouverte jusqu'à l'oxfordien, la brèche a dû s'élargir par la chute et le glissement des quartiers de roc sur les pentes marneuses. Ces phénomènes se reproduisent encore de nos jours. L'oolithique est en général plus résistant au délit que les marno-calcaires du malm fendillés, fissurés et parfois décomposés d'avance. C'est la raison de la proéminence des dômes oolithiques et de leurs croupes arrondies. Les cirques représentent les extrémités des brèches, ils s'agrandissent chaque jour par la chute des quartiers de rocs. On en voit plusieurs orientés au sud, dans le flanc des voussures, ce sont les moins avancés. (Coulou, Raimeux.)

La désagrégation des roches est donc le ciseau qui a taillé nos montagnes depuis la période pliocène jusqu'à nos jours. Les combes marneuses mises à découvert sont le véhicule qui transporte les débris dans les ruisseaux. Le plissement du Jura ne s'est sans doute pas opéré brusquement; on n'en voit pas la raison; s'il est dû à la contraction du globe, il doit au contraire avoir été lent et graduel. On peut dès lors s'imaginer combien de voussures furent entamées par les eaux pliocènes dans leur retrait, et comme elles ont tracé le lit des rivières qu'elles laissaient après elles. Les cluses ont reçu leur ébauche en même temps que les voussures; autrement rien ne pourrait expliquer leur position en des points intermédiaires entre les sommets des voussures et les nœuds confluents. Si le relief du Jura s'était produit brusquement, ne verrait-on pas plutôt les nœuds confluents entamés par des cluses, ce qui n'existe presque pas sur notre territoire. Et quant à l'opinion que pourraient partager quelques personnes peu familiarisées avec la forme des voussures et la position des cluses, au sujet des ruptures et des cassures transversales des chaînes qu'auraient ensuite agrandies les eaux, c'est là une simple illusion. Desor[1]) a cru voir dans la forme et l'orientation des cirques la preuve de l'action glaciaire qui, selon d'autres, aurait aussi déterminé la formation des cluses. Mais tous les cirques du Jura ne sont pas orientés comme le Creux-du-Van ou la Röthifluh. Cette accentuation de la concavité des cirques peut jusqu'à un certain point s'être produite sous l'influence des anciens glaciers, mais elle n'est point originelle et n'explique pas le creusage des voussures, ni la position des cluses. Pour s'en rendre compte, il faut considérer d'autres facteurs, comme la direction des eaux de sources et la différence d'altitude

---

[1]) Desor. Bulletin de Neuchâtel, t. V, p. 206, 1860.

des rampes. En effet, les sources minent les voûtes et occasionnent des éboulements, favorisés encore par les fonds marneux. On voit aussi que les rampes les plus élevées sont les plus fortement entamées.

La vallée du Doubs est tantôt resserrée dans de profondes ravines monoclinales, tantôt elle traverse des cluses. Son parcours produit sur la limite de notre territoire une ligne brisée qu'il est facile de décomposer. Depuis le Saut-du-Doubs jusqu'à Biaufond, vallée d'érosion isoclinale; à Biaufond, cluse; depuis la Cendrée jusqu'au Moulin-du-Theusserret, nouvelle vallée d'érosion isoclinale; puis cluses de Goumois et de Vautenaivre; depuis le Moulin-du-Plain jusqu'à Lobchez, vallée isoclinale; à Lobchez, demi-cluse ou impasse dans une chaîne française; boucle et retour par une impasse parallèle jusqu'à Soubey; vallée isoclinale jusqu'à Montmelon, puis cluse jusqu'à St-Ursanne et rebroussement vers l'ouest. A l'origine du plissement, le Doubs coulait dans des synclinaux parallèles et réunis par les ébauches des cluses actuelles. Le soulèvement de la région, combiné avec le plissement définitif, l'a encaissé dans le lit qu'il a continué à se creuser sur cette ligne. Or, quel singulier phénomène aurait pu briser ainsi nos plis suivant des lignes transversales, pour ne parler que de celles-là, juste autant qu'il en fallait pour le passage du Doubs, sans en produire d'autres restées sous eau. Et remarquons bien que les plis de chaque rive, dans tous leurs détails, jusqu'au pli-faille de Beaugourd, sont parfaitement correspondants. Il peut y avoir dans tout ce territoire une seule fracture, c'est celle du Bas-Monsieur. Elle est antérieure au plissement parce qu'elle a occasionné des chevauchements et des discordances dans les plis de chaque rampe. Mais si, comme nous en avons la conviction, elle est due essentiellement aux érosions de la rive miocène, on peut à la rigueur se passer d'une cassure.

C'est aux érosions pliocènes et quaternaires que revient la plus grande part dans le sculptage de nos montagnes. Les ablations prétertiaires et les ravages tongriens n'ont affecté que la couverture des étages supérieurs du jurassique, sans les entamer bien profondément. Les érosions miocènes ont été cantonnées sur une petite partie seulement de notre territoire, où elles ont produit quelques ravinements qui ont brisé la régularité et la confluence des plis. Mais les érosions pliocènes ont attaqué le relief entier du Jura dès le début de sa formation, elles l'ont entamé profondément. Une fois plissées, les chaînes du Jura ont été épluchées couche après couche, depuis les revêtements meubles du tertiaire, jusqu'aux étages calcaires du malm et du dogger; les agents atmosphériques et les ruisseaux ont dissous et brisé les roches, entraîné les marnes et creusé des ruz, des combes, des cluses, des cirques, sur lesquels vint enfin passer la masse mouvante des glaces quaternaires qui adoucit les saillies et remplit de débris les dépressions.

Et de nos jours encore, ne voyons-nous pas dans les gorges à peine ébauchées, les mêmes éléments à l'œuvre, quoique peut-être dans une plus faible mesure, attaquer les roches, les menuiser et les emporter dans les rivières? Et la goutte de pluie qui frappe les arêtes et les voussures pour en dissoudre la substance, n'a-t-elle pas des milliers de compagnons d'œuvre revenant sans cesse à la charge pour ébrécher le roc, pendant que les années nous emportent nous-mêmes, sans que nous puissions nous rendre compte directement du travail accompli par la nature?

Mais combien de matériaux ont été enlevés à nos montagnes par les érosions! C'est ce que nous allons soumettre à une estimation aussi exacte que possible. Nous évaluerons pour cela d'abord la surface de nos affleurements; d'où, connaissant les extensions primitives de chaque formation, nous pourrons ensuite déduire les atteintes de l'érosion. Pour plus de facilité nous considérerons toutes les couches dans une position horizontale, comme on croit les voir sur la carte au $1/25000$, ce qui doit nous fournir un chiffre éloigné de toute exagération. Nous comprendrons aussi les érosions éocènes et miocènes dans le résultat général.

CHAPITRE III.

Surfaces des affleurements.

§ I. Surface du territoire.

Il nous a été possible au moyen d'un planimètre polaire du modèle de Amsler, de mesurer assez exactement notre territoire, dont un carré du réseau des coordonnées au $1/25000$ fait juste 350 divisions qui correspondent à une surface de 2,175625 km². D'où une division du planimètre fait 0,00621607 km².

Nous avons compté sur notre coloriage 474 carrés pleins, avec 9 carrés complétés sur une bande, plus des surfaces irrégulières sur les bords faisant au planimètre 11389 divisions. Il en résulte la surface totale suivante:

474 carrés de 350 divisions $=$ 165900 divisions $=$ 1031,24625 km²

9 carrés de 350 „ $=$ 3150 „ $=$ 19,58062 „

Bordures mesurées au planimètre $=$ 11389 „ $=$ 70,79482 „

Total 1121,62169 km².

Rectangle à peu près équivalent:

longueur depuis Plamboz à Gänsbrunnen . . $=$ 60 km.

largeur moyenne entre Cornaux et Biaufond $=$ 19 km.

Surface 60 $\times$ 19 $=$ 1140 km².

Note I.

Carrés pleins: ligne la Sagne-Landeron	. . . .	41	
Chaux-de-Fonds-Douanne	. .	66	
Vallanvron-Bienne.	. . . .	81	
Biaufond-Grenchen	. . . .	101	
Goumois-Gänsbrunnen	. . .	101	
Vautenaivre-Vermes	. . . .	84	
	Total	474	carrés pleins.

Bordures, carrés incomplets: Vautenaivre	. . . . . .	786	divisions
Soubey	. . . . . .	1,064	„
Saignelégier	. . . . .	971	„
Biaufond	. . . . . .	634	„
Breuleux	. . . . . .	359	„
Vallanvron	. . . . . .	948	„
Neuveville	. . . . .	1,007	„
Douanne	. . . . . .	919	„
St-Blaise	. . . . . .	1,005	„
Landeron	. . . . . .	547	„
Bienne	. . . . . .	796	„
Orvin	. . . . . .	923	„
Grenchen	. . . . . .	1,310	„
	Total	11,269	divisions
1 rectangle à Cornaux		120	„
	Total	11,389	divisions.

§ II. Mesurage des affleurements.

Suivant Note II.

Keuper	. . .	63	divisions	=	0,391613	km^2
Lias	. . .	594	"	=	3,692345	"
Dogger	. . .	13,354	"	=	83,009399	"
Crétacique	. . .	10,072	"	=	62,602570	"
Tertiaire	. . .	29,460	"	=	183,125422	"

Total   332,821349 km^2

Note II.

Keuper + Lias.

1. Soubey	. . . . .	225	divisions	Keuper seul 53 divisions.
2. La Fonge	. . . .	16	"	
3. Le Coulou	. . . .	55	"	
4. Roche	. . . . . .	150	"	Keuper seul 10 "
5. Brüggli	. . . . .	141	"	
6. Rüschgraben	. . .	8	"	
7. Combe-aux Auges	. .	1	"	Total 63 divisions.
8. Steinersberg	. . . .	61	"	

Total   657 divisions.
Keuper .   63   "
Lias seul   594 divisions.

Dogger seul.

1. Vautenaivre	. . . . . .	189		Report	6502
2. Homenne	. . . . . .	62	16. Roselet		30
3. Cerniévillers-St-Brais	. . . .	1387	17. Gros bois derrière	. . . . .	30
4. La Bosse	. . . . . .	196	18. Jorat		259
5. Les Rottes	. . . . . .	264	19. Moron		205
6. Saucy-La Racine	. . . . .	679	20. Graitery		102
7. Sceut	. . . . . .	164	21. Sonchal		23
8. Forges d'Undervelier	. . . .	164	22. Stalberg		819
9. Rebévelier	. . . . . .	52	23. Biaufond	. . . .	209
10. Pichoux	. . . . . .	71	24. Cerneux-Crétin		552
11. Vellerat	. . . . . .	539	25. Cerneux-Joly	. . . . . .	66
12. Coulou-Raimeux	. . . . .	1713	26. La Dente	. . . . . .	173
13. Goumois	. . . . . .	83	27. }		
14. Boiechat	. . . . . .	6	28. } Allévaux		19
15. Montbovets	. . . . . .	933	29. }		
	Report	6502		Report	8989

	Report	8989
30. Georget	. . . .	3
31. Montoz	. . . .	388
32. Rondchâtel	. . . . . .	23
33. Steinersberg	. . . . . .	460
34. Brenetets	. . . .	6
35. Maison-Monsieur	. . . . .	5
36. Pélard	. . . .	10
37. Aiges	. . . .	48
38. Saignats	. . . .	32
39. Echelette	. . . .	12
40. Combe-Grède	. . . . . .	3
	Report	9979

	Report	9979
41. Métairie de Dombresson	. . .	4
42. Petit-Chasseral	. . . . . .	470
43. Feuerstein	. . . .	10
44. Pouillerel	. . . .	600
45. Sur-le-Plâne	. . . .	108
46. Bénéciardes	. . . .	246
47. Petites-Crosettes	. . . . . .	114
48. Joux-du-Plâne	. . . . . .	368
49. Treymonts-Montpéreux	. . . .	1425
50. Sagneule	. . . .	30
	Total	13,354

Lambeaux tertiaires.

	1. Base sidérolithique.		2. Oeningien seul.
1. Val de Soulce	. . . .	1055 divisions.	
2. Rebeuvelier-Vermes	. . . . .	800 „	130
3. Pécher	. . . .	69 „	
4. Bellelay	. . . .	432 „	
5. Petit-Val	. . . .	1149 „	
6. Moutier-Grandval	. . . . . .	2877 „	
7. La Chaux	. . . .	15 „	
8. La Paule	. . . .	11 „	
9. Tramelan	. . . .	537 „	148
10. Val de Tavannes	. . . . . .	6706 „	64
11. Chantereine	. . . .	50 „	
12. Sous le Terreau	. . . . . .	2 „	
13. Chaux-d'Abel	. . . .	80 „	
14. Cerneux-ès-Veusils	. . . . .	1 „	
15. Breuleux	. . . .	15 „	
16. Vallon de St-Imier	. . . . .	3625 „	25
17. La Hutte-Péry	. . . . . .	861 „	
18. Vauffelin	. . . .	163 „	
19. Chaux-de-Fonds	. . . . . .	506 „	300
20. Corbatière-la-Sagne	. . . . .	631 „	270
21. Montagne de Diesse	. . . . .	1722 „	
22. Orvin	. . . .	573 „	
23. Val-de-Ruz	. . . .	4549 „	
24. St-Blaise	. . . .	20 „	
25. Pied du Jura	. . . .	3011 „	
	Total 29,460 divisions.		Total 937 divisions.

Crétacique.

		1. Avec tertiaire englobé.		2. Tertiaire seul.
1.	Cormoret	176 divisions.		83 divisions
	Villeret	540 "		387 "
	St-Imier	1289 "		390 "
	Convers	389 "		127 "
2.	Grafenried	50 "		
3.	Métairie-des-Plânes	14 "		
4.	Château d'Erguel	4 "		
5.	Ecouellottes	40 "		
6.	Chaux-de-Fonds	600 "		506 "
7.	La Sagne	1249 "		631 "
8.	Côty	795 "		
9.	Val-de-Ruz	6917 "		4549 "
10.	Hauterive-Enges	1459 "		20 "
11.	Cornaux-Gléresse	1691 "		
12.	Montagne-de-Diesse	2646 "		1722 "
13.	Orvin	850 "		573 "
14.	Douanne	142 "		
15.	Vingelz-Bienne	192 "		
16.	Lausberg	17 "		

Total 19,060 divisions. Total 8,988 divisions.

Tertiaire 8,988 "

Crétacique seul 10,072 divisions.

Malm: par soustraction: 1121,62169 km².

332,82135 km².

788,80034 km².

Oeningien spécialement:

937 divisions = 5,82445 km².

§ III. Pourcentage des affleurements.

Oeningien . . . . . 5,82445 km² = 0,5 %

Base du Tertiaire . . 183,12542 km², à peu près 183 km² = 16,31 %

Base du Crétacique . . 62,60257 km², " 63 km² = 5,61 %

Base du Malm . . . 788,80034 km², " 789 km² = 70,32 %

Dogger . . . . . . 83,00939 km², " 83 km² = 7,40 %

Lias . . . . 3,69234 km², }

Keuper . . . . . . 0,39161 km², } " 4 km² = 0,35 %

§ IV. Surface occupée par le portlandien.

Il est nécessaire pour les estimations qui vont suivre, d'avoir la surface occupée par le portlandien par ses affleurements, et par ses surfaces recouvertes de crétacique ou de tertiaire. Nous avons trouvé le résultat suivant : (Note III.)

Portlandien : 73697 divisions = 458,093278 km².

Note III.

Plain de Saigne	78	1 %	Report	31,510	
Le Pécher	147		Pouillerel	9	
Le Cernil	345	10,5 %	Bassets	16	4 %
Tramelan	380		Vallanvron	48	
Monible	460		Chemin-Blanc	40	
Les Ecorcheresses	354	9,8 %	Clermont	30	
Sornetan	355		Coronel	40	
Bellelay	596	49 %	Sonvillier	2450	31 %
Tavannes	3118		Plan-Marmet	84	
Court	5081	64 %	Villeret	1378	
Souboz	266		Plânes	40	
Verrerie-de-Moutier	890		Limes	98	35 %
Chaluet	1120	31 %	Gouguelisses	78	
Lommiswyl	590		Nods	1444	
Barrières	200		Pont-des-Anabaptistes	20	
Cerneux-ès-Veusils-dessous	738	13 %	Prés-Vaillons	60	76 %
Cerneux-ès-Veusils-dessus	100		Orvin	3962	
La Biche	65		Bienne	1874	99 %
La Chaux	406		Pouillerel	15	
La Paule	638	48 %	Chaux-de-Fonds	1130	35 %
Courtelary	2935		La Sagne-Convers	1170	
Tavannes	590		La Loge	590	
Soneeboz	3704	53 %	Convers	245	70 %
Boveresses	150		Dombresson	5620	
Montoz	60		Lignières	7480	99 %
Péry	1222	59 %	Douanne	1543	99 %
Vauffelin	3594		La Sagne	1508	60 %
Bürenberg	20		Coffrane	3502	
Grenchen	3220	40 %	Fontaines	3768	93 %
Maison-Monsieur	70		St-Blaise	3155	
Planchettes	18		Cressier	790	100 %
	Total 31,510 divisions			**Total 73,697 divisions**	

Le pourcentage se rapporte aux feuilles du coloriage au ¹/₂₅₀₀₀, prises séparément.
Une feuille entière fait au planimètre 8286 divisions.

§ V. Extension actuelle des terrains.

Au moyen des données précédentes, nous pouvons maintenant calculer l'extension actuelle de plusieurs groupes de terrains, comprenant les affleurements de ces groupes avec leurs recouvrements souterrains. Nous trouvons les surfaces suivantes exprimées en tant pour cent du territoire entier.

Oeningien	5,8 km² =	0,5 %
Tertiaire (Base)	183,0 km² =	16,31 %
Crétacique (Base)	118,5 km² =	15,6 %
Portlandien	458 km² =	40,8 %
Malm (Base)	1035 km² =	92,25 %
Dogger	1118 km² =	99,6 %
Lias-Keuper	1122 km² = 100 %

§ VI. Évaluation des surfaces d'érosion.

En admettant que l'œningien se soit étendu primitivement sur le territoire des Franches-Montagnes, on trouverait une ablation de 99,5 %. Mais en prenant pour sa limite nord-ouest la ligne : Chaux-de-Fonds-Saignelégier-Undervelier, on aurait une surface œningienne de 5,8 km² sur une étendue de 1000 km², au lieu de 1122 km², ce qui donne encore 99,4 % d'ablations. (Les feuilles Vallanvron, Cerneux-Godat, Saignelégier, Montfaucon et Vautenaivre font juste 121,6 km².) Ainsi le chiffre de 99 % indique assez bien les érosions de l'œningien.

Les érosions pour la base du tertiaire comportent plus des 83 % du territoire complet.

En supposant une extension primitive du crétacique sur tout notre coloriage, les ablations produisent le 84,4 %, soit 1,4 % de plus que pour le tertiaire. On reconnaît à cette différence l'existence d'érosions éocènes.

Si l'on considère l'érosion du crétacique sur le territoire de son extension actuelle, on trouve :

Cressier	790	divisions
St-Blaise	6923	„
Douanne	1573	„
Neuveville	7760	„
6 feuilles complètes . .	49716	„ { (St-Imier-Bienne, Chaux-de-Fonds-Landeron)

Total   66762 divisions = 414,997 km².

Sur une surface de 415 km², une extension de 118,5 km² de crétacique, ou les 28,5 % de ce territoire. L'érosion fait par contre 71,5 %, ainsi moins que pour le tertiaire.

§ VII. Représentation graphique des érosions.

Nous avons dressé à l'échelle du $1/25000$ une coupe théorique de la masse des terrains sédimentaires de notre territoire, supposée ramenée à une superposition de troncs de cônes, pour rendre visible par un graphique la somme des érosions qu'ils ont subies. Elle ne s'étend toutefois que jusqu'à l'axe commun au centre des troncs coniques. On y voit le volume plus faible du crétacique par rapport à celui du tertiaire; la base de ce dernier dépasse de beaucoup le sommet du crétacique. C'est l'expression de la transgression tertiaire sur un territoire qui a subi des ablations éocènes. On ne peut pas évaluer exactement et séparément ces érosions, parce qu'elles se sont aussi étendues au malm, et qu'elles se confondent avec les subséquentes.

§ VIII. Volumes actuels et volumes enlevés.

Nous calculerons successivement les troncs de cônes que représente le graphique des érosions au moyen de la formule du prismatoïde :

$$V = \frac{H}{6} (B + b + 4 M).$$

Les rayons des bases sont les suivants :

Oeningien	1 km. 23
Base du tertiaire	7 km. 63
Base du crétacique	6 km. 14
Portlandien	12 km. 06

Base du malm . . . . 18 km. 16
Dogger . . . . 18 km. 60
Lias-Keuper . . . . 18 km. 90

Nous prendrons en outre comme épaisseur moyenne des terrains :

Tertiaire . . . . 90 m.
Crétacique . . . . 70 m.
Malm . . . . 370 m.
Dogger . . . . 170 m.
Lias-Keuper . . . . 150 m.

En effectuant les calculs, on trouve les volumes suivants :

Tertiaire . . . . 6,5295 km^3
Crétacique . . . . 3,6440 km^3
Malm . . . . 273,4929 km^3
Dogger . . . . 180,3180 km^3
Lias-Keuper . . . . . . 165,5895 km^3

Total   629,5739 km^3

En continuant les calculs pour les volumes déposés primitivement, on trouve approximativement :

Tertiaire . . . . 100,98 km^3
Crétacique . . . . 78,54 km^3
Malm . . . . 415,14 km^3
Dogger . . . . 200,74 km^3
Lias-Keuper . . . . 168,30 km^3

Total   963,70 km^3

Nous trouvons maintenant par soustraction les érosions suivantes :

Tertiaire . . . . 94,4505 km^3 ou 93,5 % du volume tertiaire primitif
Crétacique . . . 74,8960 km^3 ou 95,7 % du volume crétacique primitif
Malm . . . . . 141,6471 km^3 ou 34,1 % du volume primitif du malm
Dogger . . . . 20,4220 km^3 ou 10,1 % du volume primitif du dogger
Lias-Keuper . . 2,7105 km^3 ou 1,6 % du volume primitif du lias-keuper

Total 334,1261 km^3 ou 35 % du vol. tot. des sédiments considérés.

Résultats. Il manque *plus du tiers* des sédiments déposés primitivement sur notre territoire. Les érosions prises séparément pour les massifs calcaires donnent pour le malm une érosion de son tiers, pour le dogger une érosion de son dixième, et pour le lias une érosion de son soixante-deuxième.

Remarques. Pour la base supérieure du crétacique, on a mesuré directement l'extension du cénomanien sur la feuille 136 au $^1/_{25000}$ comprise dans notre territoire, qui fait 3,3567 km². Nous avons pris comme base supérieure du malm, celle du kimméridien reportée au sommet du portlandien, pour faire compensation aux saillies des étages calcaires, qui, en prenant celle du portlandien, tomberaient de beaucoup en dehors du volume du tronc de cône. Autrement l'erreur au profit de l'érosion serait trop forte. Nos résultats sont donc plutôt au-dessous de la vérité qu'en dehors.

On ne peut pas, pour ce genre de recherches, prendre un trop grand territoire, à cause des lacunes qui surviennent dans la sédimentation. A ce point de vue, le nôtre est assez uniforme, et se prête bien à ces estimations. Si nous les avions étendues à l'Ajoie et au val de Delémont, nous aurions eu des restrictions à faire pour le tertiaire. Mais même en tenant compte de cette circonstance, nous ne pensons pas que nos résultats eussent été modifiés. On doit ainsi traiter plusieurs régions à part pour établir ensuite des comparaisons.

QUATRIÈME PARTIE

CONSIDÉRATIONS GÉOGÉNIQUES.

Traçons maintenant un aperçu géogénique du territoire que nous venons d'étudier. Nous l'envisagerons au double point de vue de la sédimentation et de l'orogénie, autant que le permet le cadre étroit qui nous est tracé. Il est presque impossible de traiter à fond tous les sujets que comporte l'exploration géologique d'une contrée aussi variée que le Jura. On a pu s'en convaincre par les faits que nous avons signalés et qui demandent à être examinés ailleurs et complétés par d'autres. Nous tâcherons autant que possible de les mettre en harmonie avec les résultats généraux qui sont acquis à la géologie.

I. Histoire de la sédimentation.

Le Jura tout entier a été le domaine des anciennes mers, à plusieurs reprises, et dans des circonscriptions différentes. Vézian[1] admet que la mer a délaissé ce centre de sédimentation à cinq reprises: 1° à la fin de la période jurassique, 2° vers le milieu de la période crétacique, 3° à la fin de la période crétacique, 4° après le dépôt du tongrien, 5° à la fin de la période miocène. Ces conclusions ne sont pas rigoureusement applicables au Jura central, et nous ne pouvons les accepter qu'avec quelques réserves. Nous n'avons pas en effet la preuve du retrait général de la mer après le dépôt du tongrien, puisqu'on est alors au début de la transgression miocène. Il nous reste donc sûrement quatre périodes de sédimentation que nous caractériserons chacune à son tour. Nous donnerons en même temps le faciès général de chaque étage, la profondeur de la mer, et l'éloignement des rivages, autant que nous pou-

---

[1] A. Vézian: Etudes géologiques sur le Jura, p. 6 (Besançon 1874).

vons en juger par les caractères stratigraphiques connus jusqu'à présent. Ce sera comme un résumé de la stratigraphie de notre contrée.

Les terrains triasiques que nous avons pu étudier dans le Jura bernois sont exactement les mêmes que ceux du Jura oriental, et n'apportent en raison de l'exiguité de nos affleurements aucune modification aux connaissances acquises sur ce groupe. D'une formation récifale pour le muschelkalk et de lagune pour le keuper, nous ne trouvons chez nous à la mer triasique aucun indice de l'existence d'îles ou de la proximité du rivage. L'Infra-lias ou le Bone-bed n'indique pas même une formation franchement côtière. Au contraire, les quelques débris recueillis par Mathey[1]) dans les travaux du tunnel de Glovelier revêtent des caractères plus marins que ceux du Jura bâlois.

Durant toute la période jurassique, la mer n'a produit que des oscillations sur notre territoire. On y remarque les mêmes assises liasiques qu'en Franche-Comté; les fossiles y sont cependant un peu moins abondants. C'est une succession non interrompue de marno-calcaires de formation vaseuse et pourtant pélagique, où il n'y a pas trace de récifs. Nous n'avons pas remarqué de débris terrestres dans notre lias, ce qui nous porte à croire qu'il était plus éloigné des rivages que celui de l'Argovie ou de la Franche-Comté.

Le dogger perd vers le sud l'élément ferrugineux de l'aalénien. C'est entre Moutier et le Weissenstein qu'a lieu cette transformation. A la place de l'oolithe ferrugineuse, on ne trouve plus que des marno-calcaires sableux, dont nous voyons le développement complet dans les Alpes. Est-ce un indice d'une mer moins profonde? C'est une question à examiner de ce côté-là. Notre lédonien devient, par contre, vers le haut décidément coralligène. Sableux à la base, puis brèche à échinodermes, sans traces de céphalopodes, il se remplit au sommet de bancs de polypiers de plus en plus riches à mesure qu'on avance vers l'ouest (Montpéreux). On voit, au contraire, vers le nord-est la transition au faciès ferrugineux et à céphalopodes. Nous n'avons rien du type de Bayeux dans cet étage, c'est pourquoi nous avons repris le nom de M. Marcou créé pour les environs de Lons-le-Saunier. Il en est, du reste, de même dans toute la Franche-Comté où dominent les entroques et les polypiers.

---

[1]) F. Mathey: Coupes géologiques des tunnels du Doubs, p. 10.

Le bathonien est constitué comme ailleurs, avec sa grande-oolithe miliaire, succédant aux formations coralligènes, ainsi que le fait se reproduit
dans le malm. Mais le faciès oolithique est plus général et plus uniforme dans
le nord de notre territoire que vers le sud. Il y a, dans cette dernière région, au milieu de l'étage, une intercalation de bancs marneux à céphalopodes,
comme au Furcil près de Noiraigue. Il nous semble dès lors voir le rivage
exister dans la direction du nord du Jura. En outre, il n'y a que vers l'ouest
de véritables bancs du Forest-Marble analogue à celui de Besançon. C'est
dans ses abords que les formations coralligènes rabougries, les lumachelles
d'huîtres et déchinodermes se maintiennent pour se développer surtout dans
l'étage suivant.

Nous avons employé le nom typique d'étage callovien ou kellowien pour
notre calcaire roux-sableux réuni à la dalle nacrée, qui représentent une formation intermédiaire entre les dépôts pélagiques et les coralligènes. Les échinodermes, les brachiopodes, les bryozoaires, quelques acéphales et surtout des
huîtres, des peignes, en constituent la partie organique. Ces dépôts sont uniformément répandus dans notre région du Jura, et se détachent nettement du
bathonien. Mais on trouve bientôt à l'est le passage aux faciès à céphalopodes
et aux faciès ferrugineux, qui prennent une grande extension dans l'Argovie
et dans la Souabe. Nous ne trouvons l'*Ammonites macrocephalus* qu'à partir du
Weissenstein vers le nord-est. On trouve au Graitery dans la dalle nacrée,
qui surmonte les couches à Ammonites macrocephalus, toute l'émigration échi-
nodermique des marnes à discoïdées de Bâle-Campagne et de l'Argovie. Comme
ces dernières occupent la base de l'étage, on peut voir dans ce fait un appro-
fondissement de la mer vers l'est. Quoi qu'il en soit, nous avons à partir du
Forest-Marble, ou son équivalent, les marnes à homomyes, un faciès mixte qui
relie sans lacune le bathonien à l'oxfordien.

Le faciès oolithique ferrugineux ne commence dans notre territoire qu'avec
le niveau de l'Ammonites athleta. C'est aussi à partir de ce moment que
nous avons des lacunes à signaler dans la sédimentation de notre territoire.
Il semble que la mer a transgressé ailleurs en reculant ses rivages. Il n'y a
plus de formations coralligènes et d'échinodermes, les sédiments organiques et
chimiques ont faite place à de minces dépôts argileux où les céphalopodes de

plusieurs niveaux sont venus s'ensevelir. Le faciès est du moins pélagique, et si la présence de bois flottés et de fruits de cycadées dans les marnes oxfordiennes n'annonce pas précisément le voisinage de la terre ferme, comme nous l'avons cru autrefois, du moins pouvons-nous constater à la réduction de ces dernières vers le sud, que la nappe sédimentaire de cet étage vient se terminer en coin dans nos parages, c'est-à-dire que notre territoire marque la limite des apports sédimentaires depuis les rives oxfordiennes. Les oolithes ferrugineuses se reproduisent dans l'oxfordien réduit au niveau de l'Ammonites cordatus ou supérieur (Couches des Crosettes). Comme ces phénomènes se retrouvent ailleurs, on pourra, en réunissant les faciès homologues, reconstituer la forme au large des dépôts de la mer oxfordienne. La profondeur, à en juger d'après des dépôts ochreux, remplis de serpules, reposant directement sur la dalle nacrée dans la région où l'oxfordien disparaît, doit avoir été assez grande.

C'est à partir de l'argovien ou des couches de Birmensdorf, que la nappe sédimentaire transgresse de nouveau sur tout notre territoire. Elle montre des couches à spongiaires et à céphalopodes, tandis qu'on voit ces dépôts passer latéralement vers le nord à des bancs coralligènes (glypticien) encore mélangés de fossiles oxfordiens, puis décidément aux calcaires coralliens proprement dits. Il y a entre l'argovien (Birmensdorfer, Effinger et Geissbergschichten) et le rauracien de Gressly des relations intimes qui ont été ignorées jusqu'à ce jour dans le Jura, où tous nos devanciers ont cru voir des faciès oxfordiens absolument faux. C'est le plus souvent l'aspect des marnes qui les a trompés. En outre, les faunes de bivalves du terrain à chailles (sphérites à pholadomyes) qui reparaissent au sommet de l'argovien, à la vérité très peu modifiées, ont complétement dérouté nos meilleurs observateurs jurassiens. Mais quoi de plus naturel, étant donnée la progression du rivage jurassique vers le sud à travers les étages du malm, que de voir ces faunes du faciès vaseux fuir devant l'invasion coralligène, et se transporter à travers les étages du nord au sud. Nous avons suffisamment fait voir le passage horizontal du corallien aux calcaires hydrauliques pour considérer comme établie l'équivalence chronologique des deux étages argovien et rauracien. La partie du Jura que nous avons étudiée en détail donne donc mieux que toute autre la clef de la série stratigraphique de l'Argovie, de la Souabe et des Alpes. Cette étude devrait être poursuivie de ce côté-là.

Le faciès pélagique du malm à céphalopodes ne se trouve bien développé dans notre territoire que dans l'argovien, côte à côte avec les magnifiques dépôts coralliens des chaînes septentrionales. A partir de l'étage séquanien, nous avons affaire à des dépôts bien moins profonds, et plus côtiers, par leur grand développement oolithique. Les faunes sont beaucoup plus variées que dans les dépôts pélagiques, les gastéropodes, les huîtres, les peignes, les limes et autres acéphales, les brachiopodes, les échinodermes et les coralliaires se disputent à l'envi la meilleure place sous l'onde agitée de la mer séquanienne. Les polypiers se remettent à l'œuvre pour édifier des bancs, des champignons plus ou moins vastes, mais ils ne subsistent pas longtemps, la mer est trop variable pour leur permettre d'édifier des récifs comparables à ceux des mers actuelles. Le rivage paraît être encore assez éloigné vers le nord, mais il se rapproche insensiblement de notre territoire, tandis que toute la faune coralligène se transporte vers le sud.

Le kimméridien est l'étage des dépôts tranquilles, on y voit les gros bancs calcaires, à peine séparés par des lits marneux, s'empiler les uns sur les autres et atteindre par place des centaines de mètres d'épaisseur. C'est surtout au nord du Jura que les faunes vaseuses se succèdent, tandis que dans les chaînes méridionales on ne voit que quelques espèces communes et caractéristiques se loger dans les calcaires compacts. Il y a vers le haut de l'étage des bancs d'origine coralligène, dont les polypiers sont pour ainsi dire transbordés depuis Valfin, et c'est à ce moment-là que se montrent les tortues de Soleure.

Mais avec le portlandien, le bassin touche à son comble, on ne voit plus que des bancs à nérinées, et sur de grandes surfaces les myriades des petites huîtres virgules qui trouvent à se nourrir parmi les êtres microscopiques de la mer portlandienne. Avant la formation des jaluzes et des dolomies qui montrent bien l'arrivée des lagunes, on voit encore apparaître la faune de Boulogne, avec ses coquillages variés et identiques, même pour le mode de fossilisation, à ceux du nord de la France. C'est la dernière faune jurassique de notre territoire. Point de Zamites, point de Ptérodactyles pour nous annoncer la formation d'îles, ou des côtes rapprochées, mais seulement des dolomies et de rares fossiles d'eau saumâtre.

Comment l'eau est-elle devenue douce à la fin de la période jurassique dans le Jura, est-ce par la formation d'un grand lac[1]), plus ou moins bien circonscrit du côté des Alpes, comme on s'est plu à le représenter? N'est-ce pas plutôt par le manque de profondeur des eaux du Purbeck, par le voisinage de terres basses, tantôt à demi submergées, tantôt gonflées par les précipitations atmosphériques? Nous serions plutôt de ce dernier avis. Mais les rivages garnis de verdure, les eaux peuplées de poissons et de batraciens, les mille formes de crustacés et de mollusques d'eau douce que nous voyons dans les golfes actuels, n'ont pas été l'apanage des lagunes purbeckiennes dans notre territoire, qui touchait cependant au continent. Un tronc silicifié, une coquille de cyrène, quelques limnées, de minuscules corbules et des gastéropodes, c'est tout ce qu'on a rencontré jusqu'ici dans les dépôts saumâtres, marno-calcaires avec leurs concrétions noires, qui marquent sur notre plage jurassienne le passage au crétacique. Plus au sud, sur l'emplacement actuel des Alpes, la mer a étendu son empire et y demeure souveraine. Quant à fixer même approximativement les limites anciennes et réelles des dépôts purbeckiens, c'est chose impossible dans le Jura bernois, où s'arrêtent cependant actuellement les affleurements vers le nord-est. Les érosions tertiaires les ont effacées.

Voilà la première phase continentale du Jura, si tant est que les eaux douces du Purbeckien ont laissé une grande surface à découvert dans notre territoire. Quoi qu'il en soit, le relief ne peut pas en avoir été bien prononcé, car il n'y a pas de cailloux jurassiques roulés dans les calcaires d'eau douce purbeckiens. On y voit seulement des brèches d'origine côtière sous-aquatique.

Mais bientôt les eaux marines, avec leurs mollusques caractéristiques, retournent vers le nord. Dès la base du valangien, nous avons vu à Sonvillier les ptérocères et les huîtres se répandre parmi les fossiles d'eau saumâtre; les calcaires compacts et les oolithes reviennent sur la plage se déposer en couches régulières et concordantes sur les dépôts d'eau douce pur-

---

[1]) G. Maillard. Etude sur l'étage purbeckien dans le Jura. Dissertation inaugurale. 8°, Zürich 1884.

beckiens. Les terrains crétaciques inférieurs se sont étendus vraisemblablement au delà du vallon de St-Imier, mais jusqu'ici, il n'y en a pas des lambeaux bien certains plus au nord [1]). Toute la série crétacique inférieure, jusqu'aux grès verts, s'arrête actuellement en bloc sur la ligne Russey-Cormoret. Mais il ne peut y avoir aucun doute, ce sont les érosions éocènes qui ont altéré et interrompu la continuité de ces dépôts sur une grande partie du Jura.

Depuis le valangien jusqu'à l'urgonien, les caractères stratigraphiques des dépôts annoncent une transgression de la mer crétacique vers le nord. L'urgonien est surtout remarquable par ses calcaires blancs, spathiques, compacts, jusque sur la limite que nous avons signalée. Il nous paraît très probable que ces calcaires du même faciès que ceux du portlandien se sont étendus primitivement jusqu'en Franche-Comté par-dessus tout notre territoire. Ainsi, pas de terre ferme sur le Jura central pendant l'époque néocomienne. Celle-ci était située beaucoup plus au nord, et doit s'annoncer avant tout de ce côté-là par des dépôts saumâtres.

Les grès verts qui ne présentent que quelques lambeaux dans le Jura bernois, nous paraissent aussi avoir été réunis à l'origine avec ceux du Jura français. Mais le changement brusque des dépôts, accusé par des éléments clastiques, des sables et des galets quartzeux, pourrait donner une certaine vraisemblance à l'opinion de Vézian sur l'existence d'une deuxième phase continentale d'une partie du Jura immédiatement avant l'époque albienne. C'est un point à élucider par une étude géogénique spéciale des grès verts.

Il est certain, d'après les caractères pélagiques du cénomanien, que ce dépôt ne s'arrêtait pas à l'origine sur notre territoire, mais qu'il s'étendait plus au nord. Les lambeaux du plateau franc-comtois (Morteau, Nods) en sont la preuve. Mais ce terrain appartient au faciès méridional du crétacique supérieur plutôt qu'à la craie blanche. Par ses analogies avec les couches rouges des Préalpes romandes et avec les Seewenerschichten il pourrait être aussi d'âge sénonien.

---

[1]) Il y a peut-être des calcaires valangiens plus ou moins altérés sous le sable vitrifiable des Bottières, mais l'absence de fossiles déterminables ne nous permet pas d'en dire davantage.

En tout cas, à partir de l'époque danienne, par le retrait de la mer, ou par une émersion du sol jurassien, les altérations du crétacique ont pu commencer.

Il est assez naturel d'admettre, d'après la découverte de vertébrés éocènes dans le Jura, que la nouvelle phase continentale qui s'est déroulée au début de la periode tertiaire, a surtout donné lieu à la formation de marécages et de bassins où les phénomènes sidérolithiques ont pu s'accomplir. Le calcaire d'eau douce de Moutier, comme celui d'Orbe, en revêtent bien les caractères. Mais de la concordance de stratification de ce dernier dépôt sur les bolus sidé-rolithiques, ou sur les calcaires jurassiques, on peut inférer l'absence, ou du moins le peu d'importance du relief jurassien. S'il y a eu des sources ther-males et des éjaculations de substances minérales, c'est sur un sol peu acci-denté, tout au plus entamé par des corrosions ou des décompositions sur place qu'elles se sont répandues. Les altérations et les remaniements du crétacique parlent plutôt en faveur de ces dernières.

C'est surtout à partir de l'époque tongrienne avec la formation de la gompholithe que des saillies et des découpures du sol se sont produites. Nous trouvons dans la gompholithe les plus anciens débris arrachés à nos mon-tagnes, des galets portlandiens et kimméridiens avec quelques autres indéter-minés. Les bolus et le bohnerz remaniés empruntés au sidérolithique montrent en outre les dénudations qu'a subies à son tour ce terrain. Les galets cré-taciques peuvent exister dans la gompholithe; ils y sont certainement très rares, car les décompositions éocènes avaient détruit les étages crétaciques sur une grande étendue du Jura, avant la formation de la gompholithe. Le dépôt du tongrien marque ainsi la fin de la période continentale éocène de notre ter-ritoire, et l'invasion de la mer tertiaire.

Ainsi qu'on le voit par les cordons littoraux de la gompholithe, la région du Jura bernois comprise entre Bienne et Delémont forme alors un détroit dans la mer miocène. Le golfe helvétique s'est avancé sur l'ancienne plage éocène jusque dans celui de Mayence qui dépose alors des matériaux d'origine alpine. Puis le comblement des bassins s'opère au moyen des calcaires d'eau douce delémontiens. Ces calcaires d'eau douce sont souvent poreux, traversés par des tubes d'origine organique; ils ne contiennent aucun débris clastique, et ne montrent nulle part l'action des vagues. Ils ne renferment que peu de fossiles, de rares ossements, quelques coquilles de limnées, d'hélices et de planorbes. On les voit bien à Saicourt passer à des marno-calcaires sableux, puis à la molasse lausannienne qui s'arrête à Moutier dans son extension vers le nord du Jura. A ce moment, le golfe alsatique est desséché et la mer miocène limitée au bassin helvétique dans notre pays. Mais à mesure que les Alpes tendent à le combler de leurs matériaux détritiques, on le voit transgresser de nouveau sur les plages jurassiennes exondées. A ce moment, le Jura semble aussi ébaucher ses premiers plis.

La transgression miocène s'observe avec l'helvétien sur la ligne Chaux-de-fonds-Noirmont-Undervelier. Alors, les formations littorales s'accentuent, les brisants apparaissent et les débris roulés par les vagues s'amoncellent au pied des falaises. Les environs de Court en montrent un bel exemple. Le muschelsandstein est rempli de débris triturés de la faune helvétienne, et le poudingue polygénique qui lui succède, de roches jurassiennes et alpines qui témoignent d'une agitation et d'un roulis considérable de la mer. Mais l'orographie du Jura n'était esquissée qu'à grands traits; tandis que la zone médiane du Jura, le plateau franc-comtois actuel, ancien reste du continent éocène, s'avançait en presqu'île dans le golfe helvétique, la région actuelle des grandes voussures et celle des grandes arêtes étaient entièrement inondées.

Après la formation du poudingue polygénique, la mer amoncelle de nouveau des sables et, dans des anses protégées, des marnes rouges avec une faune saumâtre. Les sables à Dinotherium contiennent des coquilles marines mélangées à des coquilles terrestres, d'eau douce, et à des débris de mammifères.

Avec l'œningien, les dépôts d'eau douce restent seuls à l'œuvre dans le Jura; ils renferment un herbier diluvien du même âge que celui d'Oeningen. Ainsi, nos marno-calcaires d'eau douce supérieurs ne laissent aucun doute sur leur synchronisme et leur communauté d'origine avec ceux du nord-est de la Suisse. Les feuilles du Locle et les vertébrés de Vermes sont là pour le prouver. Cette nouvelle période de tranquillité relative dans la sédimentation est la dernière formation de ce genre dans notre territoire; elle marque le retrait des eaux et le terme de l'édification sédimentaire du sol jurassien.

Résumé. On remarque dans la sédimentation de notre territoire, comme dans les contrées voisines, des dépôts de même nature à des niveaux différents, et comme un retour périodique des mêmes phénomènes. Ce sont de grandes oscillations des mers qui l'ont amené; on conçoit qu'elles doivent à certains moments former des dépôts homologues. Dans la période secondaire, nous trouvons une certaine similitude de faciès entre les dépôts mixtes du dogger, et ceux du crétacique inférieur; les dépôts partiels des grès verts et leurs marnes subordonnées ont de même une certaine analogie avec ceux de l'oxfordien; puis les marno-calcaires pélagiques du malm ressemblent à ceux du crétacique supérieur. Dans les terrains tertiaires, après la phase continentale éocène, on trouve une transgression marine tongrienne suivie par un dépôt de calcaires d'eau douce (delémontiens), une transgression marine helvétienne, également terminée par un dépôt de calcaires d'eau douce (œningiens).

Nous voyons, en somme, à partir du dogger la mer s'étendre vers le nord (transgression oxfordienne), puis se retirer lentement vers le sud (récession du malm), lagunes, retour vers le nord (crétacique inférieur), retrait vers le sud (crétacique supérieur), continent éocène, puis formation entre Bienne et Bâle d'un détroit envahi par deux transgressions de la mer tertiaire qui contribuent successivement au dépôt de la série miocène, enfin exaltation du Jura.

II. Histoire du plissement et des érosions. Théories.

Ayant traité, dans les chapitres consacrés au plissement et aux érosions, du mode de formation de nos montagnes, nous n'envisagerons plus ici que l'âge du plissement, les progrès des érosions et les théories orogéniques dont notre territoire a été l'objet. Nous venons de passer en revue les émergements successifs du Jura central, en même temps que les transgressions des anciennes mers. Malgré les reliefs partiels qui peuvent avoir existé dans la mer tertiaire, le plissement ne nous est apparu alors qu'à peine commencé. Ce fait résulte d'une concordance générale dans la stratification de toute la série miocène avec les terrains jurassiques ou crétaciques. On observe à la Chaux-de-Fonds une certaine discordance entre l'helvétien, le crétacique inférieur et le portlandien; puis aux Franches-Montagnes des formations littorales qui permettent de conclure à l'émersion du Jura situé au nord-ouest de cette région. On observe dans l'helvétien de Court une formation de brisants qui s'est probablement reproduite ailleurs, et indique des voussures naissantes. Néanmoins l'ensemble de notre territoire fut largement recouvert par le golfe helvétique jusqu'après le dépôt de l'œningien.

C'est à partir du retrait de la mer miocène que le plissement a dû se consommer. Les voussures s'élevèrent du sol tertiaire, et les ablations ont dû jouer d'emblée un grand rôle. On retrouve sur l'œningien de la colline du Golat, près de Sorvilier, des sables qui pourraient bien provenir de ce remaniement. Ailleurs, ce sont des brèches, des cailloutis (St-Imier, Tramelan), composés de menus matériaux œningiens ou jurassiques, anguleux ou à demi arrondis par un transport fluviatile. Aux Franches-Montagnes on eut de bonne heure des voussures jurassiques à découvert, circonstance qui, avec leurs petites dimensions, nous explique le nivellement actuel de tous les plis. Les synclinaux sont le plus souvent souterrains, à l'altitude moyenne de 1000 mètres, tandis que les voussures oolithiques ou les crêts du malm ne les dépassent guère que de 100 mètres en moyenne. Mais dans les vallons tertiaires ou diluviens, le plissement relativement plus jeune a laissé plus longtemps le sol recouvert par les assises tertiaires. Le découvrement ne put avoir lieu qu'avec le plissement et les progrès de l'érosion dans les cluses ; et aujourd'hui encore, comme on le voit bien à Court, à Sornetan et à Reuchenette, ce sont elles qui retiennent le matelassage tertiaire des vallons. Le thalweg des cluses est plus incliné dans la partie centrale du pays, que celui des vallons tertiaires. On peut estimer la pente à 3 % dans les gorges de Court, tandis qu'elle n'est guère que de 0,76 % dans le val de Tavannes. Ailleurs, ce sont des chiffres analogues, ou plus forts encore, comme dans les gorges de la Suze. Ces faits montrent bien la résistance qu'ont opposée les voussures à l'érosion des vallons. Et s'il y avait eu des cassures transversales, ces différences n'existeraient pas.

Nous avons trouvé, par nos lignes de coupes, des différences assez considérables dans l'intensité du plissement pour nos trois régions. Les déductions que nous en avons tirées s'accordent avec le développement orogénique de notre territoire. Les Franches-Montagnes, ou la zone médiane du Jura, ont formé un littoral, tandis que le bassin helvétique traversait le Jura entre l'emplacement actuel de Bienne et celui de Bâle. Quoi de plus naturel que de voir ce territoire surélevé et en partie exondé se plisser le premier. Puis les grandes voussures sont venues s'adjoindre aux plis des Franches-Montagnes, en se reliant avec eux et en les accentuant davantage. Le déjettement au sud d'une grande partie de la chaîne du Weissenstein permet d'en faire une chaîne côtière du plateau suisse à une certaine époque. Enfin le plissement du pied du Jura, contrairement aux apparences, le plus faible de notre territoire, montre que ces hautes chaînes, encore peu entamées par l'érosion, sont venues s'adjoindre les dernières au plexus déjà formé. Ce fait est surtout frappant pour le Chaumont, le Mont-Sujet et la Chaîne du lac, qui sont encore des voussures kimméridiennes ou portlandiennes presque entières, où l'érosion n'a pour ainsi dire que commencé. L'altitude du Chaumont, celle du Sujet, sont tout aussi considérables que celles du Graitery ou du Grenchenberg, et le recouvrement tertiaire a été le même dans cette zone du Jura. Il est impossible d'expliquer les différences d'érosion si fortes qui se présentent, autrement que par une différence d'âge de ces chaînes. Ces voussures entières ont été moins longtemps exposées aux agents de destruction, et c'est ici que nous en voyons le mieux le mode d'action. Là les cluses sont presque au niveau de la plaine, les voussures sont ouvertes jusqu'au keuper; ici les cluses sont surélevées, les voussures entières à leur sommet.

D'après cela, le mode du plissement procède de l'intérieur vers l'extérieur, contrairement à la marche de l'érosion; c'est dans les zones externes du Jura qu'on trouve les voussures les plus jeunes, et les érosions les moins avancées. On voit aussi en Ajoie des voussures kimméridiennes entières, fait connu depuis longtemps (chaînes du premier ordre de Thurmann). Quand il sera prouvé que le plissement s'accentue encore de nos jours, on pourra prévoir les points où cette action orogénique devra déterminer des mouvements du sol. La contraction trouve là une ligne de plus faible résistance.

Nous ne nous étendrons pas davantage sur ces considérations générales qui dépassent un peu le cadre que nous nous sommes tracé. Il nous reste à examiner les vues des géologues qui ont embrassé notre territoire dans leurs théories orogéniques, et à les réfuter pour autant qu'elles ne cadrent pas avec les nôtres.

La théorie de Thurmann est maintenant trop ancienne, elle a du reste été modifiée par son auteur[1]), pour que nous la reprenions ici dans son ensemble. Les lignes de soulèvement sont actuellement traduites par des lignes de plissement. L'effort orogénique peut bien, dans certains cas particuliers, agir de bas en haut, mais dans son ensemble, il procède latéralement et provient du pincement d'une région surélevée entre des massifs rigides placés en contrebas (les plaines).

Quant aux écartements, aux fractures, aux cratères de soulèvement, imaginés par Thurmann, Gressly, Studer, Greppin, pour expliquer les formes de nos montagnes, ce sont là des expressions et des idées qui doivent disparaître de la géologie du Jura. Il en est de même dans les Alpes. Mais Bernard Studer[2]) et d'autres géologues ont considéré le Jura comme un refoulement des terrains causé par le soulèvement des Alpes, tandis qu'aujourd'hui nous voyons les phénomènes de plissement se dévoiler même dans les chaînes alpines avec une puissance digne de leur majesté. A. Favre dans la chaîne du Mont-Blanc, M. Heim dans ses travaux sur les Alpes glaronnaises, nous ont instruits sur le mode de plissement de l'écorce terrestre. Le Jura ne doit pas échapper à la vérification des théories nouvelles et nous n'apportons ici que des matériaux à l'appui de leurs idées sur la formation des montagnes.

---

[1]) Excursions de la Société géologique de France dans le Jura en 1838 (Bulletin Soc. géol. de France, 1re série, t. 9, p. 421). „En considérant cet ensemble (de tout le système du Jura), il lui (à Thurmann) paraît en effet qu'il porte plutôt le caractère d'un *plexus* de refoulement que celui d'un réseau de directions linéaires de soulèvement produit par application immédiate et distincte d'agents soulevants. Il pourrait apporter quelques preuves qui lui semblent venir à l'appui de cette opinion, mais il ne saurait encore le faire avec l'assurance convenable."

„Constant Prévost l'a fréquemment développée en termes explicites, et en s'attachant à prouver que les montagnes résultent d'efforts latéraux de refoulement, danslesquels les roches éruptives ont joué un rôle purement passif, il a toujours eu soin d'indiquer que cette conception, basée sur la contraction de l'écorce terrestre, se déduisait tout naturellement des idées d'Elie de Beaumont sur le refroidissement du globe." (A. de Lapparent, Rapport d'ensemble sur les travaux de la Soc. géol. de France depuis sa fondation. Bulletin 1880.)

[2]) Excursions de la Soc. géol. de France (Bulletin, 1re série, t. 9, p. 424) dans le Jura en 1838. „M. Studer, s'occupant également de la cause première des soulèvements du Jura, pense que les agents de la commotion qui a donné à ce système son relief principal, ne doivent pas être recherchés dans le Jura même, et que ce relief est dû au refoulement des terrains, causé par l'élargissement de la fente, suivant laquelle ont surgi les Alpes."

Dans ses études géologiques sur le Jura (Besançon, 1874), A. Vézian, qui traite de l'orogénie de toute cette chaîne de montagnes, considère le mouvement orogénique comme une impulsion de bas en haut, relativement brusque, se produisant suivant une ligne, et capable de briser le sol. Voici comment il s'exprime à ce sujet: „Ce mouvement s'est manifesté dans le Jura en y donnant naissance aux deux principaux accidents orographiques qu'on y observe: les *failles* et les *soulèvements en voûte*. . . . Les secousses séismiques se produisent sur une surface plus ou moins étendue, elles ne sauraient rompre ni fracturer le sol, elles impriment à l'écorce terrestre des flexions dont la courbure est assez faible pour que cette écorce puisse les subir sans éprouver de déchirures, ni de solutions de continuité. . . . Les actions dynamiques qui ont produit les failles et les soulèvements en voûte ont eu pour conséquence de rompre la continuité primitive des strates; elles leur ont en même temps fait perdre leur horizontalité première en leur imprimant une inclinaison plus ou moins prononcée, en les redressant jusqu'à la verticale et en les renversant quelquefois sur elles-mêmes" (loc. cit., p. 126).

Nous opposerons à cette manière de voir celle de Leblanc, qui, après ce que nous avons dit sur la forme et la continuité des voussures dans les régions non entamées par les érosions, lui servira de réfutation. L'opinion de Leblanc, énoncée à la réunion de la société géologique de France à Porrentruy, date de 1838; nous citons textuellement: „quand on examine la coupe d'une chaîne jurassique, et qu'on cherche à replacer les différents massifs dans leur situation horizontale primitive, on est frappé de la grande portion qui manque dans les strates qui forment les crêts . . . . on sera convaincu que la forme actuelle est due à la désagrégation par la gelée, et à l'enlèvement par l'eau des triangles de marne qui aurait causé ainsi la chute d'une portion du crêt, et que l'éboulement est lui-même le produit de la désagrégation par la gelée. . . . Il en serait de même de la configuration elliptique des cirques, qui aurait primitivement offert une déchirure terminée par un angle aigu." (Bulletin de la Soc. géol. de France, 1re série, t. 9, p. 422.) Quant à cette dernière déchirure terminée par un angle aigu, c'est là un reste de l'idée des soulèvements brusques; le mode de plissement continu et combiné avec l'érosion la rend complètement imaginaire. Du reste, les courbures des voûtes actuelles sont souvent assez fortes sans qu'il y ait de rupture, pour nous autoriser à rejeter la possibilité des écartements, même au cas où l'érosion n'aurait pas entamé les chaînes.

Les ploiements en voûte suggèrent à Vézian les réflexions suivantes: „Les inflexions et les contournements des strates indiquent chez elles une certaine plasticité", ainsi que l'a établi Thurmann, qui croyait que le soulèvement s'était opéré à plusieurs reprises entre le commencement du dépôt du terrain portlandien et celui du terrain néocomien. Mais comme les actions dynamiques n'ont commencé qu'avec la fin de la période éocène, Vézian ne peut admettre l'état de mollesse des couches supposé par Thurmann, les dépôts pouvant du reste se durcir au fond de l'eau, toutefois „les roches sédimentaires contiennent toujours une certaine quantité d'eau qui a dû rendre les strates plus souples au moment où elles ont été dérangées de leur situation première . . . on aurait tort de considérer les roches calcaires comme formant des masses complètement rigides. Les molécules peuvent, jusqu'à un certain point, se déplacer afin de se disposer d'une manière conforme au nouvel état de choses, et retarder le moment où une roche, ayant atteint sa limite d'élasticité, est obligée de se déchirer." (Loco cit. p. 378.)

Nous n'avons signalé des solutions de continuité des plis que dans les régions attaquées par les érosions prémiocènes. Ces accidents fréquents sur le territoire français, ainsi que les plis-failles et les chevauchements y ont donné lieu à la théorie exagérée des failles, comme on peut s'en convaincre par les lignes suivantes de l'ouvrage de Vézian: „A l'origine, les failles ne sont que des fissures verticales, résultant des mouvements moléculaires qui déterminent dans l'écorce terrestre des solutions de continuité. . . . La première idée qu'il faut se faire de la structure du Jura peut être exprimée en le comparant à une marqueterie ou à une vaste mosaïque. Mais, sous l'impulsion des forces intérieures, les diverses pièces de cette mosaïque ont été dérangées. Les failles ont commencé à se produire vers le milieu de la période éocène; elles ont acquis toute leur dénivellation vers la fin de la période miocène." (Loco cit. p. 179.) Nous avons vu quelles sont les formes qu'affectent ces dénivellations dans notre territoire, et à quelles irrégularités techtoniques elles se ramènent. Nous pouvons dire, en outre, que de véritables failles, comme celles des environs de Salins et de Lons-le-Saunier, dues à des effondrements partiels du sol, n'existent pas dans le Jura central.

Vézian explique ainsi les soulèvements en voûte: „l'hypothèse des refoulements latéraux étant inadmissible pour le Jura, il reste des impulsions verticales agissant de bas en haut, et ayant leur point de départ dans la pyrosphère, directement au-dessous du point où le soulèvement s'est produit. Une difficulté, c'est la grande épaisseur de l'écorce par rapport au rayon de courbure. Mais le centre d'action a été porté plus haut par l'intermédiaire d'une fissure n'arrivant pas jusqu'à la surface, mais amenant la masse éruptive au centre de courbure. La masse éruptive a pénétré dans la fissure, et arrivée au sommet, elle a exercé une pression qui a courbé les couches en voûtes. On peut dès lors comparer celle-ci à un cône volcanique, dont la matière ignivome n'est pas parvenue à la surface du sol. Dans les voûtes à faible rayon de courbure, le centre d'action se trouve porté très près de la surface du sol." (Chapitre IX et IIᵉ étude, p. 444—446.)

Dans toute cette théorie, on remarque que l'auteur n'a guère tenu compte des vallons et des synclinaux jurassiens où les caractères du plissement sont les mêmes et donnent la contre-partie négative des voussures. Il n'a aucune idée non plus du rétrécissement d'une ligne de coupe par rapport au développement des voussures. C'est là qu'est la preuve du plissement. En outre les soulèvements volcaniques agissant suivant de longues lignes ne sont justifiés par aucune forme actuelle ou ancienne des volcans. Enfin, aucune matière volcanique n'a jamais été rencontrée dans les montagnes du Jura, ni dans les cluses où les voûtes sont souvent à faible rayon de courbure, ni dans les tunnels du Jura. On ne peut donc pas les comparer à des soulèvements volcaniques.

L'ensemble des chaînes est envisagé comme suit: le Jura est un plateau, non une chaîne de montagnes. Toute l'étendue du Jura a été soulevée comme un bloc, se détachant de la masse des strates par des cassures environnantes. „Du côté de la Bresse, le Jura se termine par une haute falaise, il en est à peu près de même du côté de la Suisse." (Loco cit. p. 336—340.)

Nous ignorons absolument dans quelle région du pied du Jura Vézian a pu voir une falaise. De plus, le Jura, dans notre territoire, n'est absolument pas un plateau, mais une réunion de chaînes des mieux caractérisées, un plexus de refoulement, comme l'a appelé Thurmann. Les régions les plus uniformes, comme le plateau des Franches-Montagnes, ont un sous-sol fortement plissé, et ces caractères se reproduisent dans le Jura français, en même temps que des irrégularités techtoniques analogues à celles que nous avons examinées, et relativement peu de véritables failles.

Un géologue français qui a écrit plus récemment sur l'orographie du Jura, G. Boyer[1]), a repris l'idée de Studer rejetée par Vézian. Nous ne nous serions pas arrêté au travail de Boyer, s'il ne s'étendait pas au Jura tout entier, et s'il ne basait pas ses interprétations sur la géologie de nos montagnes. Malheureusement l'idée de la poussée latérale provenant des Alpes y prend des formes et des proportions telles que nous ne pouvons pas les admettre pour notre territoire.

Boyer ajoute à la division générale du Jura, établie par Thurmann (oriental, central, occidental et méridional, Esquisses orographiques, p. 7) un Jura septentrional compris entre les deux lignes Besançon-Ornans-Pontarlier-Orbe et Porrentruy-Bienne, qui modifie singulièrement les régions établies par Thurmann. On y voit entre autres cette curieuse orientation, que le val de Tavannes, celui de Delémont et celui de Laufon appartiennent au Jura oriental, tandis que le Chasseral, Neuchâtel et le Creux-du-Van sont du Jura septentrional.

Les limites tracées par Boyer coïncident avec des lignes de cassures provenant des Alpes. Le Jura doit aux Alpes: „non seulement son orographie et son hypsométrie, mais les grandes lignes de l'hydrographie, bien plus, les voies d'accès sur le versant oriental, et l'emplacement des centres industriels ont été tracés et indiqués, avec la fin des dislocations, par les grandes lignes de déchirures, lézardes très atténuées des grandes coupures alpines". (Loco cit. p. 52.)

Et la preuve de ces dislocations se reconnaît à l'orientation des cluses. Celles du Jura septentrional et oriental sont orientées comme la vallée de Berne à Thoune. (Loco cit. p. 20.) Mais les gorges de l'Areuse, les cluses de la vallée du Doubs à Biaufond et à Goumois?... Voici, du reste, com-

---

[1]) G. Boyer. Remarques sur l'orographie des Monts-Jura. (Besançon 1888.)

ment M. Boyer relie les cluses de notre territoire : „Une de ces lignes de fracture transversale est jalonnée par les cluses de Bœzingen à Reuchenette, au nord de Bienne; de la Hutte à Reconvillier; et parallèlement, de Sonceboz à Tavannes par Pierre-Pertuis; de Sornetan à Undervelier et Berlincourt, et par celles qui ont marqué à Asuel le changement de direction du Monterrible. .... La seconde ligne de fracture est amorcée à Court dans le val de Tavannes; elle traverse le Mont Graitery, puis le Mont Raimeux, entre Moutier et Roche. Les eaux de la Birse coulent dans cette déchirure, de Moutier à Courrendlin." (p. 49.)

Après ce que nous avons dit sur la formation des cluses [1]), nous ferons seulement remarquer contre l'opinion de Boyer, qu'on ne voit nulle part les grandes lignes de fracture qui doivent traverser nos chaînes, affecter le thalweg des rivières dans les cluses, ou se prolonger d'une chaîne à l'autre à travers les synclinaux. Nous n'avons pas vu non plus que le Montoz soit traversé de part en part par une déchirure depuis la Hutte jusqu'à Reconvillier. La voussure oolithique du Werdtberg est parfaitement intacte sur son flanc nord.

La coupe donnée par Boyer depuis la Chaux-de-Fonds jusqu'au lac de Neuchâtel est des plus inexactes. A cette occasion, nous ne pouvons nous empêcher de faire remarquer combien d'idées fausses propagent les coupes construites à deux échelles différentes pour les hauteurs et pour les longueurs. Le relief est exagéré, les synclinaux écrasés, d'une forme bien différente de celle de la nature. Ce qui par exemple est un peu fort, ce sont les combes oxfordiennes du Pouillerel. Eh bien! qu'en dirait Nicolet?

Pour notre part, nous pensons que l'idée de B. Studer est illusoire, et que les Alpes aussi bien que le Jura ont subi passivement le plissement du

---

[1]) Voyez p. 220, 226 et 248 à 250. Des idées analogues ont été émises par un géologue américain, M. Fœrste qui a visité le Jura bernois, et qui a exposé la formation des cluses (cirques) dans une publication dont nous aurions certainement tenu compte, si elle nous avait été connue pendant la rédaction de ce mémoire. Le point essentiel envisagé par cet auteur, c'est le revirement dans la direction des eaux pendant la formation des cluses par le surélèvement de la chaîne du Weissenstein. La cluse de Pierre-Pertuis aurait été formée par une rivière coulant primitivement comme les autres du nord au sud, puis abandonnée au cours du plissement par suite de ce soulèvement. A. F. Fœrste. The drainage of the Bernese Jura. Proceedings of the Boston Society of Nat. Hist., vol. XXV, 1892.

sol. Vézian fait à ce sujet une remarque judicieuse; pourquoi les plis alpins n'ont-ils pas affecté la ligne anticlinale de la molasse plutôt que le Jura? On trouve, en outre, au nord de la chaîne alpine des phénomènes de renversement et de refoulement qui montrent bien que l'effort orogénique des Alpes s'est arrêté là. Et quant à voir dans les érosions du Jura le contre-coup des dislocations alpines, c'est une idée qui ne mérite pas sa réfutation. On ne peut, du reste, que regretter les exagérations auxquelles ont souvent donné lieu les phénomènes géologiques, grandioses, nous le voulons bien, mais pourtant si simples et si naturels en eux-mêmes. En outre, avant d'aborder l'ensemble, il faut, posséder à fond tous les éléments d'un système. C'est pourquoi, dans les études locales, le simple énoncé des faits coordonnés méthodiquement a toujours une plus grande portée scientifique que les dissertations théoriques. Sous ce rapport, nous ne méconnaissons nullement la valeur des travaux que nous nous sommes permis de critiquer. Nous réfutons seulement les idées générales qui nous paraissent erronées, parce qu'elles sont fausses pour la région du Jura que nous avons étudiée, et ne sont par conséquent pas applicables au Jura tout entier.

CONCLUSIONS.

Si maintenant nous jetons un dernier coup d'œil sur le territoire que nous venons d'étudier, nous pouvons dire que nos montagnes constituent une région remarquable par les caractères variés de leurs assises, et par les formes régulières qu'y a déterminées le plissement du sol combiné avec l'érosion. C'est ce qu'on voit clairement dans la région que nous avons appelée celle des grandes voussures (Moutier) située sur l'emplacement de l'ancien détroit qui reliait dans les temps miocènes le bassin helvétique avec celui de Mayence. A l'ouest de cette région (Franches-Montagnes), les différences orographiques que nous avons signalées s'expliquent par un territoire miocène exondé, entamé par d'anciennes érosions, et remanié par le plissement principal du Jura. Ce dernier, d'âge pliocène, a produit en outre dans la région des grandes arètes (Chasseral), des plis réguliers, peu entamés par l'érosion, qui sont venus s'ajouter successivement au plexus déjà formé et plus avancé dans ses découpures. On trouve donc au pied du Jura comme en Ajoie, géologiquement parlant, les montagnes les plus jeunes.

Le rétrécissement du sol par suite du plissement fait en moyenne 15 $^0/_0$ de la largeur actuelle du territoire (Bienne-Delémont).

Le volume des matériaux enlevés à nos montagnes s'élève à plus du tiers de celui des terrains qui affleurent (tertiaire-keuper).

Les anciens glaciers ont peu contribué au façonnement du relief, en revanche ils ont accumulé les matériaux qui constituent le sol arable.

Bien que nous pensions avoir exposé dans l'état actuel de nos connaissances, la composition et la structure de notre territoire, l'histoire des transformations ou des révolutions terrestres qui l'ont amené à sa configuration actuelle, nous ne pouvons cependant pas prétendre d'être arrivé à une représentation exacte de tous les accidents du terrain, ni d'avoir pénétré tous les mystères de son histoire géogénique. Une carte géologique, malgré tous les détails qu'on y trouvera consignés, ne sera jamais qu'une image imparfaite du sol qu'elle doit faire connaître. Telle sera, sans doute, aussi la nôtre. Mais nous avons l'espoir que les lacunes qu'elle contient seront un jour comblées par de nouvelles études, de nouvelles découvertes dues au temps et aux nouvelles conquêtes de la science.

RÉPERTOIRE ALPHABÉTIQUE
des affleurements et des auteurs cités.

Un catalogue complet des noms de localités renfermés dans ce mémoire nous ayant paru beaucoup trop chargé, nous avons dû limiter ce répertoire aux affleurements des divers terrains et aux auteurs cités.

Les noms d'auteurs sont en caractères majuscules.

Les *italiques* désignent les terrains.

Consulter, pour les titres, chapitres et paragraphes des 2e, 3e et 4e parties, la table des matières.

NB. Trias et Lias jusqu'à p. 36 | Dogger ou Oolithique 51 | Malm ou Jurassique supérieur 111 | Crétacique 135 | Éocène 145 | Miocène 158 | Quaternaire 188. |

A.

Aalénien 38 et suiv., 261.
AGASSIZ 52, 68, 74, 122.
Aiges 49, 59, 72.
Aiguille 59.
Aimerie 41.
Ajoie 242.
Albien 131, 266.
Alfermée 112, 121, 122, 125.
ALLEMANN 163.
Allévaux 78.
Alluvions anciennes 166.
Alluvions modernes 186.
Alluvions postglaciaires 179.
Alsacien 146, 267.
Althüsli 63, 79.
Altrüttiberg 32.
Anhydrite 33, 35.
Argovien 75 et suiv., 263.
Arsattes 93.
Astartien 94 et suiv.
Attiswyl 176.
Auges-Fussmann 86.
AUROY 157.

B.

BACHMANN 24, 162, 172, 173, 176.
Bâle 161.
Balmberg 33, 79.
Balmfluh 87, 101.
Balsthal 137, 163, 178.
Basse-Montagne de Moutier 97, 139.
Basse-Montagne de Plagne 86, 102.

Bassets 89.
Bathonien 37 et suiv., 262.
BAUMBERGER 33, 122, 171, 173.
Beaugourt 69, 96.
BEAUMONT, E. DE 272.
Bec-à-l'Oiseau 44, 48, 82, 84.
Belfond 55, 94, 97.
Belleface 57.
Bellelay 98, 110, 111, 141, 148, 161, 185.
Bémont 55, 70.
Bénéciardes 48.
Berlincourt 69, 96.
Béroie 98.
Bévilard 151.
Biaufond 59, 72, 97, 109.
Bief d'Etoz 94.
Bienne (Biel) 104, 108, 112, 121, 125, 133, 138, 143, 144, 175, 180, 187.
Birmensdorferschichten 79, 263.
Bise-de-Cortébert 77.
Blocs erratiques mésoglaciaires 161.
Blocs erratiques néoglaciaires 172.
Boéchet 49, 60.
Boiechat 55, 70.
Bois (les) 49, 60, 72, 90.
Bois-des-Fosses 96.
Bois-Raiguel 80.
Bouabé 39, 53, 69.
BONANOMI 24.
Bone-bed 34, 261.
Bonnétage 161.
Bordenière 41.

Bosse (la) 50, 70.
Bottière 111, 141.
BOUBÉE 159.
Boujean (Bözingen) 104, 105, 111, 143, 176.
BOURGUET 84.
Bouts-de-Saules 98.
Boveresses 102.
BOYER 276, 277.
Brahon 78, 87.
Brèches 159, 160.
Brenets 76, 109, 138.
Bressels 44, 76.
Breuleux 90, 98, 110, 153.
BRIDEL 186.
Brüggli 32.
BUCH, L. DE 84, 85, 169.
Buchwald 79.
BUCHWALDER 23.
Bugnenets 82, 84.
Bürenberg 101, 142, 163, 170.

C.

Cailloutis 160.
Calcaire à gryphées 31, 34, 35, 36.
Calcaire à entroques 47.
Calcaire à polypiers 47.
Calcaire roux-sableux 37 et suiv.
Calcaires grésiformes 86.
Calcaires hydrauliques 80, 263.
Callovien 47 à 51, 262.
Caquerelle 66.
Cénomanien 132, 266.

ERRATA.

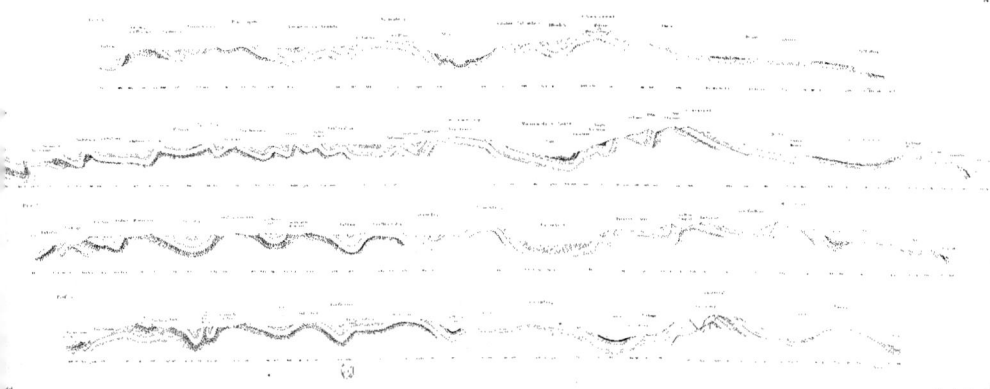

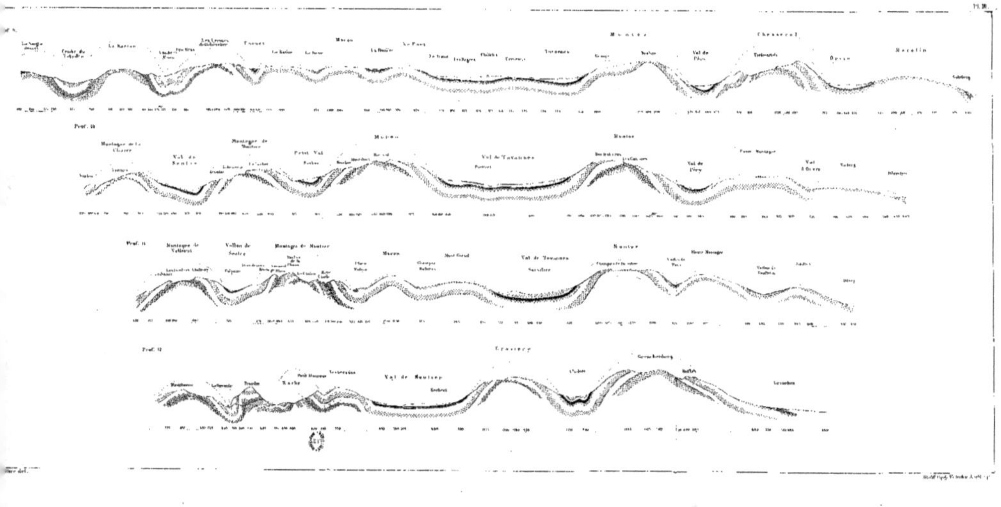

Pl. III.
Chasseral
Prof. 10
Petit Val
Val de Tavannes
Prof. 11
Montagne de Moutier
Val de Tavannes
Prof. 12
Val de Moutier

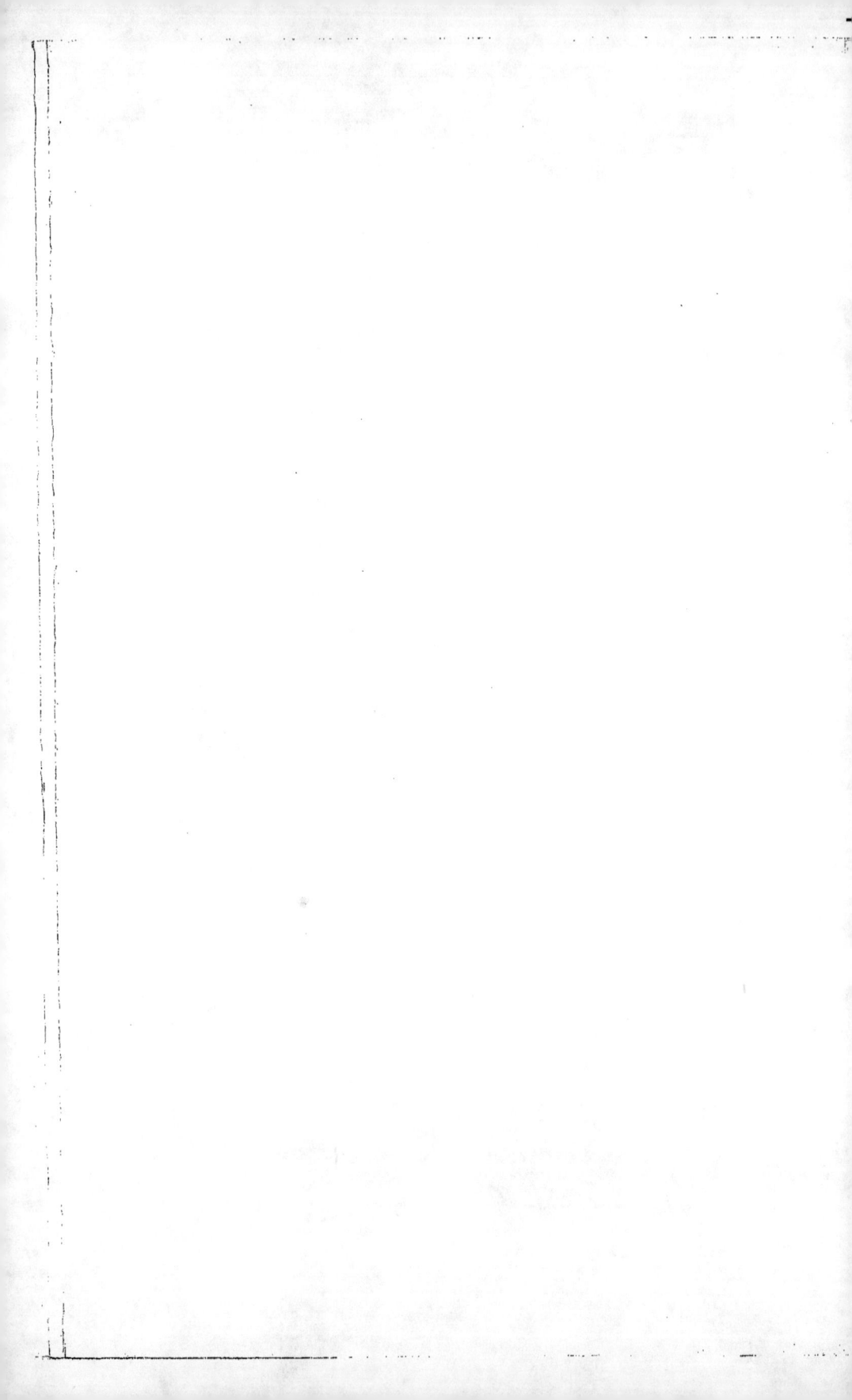

TUNNEL DES CROSETTES ou de LA LOGE
(Banon - Chaux - de - Fonds)
Profil géologique (1867-1880)
Échelle 1 : 5000

Pl. V

Fig. 4

Fig. 2

Fig. 1

Fig. 6

Fig. 5

Fig. 3

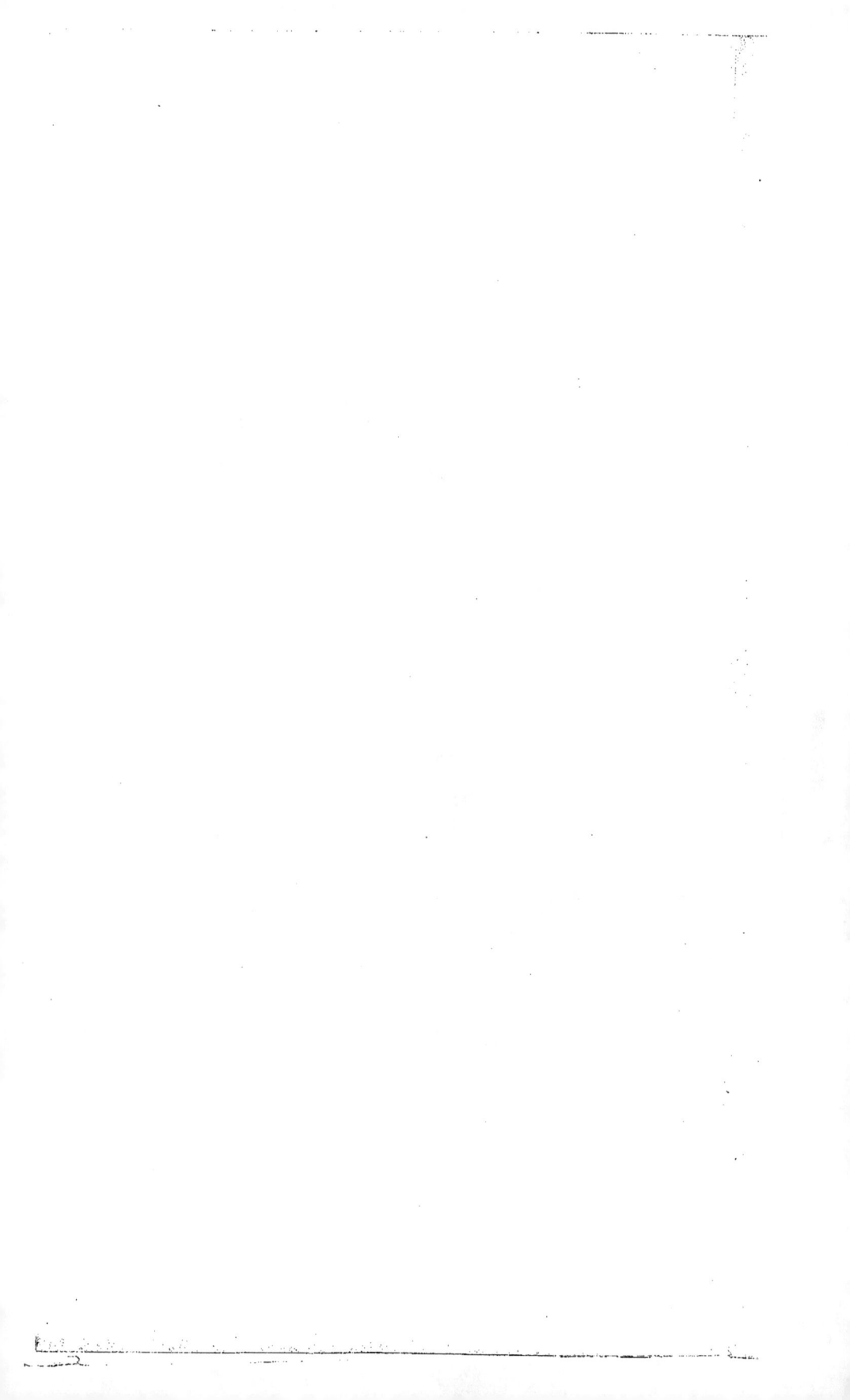

CARTE GÉOLOGIQUE DES ENVIRONS DE ST-IMIER.

par

L. ROLLIER

Légende des Quaternaire.

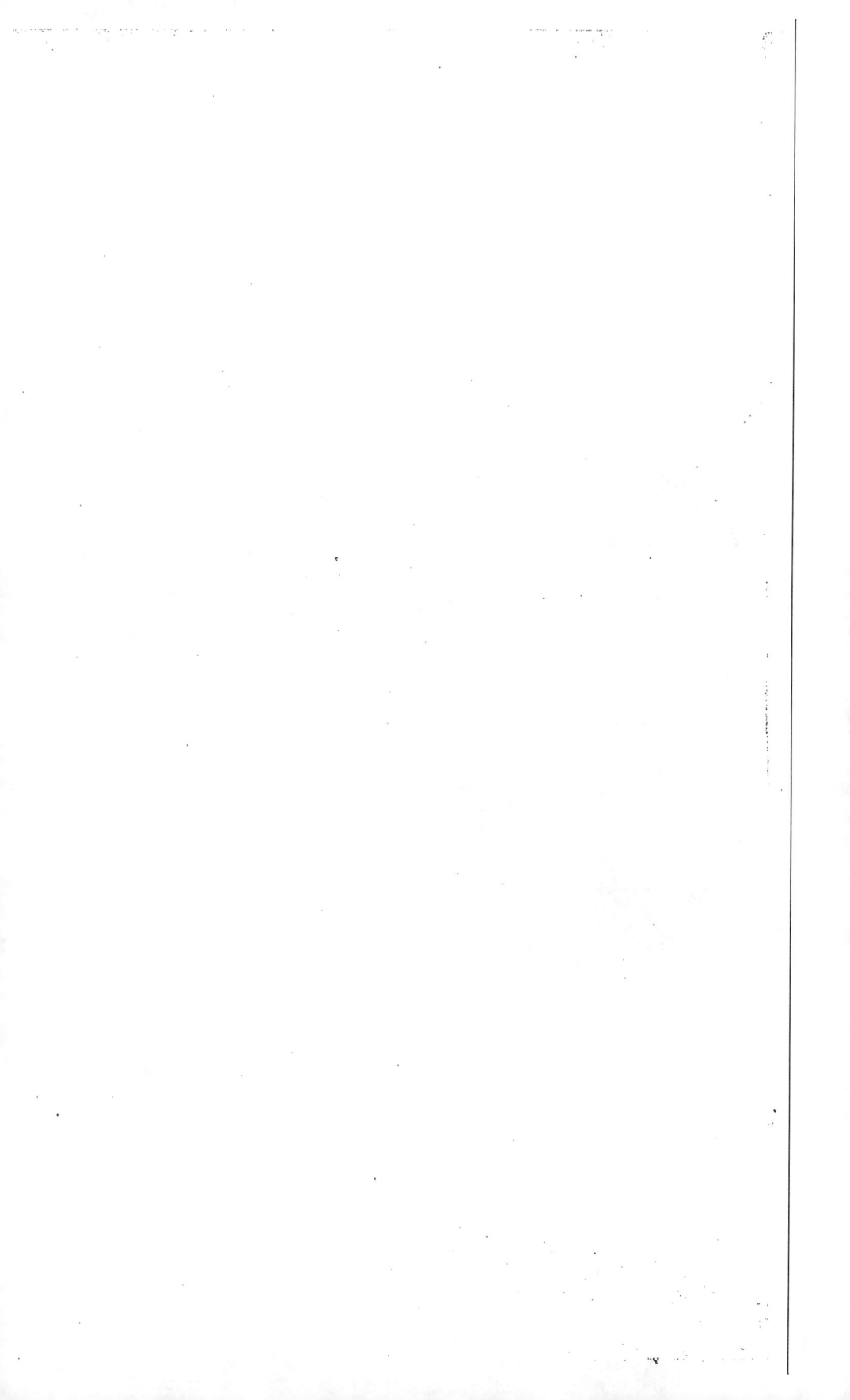

CARTE GÉOLOGIQUE DES ENVIRONS DE St IMIER.

par
L. ROLLIER

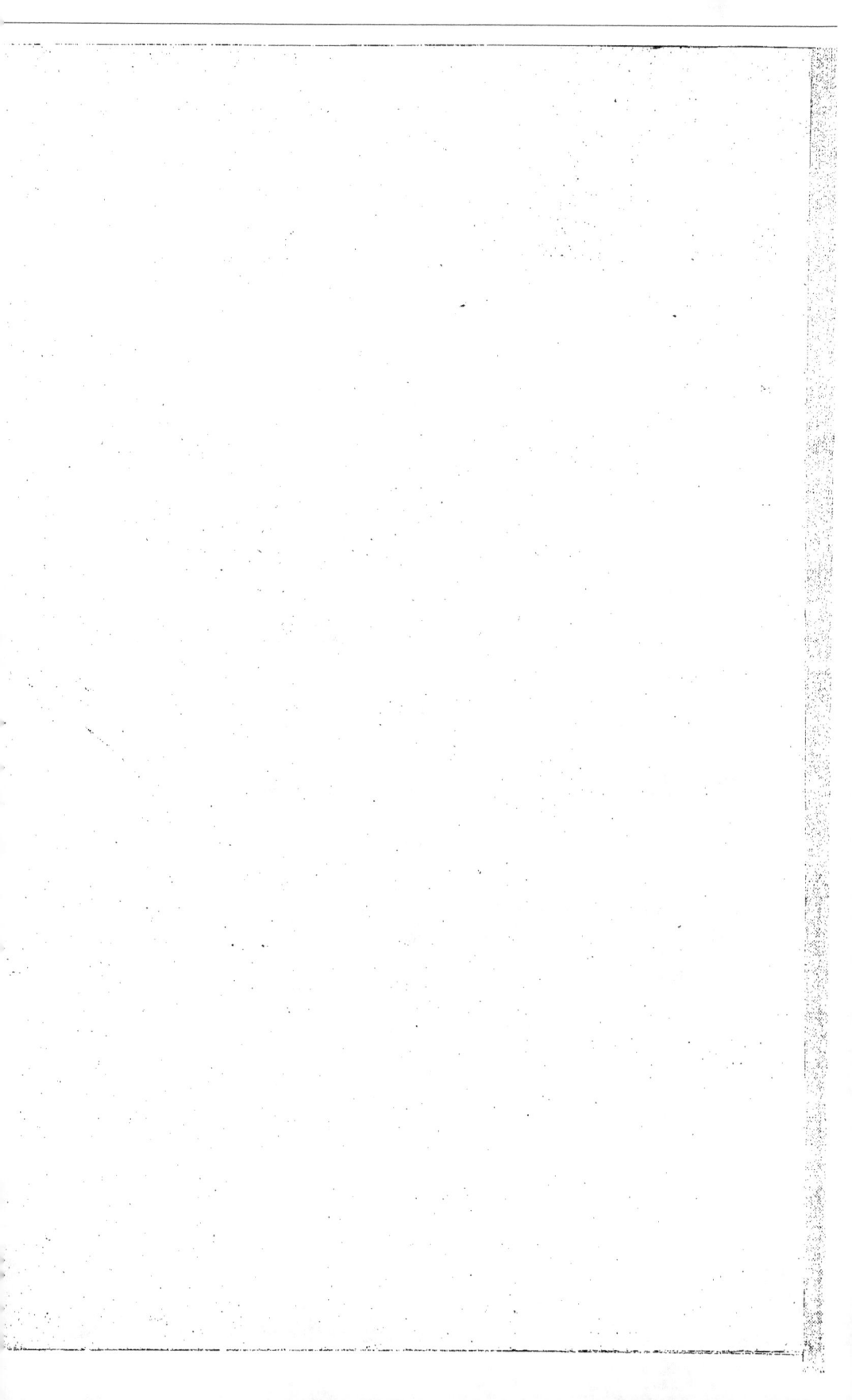

Zwölfte Lieferung: *V. Gilliéron, Les Alpes de Fribourg en général et Montsalvens en particulier,* avec 10 planches, comprenant une carte géologique, des profils et des fossiles. 1873.   Fr. 20.—

Dreizehnte Lieferung: *Escher von der Linth, Geologische Beschreibung der Säntis-gruppe,* 1878. Mit vielen Holzschnittprofilen und 6 Tafeln colorirter Profile.

  Hiezu angeheftet:

Mœsch, C., Paläontologie des Säntisgebirges. Mit 3 Tafeln Abbildungen. Zu dem Ganzen: Geologische Karte des Säntis, 1:25,000 aufg., von *A. Escher von der Linth.*   Preis des Bandes: Fr. 20.—
                                              " der Karte: " 10.—

Vierzehnte Lieferung: *A. Escher von der Linth, Gutzwiller, Kaufmann* und *Mœsch, Geologische Beschreibung des Kantons St. Gallen und der angrenzenden Ge-genden,* 1874. Mit Blatt IX.   Fr. 65.—

  Daraus einzeln:

  I. *Gutzwiller, A.,* Molasse und jüngere Ablagerungen.   Fr. 8.—
  IIa. *Kaufmann, F. J.,* Kalkstein- und Schiefergebiete der Kantone Schwyz und Zug und des Bürgenstocks bei Stanz.   Fr. 15.—
  IIb. *Mayer, K.,* Paläontologie der Pariserstufe von Einsiedeln und seinen Umgebungen
                                                 Fr. 7.—
                                         Blatt IX: " 10.—
  III. *Mœsch,* Geologische Beschreibung der Kalkstein- und Schiefergebirge der Kantone St. Gallen, Appenzell und Glarus.   Fr. 25.—

Fünfzehnte Lieferung: *Karl v. Fritsch, Das Gotthardgebiet,* 1873. Mit einer Karte des St. Gotthard und 3 Profiltafeln.   Fr. 30.—
                          Die grosse Karte apart: " 10.—
                          Die 3 Profiltafeln: " 5.—

Sechszehnte Lieferung: *E. Renevier, Monographie des Hautes-Alpes vaudoises* (Feuille XVII). 575 p.; 4 pl. profils; 2 phototypies. 4°. 1890.   Fr. 20.—
  Carte géologique des Hautes-Alpes vaudoises 1 : 50,000.   Fr. 10.—

Siebenzehnte Lieferung: *Torquato Taramelli, Il cantone Ticino meridionale ed i paese finitimi.* Spiegazione del foglio XXIV Duf. colorito geologicamente da *Spreafico, Negri e Stoppani.* 4°. Avec une esquisse de la feuille XXIV et 3 planches de profils. 1880.   Fr. 35.—
                                    Feuille XXIV: " 10.—

Achtzehnte Lieferung: *V. Gilliéron, Description des territoires de Vaud, Fribourg et Berne compris dans la feuille XII entre le lac de Neuchâtel et la crête du Niesen,* Avec un tableau des terrains et 13 planches, brochés à part. 1885.   Fr. 40.—
                                    Feuille XII: " 15.—

Neunzehnte Lieferung: *Gutzwiller und Schalch, Geologische Beschreibung der Kantone St. Gallen, Thurgau und Schaffhausen.* Hiezu Blatt IV und V des eidg. Atlas. 1883.   Fr. 25.—
                          Die Karte einzeln: " 10.—

Zwanzigste Lieferung: *A. Baltzer, Der Contact zwischen Gneiss und Kalk in den Berner-Alpen.* Mit Atlas von 13 Tafeln und einer Karte, mit Zugrundelegung der eidg. Aufnahmskarten im Massstab von 1:50,000. Geolog. col. 1880. Fr. 50.—
                          Atlas, allein: " 25.—

Einundzwanzigste Lieferung: *E. v. Fellenberg* und *C. Mœsch: Geologische Beschrei-bung des westlichen Theiles des Aarmassivs, enthalten auf dem nördlich der Rhone gelegenen Theile des Blattes XVIII.*

  I. Das Hochgebirge zwischen der Rhone, dem Gasteren- und Lauterbrunnenthal von *E. v. Fellenberg.* Mit 6 Zinkographien und zwei lithographischen Tafeln. Dazu ein Atlas mit 18 Tafeln und einer Excursionskarte.

  II. Die Kalk- und Schiefergebirge der Kienthaleralpen, der Schilthorn- und Jung-fraugruppe und der Blümlisalpkette vom Lauterbrunnenthal bis zum Oeschinen-see von *C. Mösch.* Mit einer Doppeltafel von Profilen und sechs in den Text gedruckten Holzschnitten.   Text mit Atlas Fr. 25.—
                          Hiezu Blatt XVIII: " 10.—

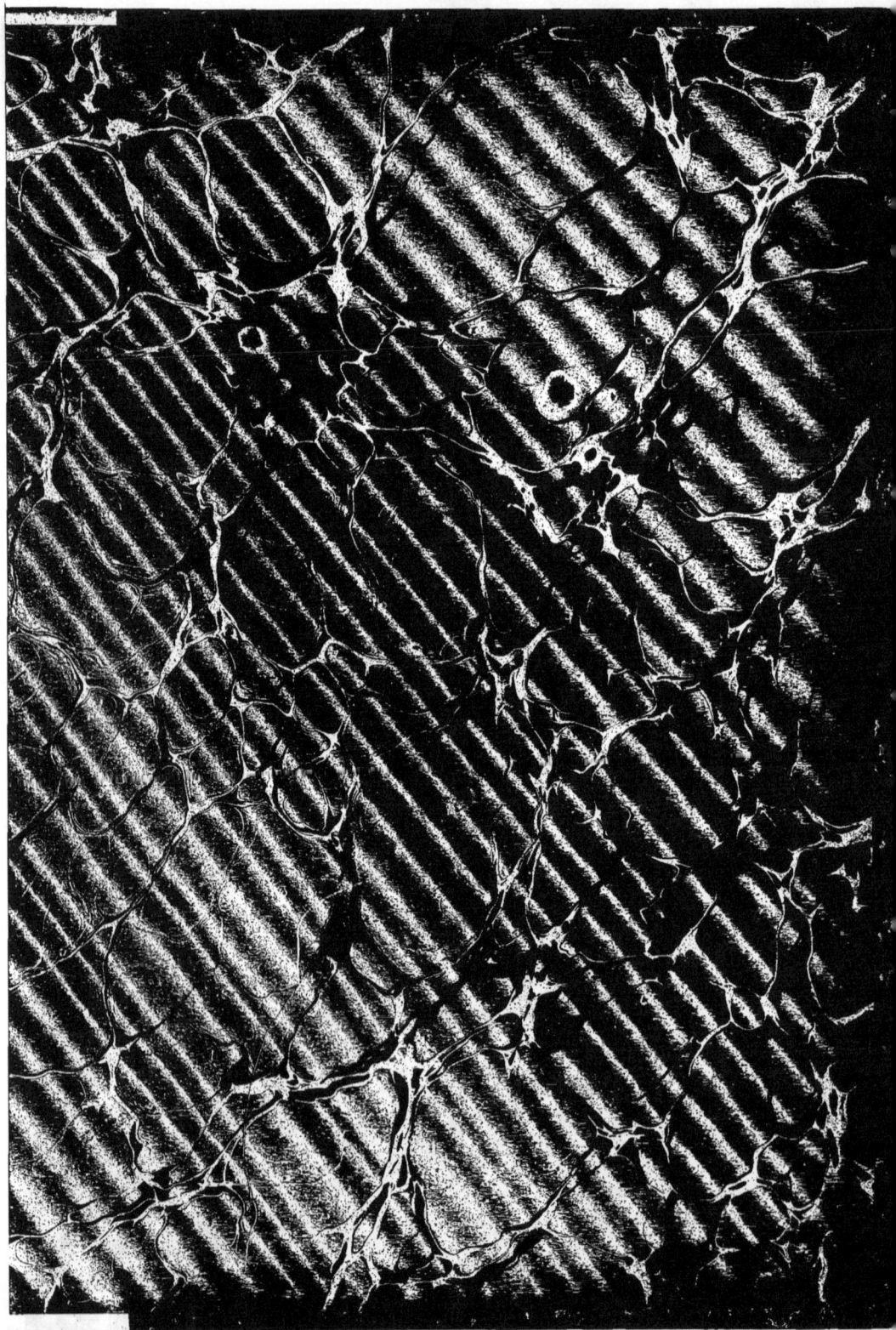

www.ingramcontent.com/pod-product-compliance
Lightning Source LLC
Chambersburg PA
CBHW032327210326
41518CB00041B/1251